TECHNIQUES ET
RESSOURCES EN IRAN

BIBLIOTHÈQUE IRANIENNE
46

Fondée en 1949 par Henry Corbin,
la Bibliothèque Iranienne
est publiée
par
l'INSTITUT FRANÇAIS DE RECHERCHE EN IRAN
Boîte Postale 15 815–3495 Téhéran, Iran

ISBN 2-909961-16-8
ISBN 2-909961-17-6

Ce volume est publié
par l'Institut Français de Recherche en Iran avec le concours de la Direction Générale des Relations Culturelles, Scientifiques et Techniques, Sous-Direction des Sciences Sociales, Humaines et de l'Archéologie (Paris).

Dépôt légal : 1996
Composition et réalisation : IFRI, Téhéran
Imprimé en Iran

Diffusion

PEETERS, B.P. 41, 3000 Louvain, BELGIQUE

Couverture : Roi Jamšid enseignant les arts et les métiers à son peuple, *Manuscrit Bâysonqori du Šâhnâme de Ferdowsi (Album de miniatures et enluminures), 833/1430*, édition 1971, Téhéran.

TECHNIQUES ET RESSOURCES EN IRAN
DU 7e AU 19e SIECLE

Parviz MOHEBBI

INSTITUT FRANÇAIS DE RECHERCHE EN IRAN
Téhéran 1996

TRANSLITTÉRATION

Persan	
â	آ
a, e, o, â, an, a'	ا
pour : et cf.	
article arabe : al-, l- ..	
b	ب
p	پ
t	ت
s̱	ث
j	ج
č	چ
ḥ	ح
(kh) x	خ
x^v, xo, xu, xow, xav	خو
x^vâ, xavâ	خوا
x^vi	خوی
d	د
ẕ	ذ
r	ر
z	ز
ž	ژ

Persan	
s	س
š	ش
ṣ	ص
ż	ض
ṭ	ط
ẓ	ظ
ʿ	ع
q̄	غ
f	ف
q	ق
k	ك
g	گ
l	ل
m	م
n	ن
o, u, ow, v, vv, ', va, (v)o, ov	و
u, ow, av, o	او
eh (-a), h	ه
i, ey, y, yy, ey, â, -ye.....	ی
i, ey, ay(y)	ای
' (sauf à l'initiale), -ye	ء

Le système vocalique du persan :

a e o

ey ow

â i u

À mon père

INTRODUCTION

Établir une histoire des techniques en Iran, comme le propose le titre de cet ouvrage, pourra paraître à beaucoup une gageure : la mémoire technique iranienne n'a en effet jamais encore été exploitée profondément et c'est, il faut bien l'avouer, sur des myriades d'hypothèses que devra se baser l'historien des techniques. M. Bloch, dans un article sur l'origine des moulins à eau, qualifie avec beaucoup de justesse ces hypothèses « ...des plus conjecturales, propre[s], cependant, à donner satisfaction, au moins provisoirement, à un de ces "pourquoi" qui sont à la fois la plaie et le charme du métier d'historien. » (Bloch, p. 541).

Est-ce à dire que nous en demeurerons au stade des conjectures ?

Certes non. Le travail de l'historien est de réactiver une mémoire morte, de réorganiser dans un cadre spatial et/ou temporel les éléments qui en font partie, tels que les documents demeurés inexploités ou les sites jamais fouillés. L'historien des techniques, quant à lui, s'efforcera de déboucher sur la définition du système technique déterminé par la chronologie et la description des différentes techniques.

Rappelons qu'un système technique se cristallise autour d'un axe, forgé par la relation matériau/énergie. Les éléments de cette relation se complètent lorsque l'histoire d'un de ces éléments est à retracer, sinon la chronologie l'emporte sur l'histoire. Ainsi, l'histoire de l'énergie trouve son complément dans celle des matériaux, et c'est cette combinaison historique qui peut déboucher sur une définition d'un système technique.

* *
*

C'est dans cette perspective que l'histoire du premier machinisme en Iran, du 7e au 19e siècle, sera étudiée, sans que l'aspect social des choses soit toutefois oublié : l'histoire des techniques, dont fait partie celle des machines, est avant tout l'histoire de l'homme qui manie les matériaux et l'énergie. La première partie de ce travail nous introduit donc aux matériaux nécessaires à la production de la force motrice, qu'ils l'engendrent eux-mêmes, et c'est le cas de l'eau, ou que, tels le bois ou la pierre, ils soient utilisés dans la construction de machines nécessitant cette force. La constatation de la pénurie de bois de construction passera par celle du manque de bois de chauffage, et nous entraîne à étudier la question des combustibles – houille et pétrole – pour que l'éventail soit complet.

La seconde partie est consacrée à l'étude des machines qui utilisent ou transforment ces matériaux : roues hydrauliques, moulins et broyeurs. Les garde-temps, excepté l'horloge mécanique, se casent dans la même conjoncture matérielle.

Dans la troisième partie, en guise de conclusion, les problèmes de transmission du savoir technique seront examinés, ce qui nous permettra de définir le rôle de l'État dans cette transmission et d'esquisser à grands traits la mentalité iranienne en matière de techniques.

Deux grands absents dans le paysage technique iranien : la roue et l'horloge mécanique. La roue, dont on peut dire qu'elle modifie le rapport matériau/énergie en facilitant les transports, fera l'objet du chapitre initial de ce travail, tandis que l'horloge mécanique, « machine-clé de l'âge industriel moderne...première machine de la technique moderne, permettant la détermination en quentités exactes d'énergie (donc la standardisation), l'action automatique et finalement son propre produit : un temps exact » (Mumford, pp. 23-24) sera le sujet du chapitre de clôture de la seconde partie. En son absence, l'histoire des machines en Iran, sujet de la deuxième partie, se limite à l'histoire du premier machinisme.

* *
*

D'entrée de jeu, et afin d'éviter tout malentendu, il nous faut préciser soigneusement le cadre spatio-temporel de notre étude.

L'Iran est un espace géographique composite, et les mêmes techniques ne se trouvaient pas toujours dans ses différentes parties. Les lignes de démarcation technique seront retracées au cours de cette étude à l'aide d'une cartographie. Néanmoins, au-delà de ce régionalisme, certains traits communs se manifestent qui nous permettent de reconnaître indubitablement un système technique commun à l'ensemble de cet espace géographique. Cela dit, il nous faudra nous garder d'étendre à un ensemble idéologique, à savoir le monde musulman, le concept de système technique iranien auquel nous aboutirons. C'est en effet monnaie assez courante que de traiter cet ensemble, surtout en ce qui concerne l'histoire des sciences et des techniques, comme une entité homogène et de n'établir aucune distinction entre le travail d'un technicien de l'est ou de l'ouest de ce monde musulman, travail qui est alors considéré comme un acquis technique de cet ensemble dans sa totalité. Avant de généraliser les concepts, il faut examiner chaque cas particulier, car, même au sein d'un ensemble culturel, en l'occurrence l'Iran, on trouve des techniques, connues dans certaines régions, mais absentes dans d'autres.

Nous soulignons qu'on entend par l'Iran ou par le monde iranien une région culturelle qui, au-delà des frontières de l'actuel Iran, comme le précise Frye,

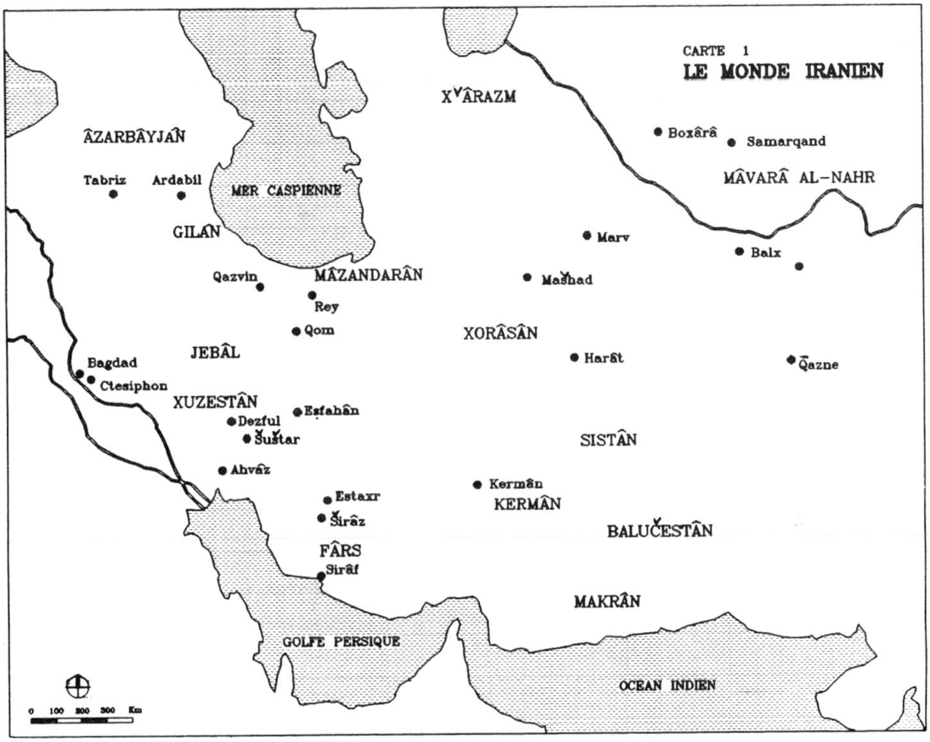

Carte n°1 – Le monde iranien : Iran, Afghanistan, Asie Centrale méridionale, Caucase.

comprend l'actuel Afghanistan, la Transoxiane et la Transcaucasie (Frye, p. 261). En fait, jusqu'à l'arrivée au pouvoir des Safavides au 16e siècle, l'Iran en tant qu'unité politique dirigée par des Iraniens n'existait pas. Le lien entre les différents espaces géographiques n'était possible qu'à l'aide d'une culture iranienne commune, imprégnée d'Islam (carte n°1).

En ce qui concerne la chronologie, l'horloge mécanique dont nous avons constaté l'absence nous permet de définir le bornage supérieur du Moyen Age en Iran. Car, et bien que dans ce travail nous en restions à l'acception occidentale du terme "médiéval", l'époque médiévale en Iran ne couvre pas la même période qu'en Occident. La construction de l'horloge mécanique en Iran à la fin du 15e siècle, sur le modèle occidental, ne modifie pas ce bornage, car elle ne s'intègre pas au sein du système technique iranien et reste un événement isolé. En fait, de la chute de l'empire sassanide au 7e siècle jusqu'à la fin du 19e siècle, lors de l'introduction de la technologie moderne, l'Iran technique reste médiéval. Ceci apparaît dans le fait que les techniques léguées par les Sassanides aux conquérants arabes furent intensivement utilisées lorsque l'essor économique du Califat fut garanti. Sous la domination des tribus turques, mongoles et turkmènes, les mêmes machines et techniques furent en usage, avec parfois des aménagements. Les nouveautés, dans la plupart des cas, ne sont restées que des événements éphémères dans un système structuré, dont la continuité de fonctionnement a été entrecoupée par les conquêtes de ces tribus et les guerres intestines.

C'est lorsqu'elles sont de l'ordre artisanal que les nouveautés techniques ont de plus grandes chances d'être acceptées dans cette structure, alors qu'elles sont refusées lorsqu'elles relèvent du travail d'un ingénieur. Nous en aurons la preuve par l'œuvre de Ḥâfeẓ-e Eṣfahâni, surnommé *Moxtare*ʻ ou l'Inventeur, ingénieur qui construisit la première horloge mécanique en Iran et qui écrivit un des rares traités techniques persans sur les machines, dont nous nous servirons tout au long du présent travail.

Le refus de nouveautés techniques ne se limite pas aux œuvres réalisées dans le milieu technique iranien : les importations technologiques étaient aussi en butte à une réaction identique de ce milieu, phénomène retraçable jusqu'à la fin même du 19e siècle. Contrairement à l'idée simpliste qui explique le retard technique de l'Iran d'aujourd'hui par l'arrivée massive de la technologie occidentale, nous constatons que même avant que la domination technologique de l'Occident ne devienne une réalité, l'Iran n'arrivait pas à sortir d'une structure technique millénaire. L'avènement et l'intégration de la technologie occidentale en Iran sont d'ordre politique, tout comme c'est le politique qui, jadis, entravait le développement technique.

* *
*

Il est nécessaire maintenant que nous procédions à un aperçu critique des documents consultés. Les textes, l'iconographie et les fouilles archéologiques seront utilisés en tant que sources documentaires au long de ce travail. Les textes, toutefois, constituent la partie la plus importante de nos sources historiques, bien que ceux qui soient directement liés à l'histoire des machines soient assez rares. Le seul texte de ce genre est le traité de Ḥâfeẓ-e Eṣfahâni déjà mentionné, rédigé au début du 16e siècle et que nous consulterons amplement. Ḥâfeẓ-e Eṣfahâni inventa 14 appareils, mais son traité ne détaille que trois de ses inventions : une horloge mécanique, construite sur un modèle européen ; un moulin à huile hydraulique dont la description partielle sera faite dans le chapitre sur l'huile et un moulin à eau spécifique. La description des autres appareils est perdue ou n'a jamais été entreprise par l'auteur. Mais dans la préface de son ouvrage, les noms de ces inventions sont conservés, parfois accompagnés de leur date de construction. Parmi eux on trouve une machine à lisser le papier, construite en 1506 ; une machine hydraulique de cardage ; un appareil mécanique de fabrication d'une encre de qualité supérieure ; une roue élévatrice d'eau qui remonte l'eau d'un puits dans un seau se déversant à la bouche du puits sans l'application d'une force quelconque ; un cadenas de sécurité pour la maison, conçu en 1483 ; un anti-vol qui attrape le voleur et le garde jusqu'à l'arrivée du propriétaire ; enfin deux appareils de mesure du temps et de l'heure et quelques autres appareils non mécaniques (Ḥâfeẓ-e Eṣfahâni, pp. 7-8). Toutes ces inventions ne furent pas poursuivies et elles tombèrent rapidement dans l'oubli.

L'étude du traité de Ḥâfeẓ-e Eṣfahâni, absent jusqu'alors des recherches sur l'histoire des techniques, nous permettra d'analyser les causes de l'ankylose technique en Iran, juste à la fin du 15e siècle. Outre ce traité, le Manuscrit 727 Supplément Persan de la Bibliothèque Nationale de Paris, anonyme, copié au 16e siècle, traite brièvement de quelques techniques artisanales. Bien qu'il lui manque la précision et les détails techniques, l'extrême rareté de ce genre de document nous a amené à en traduire en annexe la partie relative à notre travail.

* *
*

Sur la construction des *qanâts* –galeries drainantes souterraines– et l'irrigation, il existe quelques sources directes. La *civilisation des eaux cachées* de Karaji, composé en 1017, traduit en français et commenté par Maẓâheri, est indispensable pour les recherches sur les *qanâts* (Goblot termina son livre, *Les Qanâts*, juste avant la publication française de ce livre). La distribution des eaux, quant à elle, est décrite par Abu Naṣr-e Heravi au 15e siècle, et dans un rouleau de manuscrits du 16e siècle, traduit par Lambton.

En l'absence de sources directes, le seul moyen de recueillir des informations est le recours aux sources indirectes qui sont heureusement fort variées : chroniques et histoires locales et/ou générales, géographies locales, actes de donations, poésie médiévale, dictionnaires médiévaux, récits de voyages, etc.

Les sources indirectes persanes de l'époque médiévale nous apportent des renseignements, partiels certes, mais importants. C'est chez Ferdowsi, le poète, Gorgâni, le médecin, Naršaxi, l'historien, Fażl-Allâh Hamedâni, l'homme politique, qu'on trouve des explications sur les véhicules à roues du 9e au 14e siècles, informations qui réapparaissent sous la même forme dans la littérature safavide et post-safavide (Monši). C'est dire que celui qui souhaite faire l'histoire de l'Iran, quelle que soit sa discipline, est obligé de consulter le corpus de cette littérature médiévale persane. Or, paradoxalement, ce genre de consultation a souvent été tenu à l'écart par ceux qui ont esquissé l'analyse de quelques techniques en Iran médiéval. Un des buts du présent travail est précisément de mettre à la disposition de l'historien des techniques de nouvelles données et analyses.

En ce qui concerne les récits de voyages, ils peuvent être classés en deux catégories distinctes : ceux qui ont été écrits en arabe[1] et les relations de voyage européennes, la première catégorie couvrant une période de cinq cents ans, entre le 9e et le 14e siècles, la deuxième commençant au 15e pour se terminer au 20e siècle.

1. "En arabe" et non pas "arabes", car les auteurs de certains de ces récits ne sont pas arabes. Ibn Xordâdbeh, Ibn Rusteh, Ibn Faqih Hamadani, etc., sont des Iraniens qui ont écrit en arabe.

Pour les premiers, ils ne nous livrent que des informations ponctuelles qui, à de rares exceptions près, ne nous fournissent aucun détail sur les machines médiévales. C'est ainsi que les géographies arabes ne nous enseignent rien sur l'utilisation de la roue, bien qu'elles nous informent sur l'usage et la dispersion des moulins, les travaux et les roues hydrauliques, les exploitations minières et les ressources de bois. Il faut d'ailleurs signaler que les récits de ces géographes, sur certains points, se ressemblent tellement qu'on est fondé à avancer l'hypothèse d'une source commune. À l'examen, il apparaît qu'un certain Jayhâni, à l'époque samanide (892-999), fit une compilation en plusieurs volumes d'une géographie du monde. Selon Moqaddasi, les copies de cette compilation se trouvaient dans les bibliothèques de Širâz et de Neyšâbur. Il se peut que ces géographes aient été inspirés par cet ouvrage, disponible dans les bibliothèques iraniennes. Dans ce cas, nous nous trouverions face à une répétition prolongée de données qui n'étaient peut-être valables qu'à l'époque de Jayhâni.

Les récits de voyageurs européens sont parfois plus précis, car ils nous informent sur le fonctionnement de certains appareils de l'époque. Ainsi, Chardin nous renseigne de la meilleure façon sur les arts et métiers persans à l'époque safavide, tout comme le récit de R. du Mans, que les Iraniens boudent en raison des multiples critiques qu'il leur assène, mais qui est une source indispensable de l'histoire technique persane au 17e siècle. Sa connaissance des techniques pratiquées en France à son époque nous donne l'occasion de faire une comparaison entre certaines techniques iraniennes et françaises. Toutefois, ces textes sont à manipuler avec précaution, car il arrive aussi qu'un voyageur généralise un fait qu'il a connu sur son parcours et l'attribue à tout le territoire iranien : Chardin, par exemple, affirme qu'en Perse il n'existe aucun moulin à vent, ou constate qu'il n'y a aucun véhicule à roues en Iran. Affirmations fausses toutes les deux. On trouve le même défaut chez les autres voyageurs (Oléarius, Pietro della Valle, Morier, etc.).

Les précisions sur les machines médiévales, pourtant, ne se révèlent que dans les travaux des Occidentaux qui, dès la fin du 19e siècle, ont visité l'Iran en tant que chercheurs et non pas comme simples voyageurs. Les monographies de Rabino et Lafont sur les moulins à riz et les sucreries, le rapport d'Olmer sur sa mission scientifique en Perse et la notice de Graat Van Roggen sur les anciens travaux hydrauliques en Susiane sont parmi les meilleures sources techniques, rédigées à la fin du 19e et au début du 20e siècles. Toutes ces recherches sont ethnologiques et le point culminant de ce genre de travail se trouve dans le désormais classique livre de Wulff.

Il existe enfin des recherches contemporaines, fondées sur les textes anciens et d'autres types de sources. Un classement de ces recherches par thèmes nous amène à constater une certaine prédilection pour les *qanâts* et l'irrigation en Perse. Il suffit de consulter la riche bibliographie que Goblot présente dans son livre *Les Qanâts*, pour avoir une idée du volume des travaux consacrés à ces galeries souterraines et à l'irrigation. Le récent travail de Behniyâ, paru à Téhéran, ajoute des renseignements supplémentaires sur la construction des *qanâts*, sur les *qanâts* à deux étages, etc. Cependant, les précisions qu'apporte Mazâheri, dans son introduction et ses notes sur le livre de Karaji, restent uniques : des mathématiques jusqu'à la mesure de temps, autant de sujets qui préoccupent Mazâheri, en relation directe avec la construction des *qanâts*.

L'irrigation attire aussi l'attention des chercheurs : les ouvrages sur l'agriculture de Lambton et Petruchevsky (traduit du russe en persan) traitent également d'irrigation. Des recherches iraniennes y sont consacrées, et les ouvrages de Ṣafinežâd, récemment publiés à Téhéran, donnent des informations sur les méthodes d'irrigation en pratique dans différents villages de l'Iran. Toutefois, l'utilisation de l'eau comme force hydraulique n'est pas l'objet de ces travaux.

Quant au bois, un seul article, celui de de Planhol, examine les causes de la pénurie de bois en Iran (Planhol, 1969a). Les recherches de Lombard à ce sujet se cantonnent au Bassin méditerranéen et le cas de l'Iran, sauf en de rares occasions, n'y figure pas (Lombard, 1959). La question de la pierre en Iran médiéval est également absente de la scène internationale des recherches.

Le sort des machines n'est pas plus heureux. La technique en général, et les machines en particulier, en Iran et dans d'autres pays islamiques, ont fait l'objet de maints articles, publiés par Wiedemann au début de ce siècle. Toutefois, ses dépouillements de manuscrits arabes pèchent parfois par l'oubli des références. Son article "Zur Mechanik und Technik bei den Araben", annote une partie du livre de Kâteb Xᵛârazmi (10e siècle), sur les machines et les roues hydrauliques. Unique autre contribution au chapitre des roues hydrauliques en Perse, un article de Laufer et une courte remarque de Coomaraswamy sur le même type de roues. Pour le reste, soit on aborde le sujet globalement (Schioler), soit on vise plutôt un pays particulier (Needham, la Chine et Colin, le Maroc).

Les moulins, en Iran contemporain, sont étudiés par Wulff qui présente aussi des illustrations et récemment dans un article de Bolukbâši. Mais c'est l'ouvrage de Bâstâni Pârizi (1985), quoique désordonné et entrecoupé de multiples anecdotes, qui rassemble les informations historiques les plus importantes. Néanmoins, aucun de ces ouvrages ne tire parti des recherches menées dans d'autres pays, comme en Israël et en Palestine par Avitsur, ni d'un texte pré-islamique, *Matikan-e Hazar Datastan*, qui contient des données précieuses, ni surtout de l'œuvre de Ḥâfeẓ-e Eṣfahâni. En outre, le transfert du mouvement circulaire en mouvement rectiligne dans un plan vertical, c'est à dire l'utilisation du système à cames dans les moulins, n'est jamais étudié en Iran. Cela nous a conduit à retracer l'histoire du papier, du riz, de l'huile, etc., pour essayer de trouver l'emploi de ce système en Iran.

Sur l'origine du papier on trouve des renseignements d'ordre général chez Carter, Clapperton, Hunter et Hoernele. Mais seul Beveridge avance une hypothèse sur l'existence du moulin à papier à Samarqand. Or, comme nous le démontrons, dès le 10e siècle, Biruni avait déjà noté l'emploi du moulin à papier, et donc le système à cames, dans cette même ville. Cependant, aucune recherche sur les autres fabriques de papier n'a jamais été faite. On évoque assez souvent les fabriques de Širâz, Eṣfahân ou Bagdad, mais on ne sait pas si on y employait l'énergie hydraulique ou animale.

Quant à l'emploi du système à cames pour décortiquer le riz, nous n'en avons pas trouvé trace avant le 17ᵉ siècle en Iran. L'étude de Rabino et Lafont (1911) au début du 20ᵉ siècle décrit le fonctionnement de ce dispositif hydraulique. L'huilerie hydraulique a été inventée par Ḥâfeẓ-e Eṣfahâni au 15ᵉ siècle, mais n'employait pas le jeu de cames. Son invention, qu'il installa lui-même dans plusieurs endroits du Xorâsân, fut par la suite abandonnée.

Les soufflets et les marteaux-pilons mécaniques sont d'introduction tardive en Iran (19ᵉ siècle à notre avis). Quant à la scierie hydraulique, qui nécessite l'emploi du système bielle-manivelle, nous démontrons qu'elle n'existait pas en Iran. Enfin, aucune étude historique des outils et des machines-outils n'a été abordée en Iran. Les seules références se trouvent dans les travaux des ethnologues (Wulff).

À ces imprécisions, à ces incertitudes, il faut encore ajouter la liste des inconnues, liste que nous ne détaillerons pas exhaustivement ici.

Les machines médiévales étaient faites en bois, et de ce fait, les retrouver lors des fouilles archéologiques est impossible. Toutefois, ces fouilles nous donnent les renseignements sur les meules au 2ᵉ siècle de notre ère (Morgan, 1900-1902), sur la disposition d'un moulin au 4ᵉ (Neely), sur les méthodes de chauffage et les *qanâts* au 10ᵉ (Wilkinson), sur la métallurgie et travaux miniers de l'époque islamique (Wertime, Caldwell), et sur les sucreries au 12ᵉ (Boucharlat et Labrousse). Toutefois, les fouilles archéologiques concernent plutôt l'Iran pré-islamique et l'Iran islamique n'a pas encore fait l'objet de beaucoup de recherches de ce type.

Outre ces documents, certains travaux contemporains fournissent des renseignements concernant la relation technique entre l'Iran et ses voisins. Parmi eux, le *Sino-iranica* de Laufer nous renseigne sur l'influence mutuelle de la Chine et de la Perse antique, bien que l'auteur s'attache plutôt à retracer les échanges de savoir technique agricole entre ces deux pays que la diffusion des techniques liées aux machines. Chez Needham parfois, ce dernier type de données est traité, à condition que l'on parvienne à détacher l'Iran de l'ensemble hétérogène et informe constitué par le "monde musulman ou arabe".

Certaines techniques employées en Iran étaient semblables à celles des Indes, surtout de l'Inde du nord. Dans les travaux de Watt, Grierson, Mukriji, tous faits au début de ce siècle, on découvre cette similitude en ce qui concerne les moulins à sucre ou à huile, ou les appareils d'élévation d'eau. Un ouvrage plus récent met en lumière la parfaite ressemblance entre certains procédés artisanaux utilisés en Inde et en Iran et le fait que les noms de certains métiers, tels que *kimoxtsâz* (tanneur) ou *šišegar* (verrier) sont persans (Jaggi, VII, pp. 190-192). Il convient toutefois de nuancer ce genre de conclusions en sachant qu'elles se limitent à certaines provinces septentrionales des Indes.

Le savoir grec, par la traduction directe des auteurs grecs en arabe, ou par la traduction indirecte, en arabe toujours, de certaines œuvres connues déjà des Iraniens, mit à la disposition des savants persans et arabes la connaissance de certains traités techniques des penseurs grecs (Philon, Héron, Archimède). Carra de Vaux et Wiedemann, au début de ce siècle, ont amplement écrit sur ce sujet. Néanmoins, on ne sait toujours pas l'ampleur de l'influence de ces traités techniques sur le curriculum technologique de l'Iran ou des pays arabes, et les études de Hill et al-Ḥasan, en grande partie fondées sur les ouvrages techniques des savants musulmans de toute origine, n'éclaircissent en rien le rapport entre la réalité technique médiévale et la pensée technique maîtrisée par ces savants (al-Jazzari, Banu Musâ). Nous allons voir qu'entre ce que faisait et pensait Ḥâfeẓ-e Eṣfahâni et le milieu technique où il évoluait existait une énorme différence. En fait, il serait à souhaiter que l'on s'attelle à une histoire des techniques au Moyen Age, cas par cas et région par région, en se fondant sur des études ethnologiques, telles que celles qui sont consacrées au cas du bœuf porteur (Planhol, 1969b), ou à la région du Tâleš (Bazin, Bromberger), parfois accompagnées de données historiques. Un ouvrage comme *Les techniques des nomades Bakhtyâri d'Iran* (Digard), s'il est étayé par des recherches historiques, peut éclaircir les points obscurs des techniques employées jadis dans les villes et villages.

Un autre domaine en stagnation est celui de la géographie historique des techniques, après la subite disparition de Lombard. Lombard retraça, à l'aide d'une cartographie précise, les centres de production des textiles, des activités minières et d'approvisionnement de bois, aux premiers siècles du pouvoir islamique. Bien qu'il s'occupât plutôt des régions du Bassin méditerranéen, surtout en ce qui concerne le bois, ses cartes couvrent partiellement l'Iran. L'ouvrage de de Planhol sur les fondements géographiques de l'histoire de l'Islam (Planhol, 1968), qui évoque aussi les mouvements des nomades en Iran d'un point de vue historique, nous renseigne occasionnellement sur les techniques.

L'histoire des machines est liée aussi à celle des villes. Les villes iraniennes aux époques parthe et sassanide sont l'objet de l'excellent livre de Pigulevskaja, qui exploite pour la première fois le code juridique des Sassanides, le fameux *Matikan-e Hazar Datastan* et, sur le sujet qui nous occupe, évoque brièvement les canaux d'irrigation et les moulins. Sur les villes à l'époque islamique on trouve dans différentes encyclopédies (de l'Islam ou de l'Iran) des renseignements succincts mais bien précis. Mais comme toujours, à part quelques brèves remarques sporadiques limitées plutôt à l'irrigation, les activités industrielles et l'emploi des machines n'y figurent pas. Lockhart esquisse les événements que les villes ont enregistrés durant le Moyen Age (Lockhart, 1960), tandis que les recherches de Bémont retracent en détail l'histoire des certaines villes iraniennes à partir du 18e siècle, rarement accompagnée d'une évocation des techniques. Une bibliographie critique est disponible dans le deuxième des trois volumes de cet ouvrage.

La question de la ville nous mène à la problématique des corps de métiers en Iran médiéval. Parmi les cinq caractéristiques d'une ville médiévale qu'énumère Max

Weber figure aussi la corporation professionnelle, à côté des fortifications, des marchés, d'une disposition législative relativement autonome conférée par l'État et enfin d'une autonomie partiellement limitée. Ces deux derniers éléments, selon Hourani, étaient étrangers à la ville islamique (Hourani, pp. 13-14). Quant à l'existence des corps des métiers, les avis sont partagés. Certains chercheurs (Massignon, Lewis) affirment l'existence des organisations professionnelles aux cinq premiers siècles même de l'Islam et leur cherchent une origine idéologique, orientée contre le Califat. Cahen démontre que cela est faux, faute de données précises, et nous invite à abandonner ce genre de raisonnement général pour se pencher sur une documentation directe (Cahen, 1970b).

Ces travaux, en outre, étendent à l'ensemble des pays musulmans un cas bien précis (par exemple l'empire ottoman pour Lewis). Tout comme la notion de ville islamique, les termes de corporations islamiques sont vagues et mal définis, et en ce qui concerne l'Iran, seul W. Floor tente de cerner de près le problème. Mais dans nombre d'articles qu'il consacre à ce sujet, il n'arrive pas à suivre le conseil de Cahen et reste emprisonné dans des raisonnements généraux. Or, de toute évidence, comme nous le démontrons, l'organisation professionnelle iranienne ne correspondait pas pleinement aux corporations européennes, tant par sa dépendance vis-à-vis de l'État que par l'étendue de son pouvoir.

Nous n'avons pas l'intention de commenter toute la bibliographie consultée dans ce travail. On constate seulement que la bibliographie technique sur l'Iran est assez pauvre, et qu'en outre, les recherches contemporaines, plutôt sporadiques que systématiques, ne donnent jamais une image perceptible du système technique iranien à l'époque médiévale. Le présent travail est un petit pas dans cette direction, sans que nous niions la nécessité d'une étude plus vaste et profonde sur l'histoire des techniques en Iran.

Avant d'en venir au cœur de notre sujet, il nous faut apporter quelques précisions sur la réalisation de ce travail : toutes les cartes sont dues à Farrokh Hessamian, dont nous remerçions ici l'inlassable amabilité. Les traductions françaises des citations en langue étrangères sont de notre cru, ainsi que l'adaptation de certains schémas et figures.

PREMIÈRE PARTIE

LA ROUE ET LES MATÉRIAUX

Dans un ouvrage sur les rapports entre la technique et la civilisation, Mumford (1950, p. 106) caractérise ainsi les différentes phases d'élaboration d'un système technique :

> « Du point de vue de la puissance et des matériaux caractéristiques, la phase éotechnique est un complexe de l'eau et du bois, la phase paléotechnique est un complexe du charbon et du fer, et la phase néotechnique, un complexe de l'électricité et des alliages. »

Cette définition, pour très générale qu'elle soit, nous permet d'ébaucher une approche du système technique iranien, dont la caractéristique est de correspondre, peu ou prou, à la phase éotechnique. Peu ou prou, car face aux carences en eau et en bois, le passage à une éventuelle phase suivante se trouve considérablement handicapé. Par ailleurs, nous devons constater les difficultés à se procurer d'autres matériaux tels que la pierre et le fer, la rareté des combustibles – broussailles, houille ou pétrole – pouvant remplacer le bois, l'absence de la roue et de moyens de communication susceptibles d'alléger le transport des matériaux volumineux et de réduire le temps de transport. Ce dernier point, qui ne figure pas dans les phases définies par Mumford, est cependant un critère important pour une distinction entre deux systèmes éotechniques différents : l'un muni de la roue, l'autre fondé sur une économie sans roue.

Le travail que nous nous proposons sera tout d'abord d'examiner les obstacles que les Iraniens étaient obligés de surmonter pour la réalisation des machines éotechniques, c'est à dire les problèmes liés aux moyens de transport et à l'eau.

CHAPITRE PREMIER

LA ROUE ET LA CHARRETTE

C'est un fait assez connu que les moyens de transport sur roues furent absents du Moyen-Orient à l'époque médiévale. M. Rodinson, partant des observations des voyageurs européens du 18e et du 19e siècle qui constatent cette absence, remarque également l'occurrence assez limitée de charrettes et de voitures dans les sources littéraires et picturales médiévales de cette partie du monde (Rodinson, 1960a, pp. 211-212). Ces trois sortes de données sont reprises et réexaminées par R. W. Bulliet dans son ouvrage *The Camel and the Wheel*[1] qui confirme l'absence de la roue au Moyen-Orient et atteste que le chameau, vu ses avantages économiques, avant même l'arrivée de l'Islam, avait déjà remplacé la roue dans le transport.

L'emploi même du terme "remplacé" suppose que le transport des marchandises par les véhicules à roues existait avant l'introduction des chameaux dans les circuits de commerce. Or, rien n'est moins sûr. Une région en grande partie montagneuse et désertique telle que l'Iran ne favorise pas la circulation de ces véhicules à roues qui, construits en bois, s'usent facilement et sont inaptes aux longs voyages. Cependant, il est attesté que la roue était en usage même en Iran médiéval, mais que son emploi était limité à certaines régions.

Trois sources pour notre étude : les récits de voyages, la littérature persane médiévale et les miniatures persanes. Les récits de voyages nous permettent d'analyser la question de la roue à partir du 16e siècle jusqu'au 20e siècle. Toutefois, retracer le parcours de la roue aux siècles antérieurs demande un examen des sources littéraires et picturales. Il ne nous restera plus ensuite qu'à envisager l'utilisation de la roue dans d'autres domaines que le transport.

---

1. Un article du même auteur, paru en français en 1969, donne un aperçu de ses points de vue.

LA ROUE DANS LES RÉCITS DE VOYAGEURS

Si nous nous basons sur les témoignages des voyageurs depuis le 16e siècle, celui d'un Iranien, ʿOruj Beg Bayât[2] qui accompagnait le premier ambassadeur de ʿAbbâs Ier en Europe, juste au terme du 16e siècle, nous apporte la preuve de l'absence de roue à cette époque : ʿOruj Beg Bayât constate qu'en Iran on ne trouve ni chariot ni voiture d'aucune sorte (Bayât, p. 72), fait confirmé par les voyageurs européens et cela même jusqu'à la fin du 19e siècle[3], où les voitures et les chariots importés de l'Europe font leurs premières apparitions.

Pourtant, il convient de nuancer cette affirmation : au début du 17e siècle, Adam Oléarius écrit : « Les Persans (se) servent des chevaux le plus souvent pour leur monture, fort rarement pour porter des fardeaux, et presque jamais aux (des) charrettes et aux (des) chariots, qui ne sont par toute la Perse qu'à deux roues. » (Oléarius, p. 795). Mais lui-même ajoute qu'il « n'y a point de charrettes ni de chariots dans les villes de Perse. » (*ibid.*, p. 797). Contradictions ? Certes non, car c'est d'expérience que parle notre voyageur. Il faisait partie de la délégation du duché de Schleswig-Holstein qui se dirigeait vers Eṣfahân, la capitale safavide. Chargée de maints présents, parmi lesquels figuraient de lourds canons de fonte, la délégation cherchait des véhicules à roues pour les transporter auprès du roi de Perse. La rareté des véhicules à roues fit attendre Oléarius plusieurs semaines, tantôt à Darband, tantôt à Šamâxi en Âzarbâyjân, avant que l'on ne lui trouvât et envoyât (de la campagne) les indispensables charrettes (Oléarius, pp. 539-40 et 593). La première fois il en reçut 30 et à une autre occasion 60, traînées par des buffles (*ibid.*). Ces charrettes chargées de bagages « prirent le chemin de la plaine vers Baku. » (*ibid.*, p. 546), car les chemins montagneux n'étaient pas aménagés pour le passage de véhicules à roues. De toute évidence, vu que les seuls véhicules à roues étaient utilisés par les paysans, le transport entre la ferme et le village n'avait aucunement besoin de routes aménagées.

En sortant des villes, parfois, on rencontre des chameaux et des chariots avec lesquels on envoie tous les domestiques et les bagages du harem du roi. Pietro Della Valle, qui visita l'Iran en 1618, relate un voyage royal où le harem prend le devant avec les chameaux et les chariots, car leur vitesse de déplacement est moins élevée que celle des chevaux, ce qui permet de les rattraper en quelques heures (Valle, II, p. 185 et 367).

À y regarder de près, il semble bien que le chariot décrit par Pietro Della Valle et la charrette utilisée par Oléarius soient deux véhicules à roues différents. Le premier, tiré par un seul cheval, était d'origine géorgienne et fut introduit en Iran, selon Pietro Della Valle, à la fin du 16e ou au début du 17e siècle. Lors d'une

2. Le fameux Don Juan persan, converti au christianisme, et assassiné dans une querelle en 1605 en Espagne.

3. Chardin au 17e siècle constate qu'il « n'y a d'autres voitures en Perse que des montures. Les gens de boutiques et de métier, comme les autres, ont leurs montures. » (Chardin, II, p. 41). Voir aussi Morier, 1818, p. 197 ; G. Drouville, I, p. 57 ; Malcolm, IV, p. 305 ; etc.

cérémonie royale à Eṣfahân, le gouverneur du Fârs, Emâm Qoli Xân, fit apporter des présents destinés au roi sur des chariots : « Il y avait aussi je ne sais combien de chariots tous chargés d'une grande quantité de turbans, et tirés chacun par un seul cheval, comme ces charrettes qu'on mène par la ville de Rome, qui sont en usage depuis peu dans la Perse, et qui leur ont été montrées par les Géorgiens. » (Valle, III, pp. 43-44). Ce chariot devait avoir un usage assez limité et probablement réservé aux gens de pouvoir, comme ce gouverneur du Fârs ou le roi lui-même. Au contraire, la charrette, décrite par Oléarius, tirée par les buffles et non pas par un cheval, était cantonnée au monde rural. Au tout début du 19e siècle, G. Drouville fait les mêmes observations et, constatant l'absence totale de voiture en Iran, fait exception pour « des espèces de machines lourdes et informes, montées sur des roues beaucoup plus informes encore, et qui pourraient par cette raison réclamer le nom de chariots ; mais outre qu'elles sont excessivement rares, elles n'approchent jamais les villes, et servent à transporter les récoltes des champs aux fermes et aux villages lorsque la distance est trop grande pour qu'on puisse le faire à dos de mulet ou de chameau. On les attelle de deux ou quatre buffles, tirant par les cornes au moyen de jougs très simples fixés à la tête de ces animaux avec des lanières de cuir. » (Drouville, I, p. 58). De même, Henri-René d'Allemagne, au début du 20e siècle, précise les dimensions d'un tel véhicule et constate que dans quelques plaines « on se sert de charrettes pour le transport des foins ou des céréales ; elles sont traînées par des bœufs et ont une très lourde structure. Longs de 5 mètres au moins, ces véhicules ont, à l'extrémité arrière, une largeur de 2 mètres qui se rétrécit graduellement jusqu'à l'extrémité avant. » (d'Allemagne, I, p. 49).

Suivant les descriptions de Bulliet et Wulff, c'est bien le même type de véhicule que l'on utilise actuellement dans les villages du nord-ouest de l'Iran (Bulliet, 1975, p. 316 ; Wulff, p. 88, fig. 131). On peut donc en inférer que si ce véhicule était utilisé dans ces provinces à l'époque médiévale, ce n'était probablement guère que dans les villages, conformément à ce que décrivent Oléarius, Drouville ou d'Allemagne.

En ce qui concerne le chariot géorgien, il faut constater qu'aucune voiture de ce type n'a été observée par les autres voyageurs. Au sud de la Géorgie, dans l'Âzarbâyjân, on trouve toujours les charrettes tirées par les bœufs. Bien qu'une sorte de ces charrettes, selon Bazin et Bromberger, puisse avoir une origine russe[4], celle-ci ne peut pas être notre chariot géorgien. Au contraire, comme nous le démontrons plus bas, un véhicule à 4 roues, attelé d'un seul cheval, était peint, de façon irréaliste, par l'école de Tabriz au 13e siècle. Il se peut que ce chariot géorgien ait été de même type que ce dernier et que le peintre de Tabriz ait eu une connaissance du chariot géorgien. Mais rien ne confirme l'usage de ce type de chariot au 13^{e}

4. Dans la plaine d'Ardabil, « les bœufs traînent des charrettes de bois à 4 roues et deux claies de bois obliques maintenant sur les côtés de lourdes charges de fourrage ou de céréales moissonnées. Peut-être s'agit-il là d'une influence russe, car cette forme de charrette se retrouve dans tous les pays slaves. » (Bazin & Bromberger, p. 35; Bazin ; 1980a, II, p. 102).

siècle en Iran. Il est donc probable qu'il y fût introduit, comme le remarque Pietro Della Valle, au 16ᵉ siècle.

Une autre sorte de véhicule à 4 roues, tirée par des bœufs si on se fie aux dessins qui accompagnent le récit de voyage d'Oléarius, était employée au 17ᵉ siècle dans la même plaine d'Ardabil (Oléarius, p. 628). Mais nous avons constaté que c'est le même Oléarius qui affirme qu'en Perse les charrettes sont toujours à 2 roues... Néanmoins, comme ce véhicule à 4 roues est reproduit dans d'autres dessins d'Oléarius (ceux de Solṭâniye), on peut confirmer son emploi au nord-ouest de l'Iran.

Ainsi, du 16ᵉ jusqu'au 20ᵉ siècle, on trouve trois types de véhicule à roues au nord-ouest de l'Iran : la charrette à 2 roues, tirée par des bœufs, le chariot à 4 roues, traîné aussi par des bœufs et enfin, le chariot attelé à un cheval, originaire de la Géorgie. Ce dernier type était en nombre assez limité et n'a pas joué de rôle dans le transport en Iran. Le premier et le deuxième étaient cantonnés à la plaine de Moq̄ân. Quel que soit le type ou l'origine de ces véhicules, leur parcours était extra-muros : la roue était exclue du transport urbain. Le bœuf était la force motrice et les rares véhicules ruraux servaient aux paysans à transporter leurs produits agricoles.

Mais tout cela se passe au nord-ouest de l'Iran. Au sud, le roulage n'est point connu. Les archéologues français Marcel et Jane Dieulafoy, lors de leur mission à Suse, sont devant un embarras insurmontable pour le transport des découvertes archéologiques. Pour parvenir à leur but, ils sont obligés de construire les charrettes, car les Iraniens ne les connaissaient pas. Ils préparent les modèles, ils discutent avec les artisans de Dezful « l'avant projet, le bordereau et le détail estimatif des harnais. » qui leur sont nécessaires. « Comment fabriquera-t-on les colliers et les traits ? Le bazar ne saurait fournir ni corde ni cuir épais. » (Dieulafoy, 1990a, p. 275). Tout doit être fait sur place et avec les matériaux disponibles :

> « Roues, essieux, bâti, tout est en bois. Des harnais miraculeux dûs à la collaboration des membres de la mission et des cordonniers de Dezfoul serviront à traîner ces carrosses magiques. Avec du coton on fabriquera des cordes, avec des cordes des traits ; dans le cuir réservé aux semelles de bottes on taillera des bricoles. Crochets, anneaux, chaînons, seront, tant bien que mal, forgés à Dezfoul sur les modèles. » (*ibid.*, p. 276).

Les matériaux nécessaires pour la fabrication des différentes parties de la charrette, comme le bois, le fer ou le cuir, existaient, le savoir technique pour confectionner les pièces variées d'une charrette était disponible aussi, mais la charrette, elle-même, n'était pas connue au sud. En fait, au nord-ouest de l'Iran, une enclave de roulage existait qui ne communiquait aucunement avec les régions du sud. Seules, et rarement, les charrettes du harem royal reliaient cette enclave à la capitale safavide.

L'absence du véhicule à roues est toujours couplée avec celle de la route pavée et lesdits voyageurs les mentionnent toujours ensemble[5]. La roue, certes, n'engendre pas toujours le pavage ou l'empierrement, mais une caravane, à priori, n'en a aucunement besoin. Néanmoins, la construction des routes pavées en Iran safavide (1501-1722) est attestée en maintes occasions par les historiens persans et certains voyageurs européens. Le roi ʿAbbâs Ier (1587-1628) ordonna la construction d'une route aménagée et pavée de Zanjân à Miyâne à l'ouest de l'Iran, une autre de Namksâr à Siyâhkuh, au centre. Pour cette dernière on dépensa 10 000 *tumâns* et ainsi la distance entre Kâšân et Mašhad fut raccourcie de plusieurs dizaines de kilomètres (Monši, p. 1111 ; Bâstâni Pârizi, 1979, pp. 100-2). Une troisième route joignait Jâjarm, au Xorâsân, à la plaine de Moqân en Âzarbâyjân et traversait ainsi toute la côte méridionale de la mer Caspienne (Rabino, 1928, p. 8). La longueur de cette chaussée était d'environ 300 miles (Hanway, I, p. 291), sa largeur entre 10 et 15 pas. Elle était formée de deux couches : un boyau, rempli de sable et de gravier, couvert ensuite de larges dalles de pierre (Fraser, p. 12-13). Chaque dalle mesurait 33cm de long sur 20 de large (O'Donovon, I, p. 167). La construction de cette route était tellement bien faite, que même au 19e siècle les voyageurs la distinguaient encore, alors même qu'elle n'avait pas été entretenue par les successeurs de ʿAbbâs Ier.

Sur ces routes pavées, ou en partie pavées, et contrairement à ce que nous pouvons croire, aucun véhicule à roues ne circulait, et ce furent toujours les caravanes qui les fréquentaient. On n'a jamais taxé de chariot dans une douane urbaine. Un registre de péage, *râhdâri*, de 1745, relatif à toutes les grandes villes de l'Iran dont l'accès passe par les monts, y compris celles de ces provinces méridionales de la mer Caspienne, établit que les taxes sont toujours imposées sur les équidés, et dans un seul cas, celui des villes au nord de l'Araxe, sur les camélidés et les bovidés (Ašrafiyân, pp. 310-14). Même le transport entre Rašt et Tabriz, qui pouvait en partie avoir lieu sur la route aménagée de la plaine de Moqân, fut l'apanage des équidés. Aucune mention de véhicules à roues dans ce registre.

Dans la plupart des cas, le pavage et l'aménagement des routes furent conditionnés justement par le climat, qui, contrairement à ce que pense Bulliet, ne doit pas être sec. À part la route de Kâšân à Mašhad, qui fut faite dans les montagnes pour rapprocher ces deux villes à travers une région de l'Iran beaucoup moins exposée aux intempéries, les 2 autres routes susmentionnées furent pavées à cause de la pluie et du verglas qui rendaient difficile le transport. Le même roi, ʿAbbâs Ier, chargea le gouverneur du Mâzandarân de construire une route pavée – en partie seulement peut-être – de Farahâbâd, au bord de la Caspienne, à Xwâr, au sud-est de Téhéran, sur une distance de 45 *farsangs*[6], divisée en 8 à 9 étapes (Monši, p. 990 ; Rabino, 1928, p. 7). Selon Monši, l'historien de l'époque safavide, c'est parce que

5. Les rues d'Eṣfahân « sont entrecoupées par des bazars, ou marchés ouverts. Le pis est qu'elle ne sont point pavées, non plus que les rues des autres villes de Perse. » (Chardin, III, p. 5). Voir aussi Oléarius, p. 664.

6. Un *farsang* équivaut à environ 6 kilomètres.

l'accès au Mâzandarân, sous l'effet des pluies abondantes, était difficile et que les bêtes pataugeaient dans la boue, que le roi décida la construction à ses frais d'une route pavée qui fut terminée en 1621 (*ibid.*).

Bien que le chameau ne soit pas apte à traverser les routes montagneuses, cette route fut tellement bien construite que les caravanes atteignirent le Mâzandarân, dont les habitants connurent pour la première fois le chameau (Monši, p. 850). Le fait qu'une telle route ne soit pas parcourue par les chariots ou les charrettes montre bien que la mentalité pour un tel genre de transport était absente. Or, les dépenses colossales faites pour la construction de ces routes auraient pu permettre l'accélération des communications sur une distance donnée et nécessiter ainsi moins d'étapes et de caravansérails à édifier. Mais ce ne fut pas le cas et la route n'accueillit toujours pas la roue.

Et tout cela sur une route qui mène aux provinces limitrophes de la Caspienne, où, si on se fie à Bulliet, le roulage a été pratiqué du Moyen Age jusqu'à nos jours (Bulliet, 1975, p. 175). La méconnaissance des camélidés par les habitants de ces provinces peut étayer la thèse de Bulliet, car il ne donne aucune preuve de l'emploi de véhicule à roues à l'époque médiévale dans ces contrées. Mais il est préférable de penser que, dans ce cas comme dans d'autres régions montagneuses de l'Iran, les équidés et surtout le mulet furent les seuls moyens de transport et, de ce fait, indispensables et omniprésents[7]. Même si le véhicule à roues y était connu, il devait être employé pour les transports entre le village et le champ et de même nature que ceux qu'avaient rencontrés Oléarius ou Drouville.

Equidés et camélidés couvrent entièrement l'espace commercial de l'Iran, en plaine et en montagne. Les caravanes de soie, qui passaient par Ardabil vers l'Europe au 17e siècle, comprenaient parfois jusqu'à 800 ou 900 chameaux (Bâstâni Pârizi, 1979, p. 110), parfois 600 chameaux et 300 chevaux (de Bruyn, IV, p. 11), toujours sur le même chemin. La caravane était vitale pour l'économie persane et son passage devait être assuré coûte que coûte : ainsi, pour empêcher les chameaux de glisser sur le verglas, parfois on le recouvrait de tapis (Bâstâni Pârizi, 1979, p. 102).

Mais plus important que les tapis ou les routes pavées, trois principes étaient jugés indispensables pour ce commerce : la sécurité routière, la construction des ponts et celle des caravansérails. En fait, si ʿAbbâs Ier ne pensa jamais à introduire la roue sur les routes pavées de son empire – il fut pourtant en contact assez étroit avec l'Occident et il connaissait même le chariot géorgien – il reste bel et bien dans la lignée d'une mentalité iranienne, qui attend d'un juste roi, entre autres, l'accomplissement de ces trois principes[8]. C'est ce que conseille aux rois, au 12e

7. « Les ânes sont fort communs par tout l'Orient, mais en Perse plus que partout ailleurs, et particulièrement à Ispahan, où l'on ne voit autre chose ; parce qu'il n'y a point de charrettes ni de chariots dans les villes de Perse. » (Oléarius, p. 797).

8. On raconte que ce roi construisit 999 caravansérails. À Eṣfahân on compte 1802 caravansérails au 17e siècle (Chardin, III, p. 82). Oléarius n'en dénombre que 25 (Oléarius, p. 946). Au 19e siècle, on n'en compte que 84 (Reżâ Eṣfahâni, p. 60). Le chiffre de Chardin nous semble exagéré, bien que

siècle, le grand vizir seldjukide, Neẓâm al-Molk, dans son livre sur l'art de gouverner (Neẓâm al-Molk, p. 8). C'est ce que prêche, selon Biruni, le zoroastrien Behâfarid, au début du 8e siècle, après la chute de l'empire sassanide. Parmi les enseignements nécessaires à la restauration de l'ancienne religion persane, à son époque déjà imprégnée d'Islam, il insiste sur le maintien des routes et des ponts, en raison de leur abandon éventuel par les conquérants arabes (Bulliet, 1975, n.26, p. 314 ; Browne, I, pp. 308-310).

La construction des routes aménagées était toujours faite par le pouvoir politique, conscient de la nécessité de réduction du temps de communication. Une fois ce pouvoir en régression, l'entretien ou la construction des routes étaient oubliés. «Les routes aménagées par Darius étaient à l'abandon à l'arrivée d'Alexandre. » (Bémont, III, p. 39). De même, celles construites par ʿAbbâs Ier n'étaient guère entretenues par les derniers Safavides.

> « Ensuite, sous le règne de Nâder, elles étaient en si piteux état qu'elles se transformaient en torrents pendant la saison des pluies. Par contre, le souverain avait trouvé un moyen astucieux pour protéger les caravanes. Les chefs de villages assumaient cette responsabilité. Ceci déchargeait le gouvernement central de l'organisation de la police. » (Bémont, I, p. 157).

La situation routière empirait: « En 1889, Nâṣer al-Din [le roi Qâjâr] imposa à tous les habitants la corvée de réparation des routes. Tous les hommes, de 16 à 50 ans, devaient y travailler un certain nombre d'heures ou payer une taxe. » (Bémont, I, p. 158). Mais les corvées de ce genre n'avaient pas besoin d'un décret royal. La chaussée de Téhéran-Qazvin a été construite "par corvées et payé[e] à coups de bâton", quelques années avant la ratification de ce décret (Dieulafoy, 1989, p. 111). La construction des routes, donc, relevait de la politique, et sans route le roulage n'était pas possible.

En fait, malgré la construction de quelques routes pavées et des chaussées, le réseau des voies de communication n'était pas apte à engendrer un transport sur roues. La raison de cette inaptitude est formulée par Bulliet. Selon lui, dans la zone où dominent les chameaux, où le climat sec règne pendant la majeure partie de l'année, la terre battue est plus confortable pour les bêtes de somme que le pavage, dont le coût de construction est assez élevé (Bulliet, 1975, p. 227). L'existence des routes pavées est fortement liée à une mentalité technique où la roue joue un rôle distinct. Au contraire, dans une mentalité ou une économie "sans roue", le souci primordial est la construction des ponts et des lieux de commodité pour les voyageurs. Ce qui est cependant aussi onéreux (*ibid.*)[9] Mais il faut noter que

---

Eṣfahân, durant ces deux siècles, perdît beaucoup d'importance. Le gouverneur de Širâz édifia beaucoup de ponts dont certains joignaient les deux rives d'une vallée, jusque-là sans communication (Bâstâni Pârizi, 1979, pp. 98-108).

9. Signalons au passage que, quel que soit ce mode de mentalité ou d'économie, avec ou sans roue, la construction de ponts et d'hôtels est toujours nécessaire. Dans le cas de transports rapides, nous avons besoin d'un nombre moins important de ces lieux de commodité, puisque le nombre des étapes

l'absence de roue est plutôt liée au manque de moyens de communications, dont la construction et l'entretien coûtent cher, aux conditions géographiques, au manque de bois, et aux grandes distances qui rendent la roue non rentable, et non pas, comme le pense Bulliet, à une mentalité "sans roue" qui, en fait, provient de cette non-rentabilité. Une fois que la roue ne joue aucun rôle dans le transport, même la construction de routes pavées, comme nous l'avons vu, n'accueillera pas les véhicules à roues, sauf si se présente le besoin de transports rapides. En fait, les nouvelles techniques de construction de ces véhicules, importées de l'Europe et de la Russie au milieu du 19e siècle en Iran, accompagnent la pénétration d'un nouveau machinisme, l'introduction d'une nouvelle cadence commerciale, et le besoin d'un meilleur réseau routier. Cela met un terme, peu à peu, au règne du premier machinisme.

LA ROUE DANS LA LITTÉRATURE PERSANE

Le roulage des époques antérieures au 16e siècle ne peut être étudié que par des extrapolations sur une base linguistique et iconographique, car les références directes nous restent inconnues. Sur le plan linguistique, les mots qui désignent les différentes sortes de véhicules à roues en Perse à partir du 19e siècle sont tous d'origine étrangère : le *kâleske*[10] est russe (Rodinson, 1960a, p. 212) ainsi que le *doroške*, et le *gâri* est hindi (Bulliet, 1975, p. 14). Les deux premiers véhicules servent au déplacement des passagers, et le dernier transporte les charges.

Plus haut dans le temps, nous trouvons le mot turc *arrâbe* qui désigne la "charrette" ou le "chariot" et qui remonte au 14e siècle, mais dont l'étymologie est controversée, car elle ne semble pas plus purement turque que persane ou arabe[11]. Quelle que soit son origine, l'occurrence de ce mot est rare dans la littérature persane de l'époque, ce qui est peut-être dû à l'usage assez limité que l'*arrâbe* assura lors de son apparition en Iran[12].

Hormis ces mots d'origine étrangère, le seul mot persan qui désigne un véhicule à roues dans les œuvres littéraires médiévales est *gardun*. Contrairement à

---

est réduit. Au contraire, les ponts doivent être plus larges pour assurer le passage de véhicules plus encombrants qu'une bête de charge.

10. Comme calèche ce mot a une origine tchèque.

11. « Au point de vue étymologique, *arrâbe* est une corruption de *'arrâde* qui signfie "baliste, arme militaire de siège". Quoiqu'une baliste ne soit pas un chariot, le mot finit néanmoins pas désigner "un canon, un canon mobile, un chariot transportant un canon", d'où le passage à "chariot, charrette" était facile... Il n'y a maintenant aucune preuve de la date du passage de *'arrâde* à *arrâbe*, mais on peut avancer l'hypothèse que le mot a été adopté comme terme technique dans l'armée mongole durant l'invasion de la Perse au début du 13e siècle et que le changement eut alors lieu. Il se produit certainement avant le 14e siècle, puisqu'il n'y a pas de trace de " *'arrâde*" en turc à cette date... » (Rodinson 1960b, p. 574). On peut ajouter que le mot *arrâbe* n'est jamais utilisé dans le *Šâhnâme* et que par contre *'arrâde* s'y trouve à plusieurs occasions. Pour *'arrâde* voir aussi Cahen, 1960.

12. Nous verrons qu'à l'époque safavide l'*arrâbe* était utilisé pour tirer les canons.

ce que pensent Bulliet ou Rodinson (Rodinson 1960a, p. 211 ; Bulliet, 1975, p. 14), ce mot apparaît à maintes reprises dans les sources persanes, et ceci même au 14e siècle, concuremment à *arrâbe*. C'est ainsi qu'est désignée la partie roulante de l'araire arménien[13] par Rašid al-Din Fażl-Allâh Hamedâni (mort en 1318) dans son ouvrage sur l'agriculture (Fażl-Allâh Hamedâni, 1989, p. 139). Une œuvre médicale, *Zaxire-ye Xᵛârazmšâhi*, rédigée en 1110 par Gorgâni donne l'exemple d'un geste assez courant chez les conducteurs de charrettes, *gardunkešân*, consistant à graisser le pilon, *čub-e gardun*, qui entre dans la roue[14] (Dehxodâ, s.v. *gardun*). Non seulement le mot *gardun* et ses dérivés apparaissent dans ce texte, mais aussi on y apprend que l'emploi de ce type de véhicule était courant au 12e siècle, puisqu'un médecin le connaissait. À Marv, Abu Sa'id abi al-Xeyr (967-1048), un des grands maîtres du mysticisme persan, atteste l'emploi de plusieurs de ces *garduns* pour le transport d'une colonne, de toute évidence en pierre[15] (Abu Sa'id , p. 238). Le *gardun* apparaît aussi sur un champ de bataille entre les Byzantins et les Seldjukides : dans une histoire seldjukide, on lit qu'Armanus, sans doute Romain IV Diogène (1068-1071), se cacha sous un *gardun* d'où on le tira pour l'arrêter (Mo'in s.v. *gardun*). Mais ce que nous ne savons pas, c'est si Romain IV avait à sa disposition un char de combat ou une charrette, et si le véhicule était romain, iranien ou turc.

Sur la foi de ces textes, l'emploi de *gardun* en Iran, surtout entre les 10e et 14e siècles, est sans ambiguïté. Le véhicule, comme l'atteste Gorgâni, engendra le métier de *gardunkešân*, les conducteurs de voiture à roues. Nous savons que ces conducteurs avaient leur propre quartier à Boxârâ, car selon Naršaxi (899-959), un incendie détruisit complètement en 926 le quartier des *gardunkešân* (Naršaxi, p. 130). Une autre source nous indique qu'à la même époque, les rues de Samarqand et de Boxârâ étaient pavées (Ibn Ḥawqal, p. 475, p. 464), ce qui pouvait permettre la circulation des charrettes ou des chariots à l'intérieur de ces villes[16] jusqu'au quartier des *gardunkešân*. Ainsi, le *gardun* était soit utilisé dans les villes, soit avait accès aux centres urbains. Il nous reste à déterminer si *gardun* était un mot générique ou bien s'il désignait un type particulier de véhicule à roues, et quelles étaient sa forme, son utilisation et sa force motrice.

C'est dans le *Šâhnâme*, l'œuvre du célèbre poète persan Ferdowsi, achevée au début du 11e siècle, que nous découvrons une réponse partielle sur l'emploi et la nature du *gardun*. Le glossaire que Wolff a établi sur cet ouvrage signale une vingtaine d'occurrences du mot *gardun*. En examinant les vers correspondants[17], on constate deux emplois différents de ce véhicule chez Ferdowsi : dans la plupart des

13. Nous le décrivons en détail plus loin.
14. Ce dispositif n'est probablement pas un essieu. Voir plus loin la description que nous en donne Pietro Della Valle à propos de la charrette indienne.
15. Selon Bal'ami, le roi sassanide Firuz employa les *garduns* pour transporter une grande colonne (Bal'ami, II, p. 959).
16. Mais il se pourrait aussi que le pavement n'ait eu pour but que d'assurer la propreté urbaine.
17. Nous utilisons l'édition du *Šâhnâme* établie par J. Mohl.

cas le *gardun* est attelé à un bœuf, *gâv*, ou à un buffle, *gâvmiš*, et il sert uniquement en tant que véhicule de transport de charge[18]. Dans un cas plus restreint, à savoir dans les histoires d'Esfandiyâr, on forge une sorte de char d'assaut en bois, muni de lames tranchantes sur tous les côtés, pour que notre héros puisse combattre tantôt le dragon, tantôt le célèbre *simorq̄*. C'est seulement à ce moment que Ferdowsi attelle deux chevaux à ce véhicule.

En fait, c'est parce que la scène se passe dans un temps mythique où l'action est aussi de l'ordre de l'imaginaire que le véhicule est tiré par les chevaux, ce qui donne au combat d'un grand personnage un lustre qu'il n'aurait guère si le char était attelé à des bœufs. Une autre explication, plus prosaïque, serait que Ferdowsi aurait pu puiser dans des sources où le char de combat jouait un rôle actif dans l'armée. Or, le char d'assaut, avant même l'islamisation de l'Iran, avait cédé la place à la cavalerie dont la souplesse de manœuvre était largement supérieure à celle de l'attelage antique. Ferdowsi n'a donc pu être influencé par des récits de combat de cet ordre.

Pour en revenir au cas le plus frappant, lorsque la description de Ferdowsi vise le transport et non plus le combat, c'est-à-dire lorsqu'il s'agit de l'usage probablement quotidien du *gardun* dans son temps, le *gardun* est toujours tiré par des bœufs et non pas par des chevaux. L'exemple de ce type d'attelage apparaît lorsque les 40 000 véhicules du dernier roi sassanide – un chiffre qui relève, certainement, de l'exagération poétique – doivent apporter les provisions à son camp. On le voit encore quand la scène n'est pas historique, et qu'un des héros mythiques tue des sangliers : il charge leurs énormes têtes sur un *gardun*, et les buffles, vu le poids démesuré de la charge, ont beaucoup de peine à avancer. Les textiles, les parfums, les tentes royales, les denrées et les nourritures etc., tout est transporté à l'aide de ces chars à bœufs[19]. Celui-ci est donc bien la clé de voûte du transport sur roues dans le *Šâhnâme*, et Ferdowsi ne pouvait pas imaginer un autre moyen de communication, alors même que son art de poète lui ouvrait le champ de l'imagination créatrice.

Cet emploi du *gardun* ne devait pas différer de celui que les autres sources déjà mentionnées lui attribuaient. Quant à son origine, nous pouvons supposer qu'il était le descendant de ce véhicule dont Xénophon[20] nous lègue la description et dont Cyrus essaya d'augmenter la puissance en y attelant 16 bœufs au lieu de la paire habituellement en usage. Il se peut que ces charrettes ait été introduites en Iran à l'époque achéménide ou pré-achéménide par les tribus du type du Fahrer, du pasteur à déplacement lents et à chariots[21]. Selon Planhol, lorsque ces charrettes n'étaient pas adaptées dans les vallées montagneuses, « le mode de transport essentiel restait le

18. De même, dans l'histoire de Bal'ami (mort en 996), ce véhicule est toujours tiré par les bœufs. Voir Dehxodâ s.v. *gardun*.

19. Quelques références dans le *Šâhnâme* : Livre 7, vers 422, pp. 428-502; Livre 3, vers 147, pp. 292-410 ;Livre 4, vers 204, 1994, pp. 4-276; Livre 4, vers 1677, 1688, 1690, 1699, 1794, 1796, 1800, 1805, pp. 358-730; Livre 6, vers 420, 468, pp. 4-82.

20. Livre VI de la Cyropédie, cité dans Lefebvre des Noëttes, pp. 77-78.

21. Pour les types "Fahrer" et "Reiter" voir Planhol, 1969a, p. 200.

bœuf porteur, signalé comme habituel dans le Kurdistan du 16e au 19e siècle... Au 13e siècle Marco Polo commentait avec admiration les qualités de porteurs des grands bœufs blancs du pays entre Kermân et Ormouz. »[22] (Planhol, 1968, p. 202).

Il n'est pas impossible non plus que le *gardun* ait pris naissance ou ait été introduit en Iran oriental et que, dans ses voyages vers l'ouest de l'Iran, les conditions physiques du pays lui aient substitué le bœuf porteur. En avançant cette hypothèse, nous mettons probablement "la charrette avant les bœufs", mais si les tribus de ces régions montagneuses étaient à l'origine du type du Fahrer, cette hypothèse ne reste pas sans fondement. Certes, le mot *gardun* était connu dans différentes parties de l'Iran, mais une analyse détaillée des sources littéraires que nous avons étudiées démontre que l'usage de ce véhicule était plus courant au Xorâsân et en Transoxiane. Le quartier des *gardunkešân*, le *čub-e gardun*, et le *gardun* se trouvaient soit dans les villes de l'Iran oriental (Marv, Boxârâ), soit étaient mentionnés dans les textes des savants originaires de cette partie de l'Iran. Il est aussi probable que le même type de véhicule ait été employé aux Indes. En effet, c'est le même mot *gardun* que ʿÂref-e Qandahâri utilise pour désigner les véhicules qui transportaient des matériaux pour la construction de la forteresse d'Agra sous le règne d'Akbar[23] (Qayṣar, p. 16).

Si nous nous fondons sur le fait que cette charrette indienne ressemblait au *gardun* iranien, nous pouvons enfin connaître les détails techniques du véhicule iranien, grâce à la description de charrette indienne que nous a laissée Pietro Della Valle :

> « À chaque timon, qui est fait de la même façon qu'un joug, on avait attelé deux bœufs blancs. Il faut remarquer, qu'encore que les roues de ces carrosses soient égales, elles ne sont pas néanmoins montées toutes deux sur un seul essieu, comme les nôtres, mais chaque roue a le sien particulier[24], qui est attaché à deux petites pièces de bois, qui pendent d'en haut, et des autres morceaux de bois, qui soutiennent le platfonds des carrosses sur les roues. » (Valle, II, p. 572).

Ces charrettes indiennes furent offertes au roi ʿAbbâs Ier, lors d'une cérémonie royale, ce qui donne une idée de la valeur de ce véhicule à roues pour le souverain mais démontre aussi, *a contrario*, que le *gardun* iranien n'était probablement plus en usage au 16e siècle puisque le roi n'en possédait pas. Il se peut que le *gardun* ait été remplacé à cette époque par un autre type de véhicule à roues (*arrâbe*), introduit aussi en Iran oriental au 14e siècle par les tribus turco-mongoles. À défaut de sources écrites, c'est l'iconographie qui peut nous aider dans l'examen de cette hypothèse.

---

22. Une étude plus détaillées sur les bœufs porteurs se trouve dans Planhol, 1969b.
23. Troisième empereur moghol des Indes (1556-1605).
24. Un autre type d'essieu était connu des Indiens : Oléarius rencontra au 17e siècle, à Qazvin au centre de l'Iran, le chariot d'un prince indien « tiré par 2 bœufs blancs, couché sur 2 roues, qui au lieu d'essieu roulaient sur un fer, tellement courbé au milieu, qu'il soutenait tout le chariot. » (Oléarius, p. 663).

LA ROUE DANS LES MINIATURES PERSANES

La distinction que nous avons fait entre deux différentes occurrences du véhicule à roues dans le *Šâhnâme*, l'une dans un monde réel et l'autre dans un monde mythique, est nécessaire à l'analyse du troisième type de données, à savoir les œuvres picturales auxquelles recourt Bulliet comme argument contre la pratique de la roue dans le transport. En fait, Bulliet se fonde sur trois miniatures se trouvant dans différentes copies du *Šâhnâme* et parvient à la conclusion que les auteurs de ces dessins n'avaient aucune idée de ce à quoi pouvait ressembler l'attelage d'un véhicule à cheval, puisqu'ils n'en avaient jamais vu. Cela s'ajoutant aux "rares susdites références littéraires" démontre, selon Bulliet, l'absence de la roue en Iran médiéval dans les transports (Bulliet, 1975, pp. 9-10, fig. 1, 2, 3).

Or, il se trouve que les trois références picturales de Bulliet se rapportent aux scènes de combat d'Esfandiyâr qui, comme nous l'avons vu, se situent dans un temps mythique, où les chevaux ont été attelés à une sorte de véhicule, muni d'une boîte qui figure la cachette du héros où il peut se protéger des assauts de créatures imaginaires. Ce sont ces scènes héroïques qui intéressent le peintre, et on peut se demander si c'est bien le mode imaginaire dans lequel il se meut qui lui interdit de réaliser dans son œuvre des copies conformes de la vie quotidienne, ou bien si c'est cette même vie quotidienne qui ne lui fournit aucun exemple à transposer dans l'imaginaire.

Les deux hypothèses sont possibles, car les véhicules que Bulliet reproduit dans son ouvrage, sans toutefois en donner la date de réalisation, sont de deux genres différents et ne doivent pas être analysés de la même façon : les deux premiers sont attelés à deux chevaux et le troisième à un seul. Or ces deux premiers correspondent exactement à la description de Ferdowsi, qui fait tirer le char d'Esfandiyâr par une paire de chevaux. Ferdowsi lui-même n'avait-il jamais vu un tel véhicule ? Voilà qui n'est guère aisé à deviner, d'autant plus qu'il puisait dans les sources sassanides pour créer son épopée. Mais il est certain que les peintres de ces deux miniatures n'avaient aucune idée d'un tel engin et que leurs œuvres picturales ne sont pas réalistes. En fait, leurs auteurs essayaient de transformer en dessin ce que Ferdowsi avait déjà exprimé par la plume, et de ce fait, rien ne correspond à un véhicule à cheval.

Revenons sur le problème de la date de la réalisation de ces deux dessins. La date du premier dessin remonte au 16e siècle[25] (Bulliet, 1969, p. 1093), et donc à l'époque safavide, tout comme le second dessin extrait d'un recueil de poésies illustré de miniatures (Patris, p. 29). À cette époque, comme nous l'avons vu, le voyageur allemand Oléarius constate l'absence totale de véhicule à cheval en Perse, ce que confirme bien, dans son irréalisme, cette information picturale. Ces deux preuves

25. C'est seulement dans son article que Bulliet précise la date d'une miniature dont les références correspondent bien à ce qu'il reproduit dans son livre.

iconographiques de Bulliet ne nous éclairent donc en rien sur la pratique du véhicule à roues dans l'Iran pré-safavide.

La troisième miniature remonte au 14e siècle (Pope, V, Pl. 832D) et appartient à l'école ilkhanide ou mongole. Elle représente un véhicule conçu dans un tout autre style : une charrette à deux roues à rais, tirée par un seul cheval entre brancards sur laquelle on installe la boîte où se cache Esfandiyâr. Ici, le dessin de char n'est pas inspiré par la description de Ferdowsi, et c'est un attelage réaliste qui est indiscutablement représenté : Bulliet a tort de traiter ce dessin comme les autres, à savoir comme la représentation d'un véhicule inexistant. Ce char existait bien en Iran, et si le peintre n'arrive pas à le détailler de la manière que Bulliet le souhaite, il faut attribuer cette impuissance à la faible capacité et au goût de l'artiste plutôt qu'à l'inexistence de l'objet peint ; en effet, l'examen d'une autre miniature du 15e siècle, cette fois-ci inspirée par une scène de la vie quotidienne, ne permet de trouver aucune preuve d'ignorance de la réalité ni d'incompétence technique : Behzâd peint minutieusement en 1467[26] (Kühnel, fig. 51) une charrette à deux roues à rayons, tirée par un seul cheval entre deux brancards, sur laquelle on apporte des matériaux pour la construction d'une mosquée. Behzâd appartenait à une école de peinture de Harât, formée dans la capitale des Timurides, et dont une des règles était la reproduction minutieuse des détails. Cette charrette ressemble exactement à l'*arrâbe* décrit par Moser au 19e siècle (Pl. I).

D'autres informations nous manquent, mais il est probable que la charrette, peinte aux 14e et 15e siècles, fut introduite en Iran, ou plutôt en Iran oriental dont la capitale était Harât, par les tribus turco-mongoles. En fait, « d'après les peintures murales découvertes au Turkestan chinois » (Lefebvre des Noëttes, pp. 128-129, fig. 128 et 129), le même type de véhicule apparaît dans cette région dès le 8e siècle[27]. Il suffit de comparer la planche I de cet ouvrage et la figure 129 chez Lefebvre des Noëttes pour constater la ressemblance totale de ces deux véhicules. De plus, cela correspond bien à la période d'apparition du mot *arrâbe*, "chariot" ou "charrette", au cours du 13e siècle. Il est fort probable que ce chariot était le *arrâbe* que Rodinson cherchait à dépeindre, hypothèse qui demande encore confirmation.

L'usage de ce véhicule put avoir été restreint à certaines occasions. La même miniature (Kühnel, fig. 51) montre l'emploi parallèle d'un éléphant pour le transport des matériaux de construction. De toute évidence, on déployait des moyens lourds et inhabituels pour la construction de la mosquée. Nous devons également admettre le fait qu'entre le 14e et le 15e siècle, ou même entre le 13e et le 15e siècle, si on tient compte de l'introduction de mot *arrâbe* en Iran, on ne devait pas connaître ce véhicule dans d'autres provinces de l'Iran. Une miniature du 15e siècle peinte à Tabriz est décrite par Rodinson dans ces termes : une sorte de yourte, sans doute montée sur roues, tirée par des chevaux, qui transporte à Tabriz le cadavre de Q̄âzân

26. La référence de ce dessin se trouve dans l'article de Rodinson sur *'Adjala* dans l'encyclopédie de l'Islam (Rodinson, 1960a, p. 211) ; l'œuvre était connue de Bulliet, mais peut-être n'a-t-il pas trouvé l'image correspondante chez Kühnel.

27. Voir aussi Haudricourt & Jean-Brunhes Delamarre, pp. 156-7.

Xân en 1304 (Rodinson 1960a, p. 211). Le fait que ce véhicule soit déjà tiré par plusieurs chevaux montre qu'il était différent de ladite charrette ; en outre, nous n'avons aucune idée du nombre de roues de ce véhicule. Toujours à Tabriz, mais au 13e siècle, un chariot à quatre roues est tiré par un cheval (*ibid.*). En examinant cette miniature (Blochet, Pl. XLI), citée en référence par Rodinson, on ne trouve aucun attelage entre le cheval et le chariot, ce qui nous laisse loin encore de la charrette de Harât.

Ainsi donc en Iran occidental, dont la capitale fut Tabriz à la même époque, les représentations picturales relèvent d'un genre que Bulliet attribue à l'indifférence totale du peintre vis-à-vis du monde réel. Mais il reste une dernière question, plutôt cartésienne, qui peut modifier un peu cette hypothèse : si le peintre n'a jamais vu un véhicule à roues dans son entourage, comment serait-il capable d'en imaginer un, même si le produit de son imagination ne correspondait pas à la réalité de la chose ? deux réponses possibles à cela. Soit que le peintre, sur la foi des ouï-dire, ait développé la représentation trompeuse d'une sorte de véhicule à roues. Dans ce cas, les "ouï-dire" devaient venir d'un pays qui utilisait ce genre de véhicule, en l'occurrence l'Occident ou la Géorgie. Soit qu'il se soit nourri à des sources plus proches inspirées de la vie de la campagne dans laquelle les charrettes tirées par les bœufs transportaient les charges dans les champs. Dans ce cas, notre peintre aurait eu des difficultés en concevant un attelage à cheval d'après l'attelage à joug qu'il connaissait, destiné aux bœufs.

AUTRES USAGES DE LA ROUE

Il apparaît en somme que la roue n'a pas joué un rôle important dans le transport iranien, pas plus qu'elle ne s'est beaucoup manifestée dans d'autres secteurs techniques, où son emploi aurait été possible. Ainsi, nous savons que l'artillerie safavide utilisait les chariots pour se déplacer. Mais il est possible que d'autres méthodes de transport de canons aient été adoptées par les Safavides. L'armée de leur successeur, Nâder Šâh, comportait 120 canons, mais il n'avait pas 120 affûts à sa disposition. Cela amena les Iraniens à transporter chaque canon sur le dos de deux mulets, l'un attaché derrière l'autre[28] (Ašrafiyân, p. 150).

Même si les canons avaient été munis d'affûts, il n'est pas sûr que les roues auraient tenu les routes non-carrossables. Les roues des affûts de canon que construisit à Ardabil la délégation du duché de Schleswig-Holstein, dont fit partie Oléarius, étaient une centaine de milles plus loin « en si mauvais état, que l'on persuada à l'Ambassadeur Brugman, qu'il serait à propos de laisser là les six plus grosses pièces » et de n'emporter que les plus petites (Oléarius, p. 650).

28. Cette méthode de transport ressemble à celle que les Iraniens utilisaient dans une sorte de litière, *taxt-e ravân*, servant à transporter les femmes nobles. D'Allemagne en donne deux photos (II, p. 33, III, p. 162). Ce mode de portage, selon Leroi-Gourhan, était connu en Europe comme en Asie (Leroi-Gourhan, 1971, p. 131).

En fait, comme toujours le transport le plus sûr est confié aux bêtes de charge. Bulliet donne comme probable conséquence de cette économie "sans roue" l'exemple de la célèbre artillerie persane, *zamburak* (Pl. II), qui se porte à dos de chameau et qui devance l'Occident dans ce genre d'utilisation, (Bulliet, 1975, p. 222-23). Ainsi, l'artillerie persane non seulement utilise les bêtes de charge pour le transport des canons lourds, mais elle installe aussi sur leurs dos les canons légers. C'est seulement lors de la réforme de l'armée persane au début du 19e siècle, qu'à « la chétive artillerie nommée "zombareks" [*zamburak*], on a substitué l'artillerie à cheval régulière, qu'on s'est occupé de réparer quelques chemins principaux... » (Drouville, I, pp. ii-iii).

En ce qui concerne la brouette, apparue au 12e siècle en Occident (Lefebvre des Noëttes, p. 12) et qui épargne le travail d'un homme dans le transport de matériaux, Bulliet remarque qu'elle ne fait pas figure de nos jours d'invention locale à Téhéran, car on en importe (Bulliet, 1975, p. 222). Au 19e siècle, la délégation française d'archéologie à Suse essayait d'apprendre aux ouvriers iraniens l'usage de la brouette, mais sans succès : « La brouette boite, mais le mal est sans gravité, car nous n'avons jamais pu dresser nos ouvriers à se servir de ce petit véhicule ; ils se mettent à quatre et le portent comme un brancard, deux aux bras, deux à la roue. » (Dieulafoy, 1990b, p. 244). C'est que cette méthode de transport est propre à une sorte de brancard, utilisé en Iran pour le transport des matériaux. Dans une miniature, réalisée par Behzâd en 1494 (Kühnel, Pl. 52), deux hommes transportent des matériaux sur une sorte de civière, *zanbe*, et la brouette n'y figure pas (Pl. III).

De même, on ne trouve aucune référence à l'usage des chariots pour la décharge du minerai dans les exploitations minières. J. de Morgan donne un exemple de l'extraction au Caucase, qui pouvait bien être pratiqué aussi par les Iraniens : « l'extraction se faisait et se fait encore à l'aide de *zambil*s, sacs en peau de vache, portés à dos d'homme[29]. À chaque voyage un ouvrier transporte... 50 à 80kg. On comprend aisément qu'avec de pareils procédés l'exploitation ait été très lente et relativement très coûteuse. » (Morgan, 1886, p. 11).

La roue n'était pas non plus présente dans l'agriculture[30], et l'araire iranien reste un instrument de traînage alors que dans les pays voisins, en Arménie et en Géorgie, on utilisait des araires par roulage. Cet araire, selon un traité persan de l'agriculture, rédigé au 14e siècle, s'appelait *kutân*, et on le construisait de sorte à être accompagné d'un *gardun* (Fażl-Allâh Hamedâni, 1989, p. 139). L'auteur de ce traité est probablement le célèbre Rašid al-Din Fażl-Allâh Hamedâni, le grand vizir ilkhanide, qui fait l'éloge du rendement assez élevé de cet appareil et ajoute que « si on comprend l'utilité et la méthode de sa construction, on en construira dans toutes les provinces. » (*ibid.*, pp. 140-41). Apparemment, et malgré la bonne volonté de ce vizir, cet araire ne quitta pas son pays natal.

---

29. Ces *zambils* figurent aussi dans la planche III.
30. On exclut le chariot à dépiquer (*xarmankub*) des appareils de roulage, car il se déplace uniquement sur les supports de son bâti qui ne sont que deux barres courbées. Les roues de cet appareil battent le blé et ne servent pas au roulage. La fig. 4 montre une telle machine.

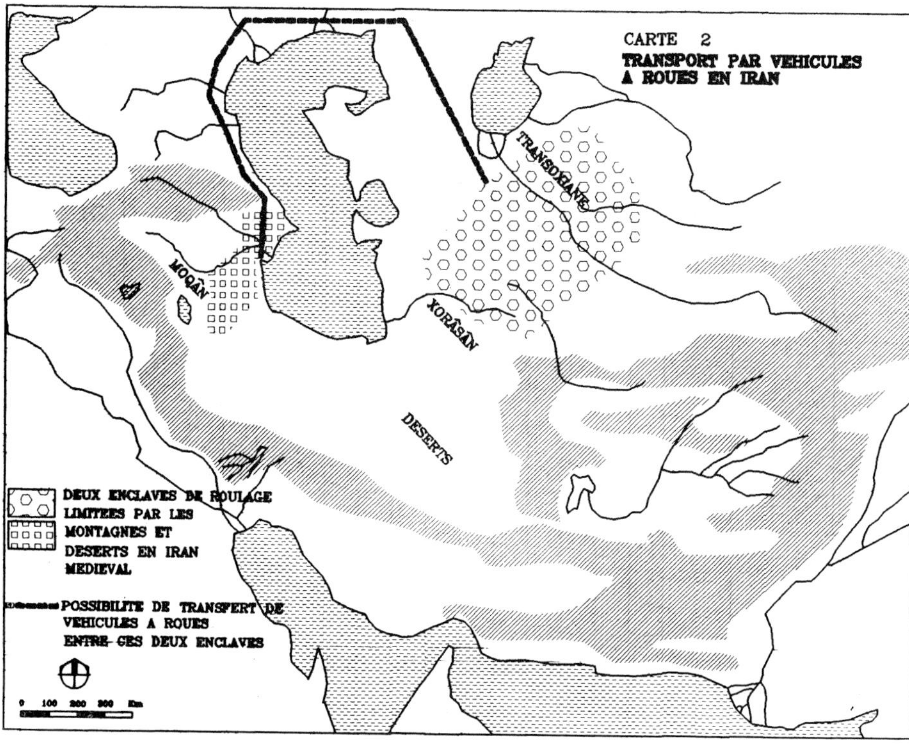

Carte n°2 – Localisation des deux enclaves de roulage et leurs relations possibles.

À Kâšân, en revanche, on trouve un emploi assez curieux de la roue. Les moutons iraniens ont un énorme appendice graisseux, *donbe,* qui parfois, après l'engraissement, devient très développé. Cela oblige les bergers à « le faire reposer sur de petites charrettes. » (Dieulafoy, 1989, p. 197). À part cet usage insolite de la roue, son domaine d'utilisation reste toujours limité à quelques types de véhicules.

* *
*

En résumé, d'autres véhicules à roues que les charrettes tirées par les bœufs firent de courtes apparitions dans le curriculum technique de l'Iran. L'Antiquité mise à part, une sorte de charrette, *arrâbe,* est apparue en Iran du 13e au 15e siècles. Ce chariot qui ressemble fortement à un véhicule du même genre, prit naissance en Asie Centrale et en Chine aux environs du 8e siècle et fut introduit en Iran à l'époque mongole. À l'avènement des Safavides (1501-1722), il disparaît du transport iranien, quoique le réseau de communication soit parfois pourvu de routes pavées. À la même époque, un chariot d'origine géorgienne trouve un emploi assez limité en

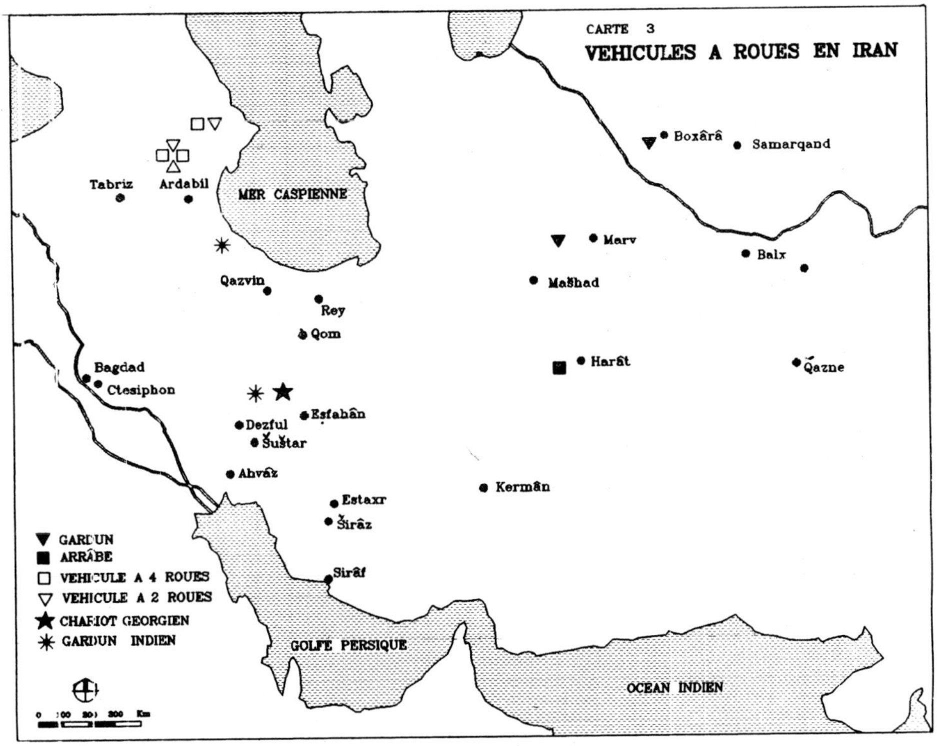

Carte n°3 – Répartition géographique des différents types de véhicules à roues.

Iran[31]. Il faut attendre la fin du 19e siècle pour que les voitures européennes soient introduites dans les rues de la capitale. Au cours des premières années du 19e siècle la seule voiture qui existe en Perse « est un carrosse à quatre places que l'ambassade française offrit au prince royal, et qui pourrit sous une remise. » (Drouville, I, p. 57). En 1887, plus de 500 voitures européennes circulent à Téhéran (Benjamin, p. 72). Ainsi quelques décennies avant l'arrivée des automobiles européennes en Iran, leur parcours était déjà pavé par la voiture à cheval. Voici la carte historique de la roue en Iran.

L'usage de la roue n'était pas uniformément répandu dans les différentes parties de l'Iran. Le *gardun*, hypothétiquement, était en usage dans l'Iran oriental, toujours en liaison directe avec les Indes, au sud, et l'Asie Centrale, au nord. L'*arrâbe* est introduit depuis l'Asie Centrale, toujours à l'est de l'Iran. Au contraire, le chariot

31. Néanmoins, le mot *arrâbe* reste en usage, mais il se limite plutôt au transport des canons. L'historien safavide, Monši, ne l'utilise que dans ce sens (Monši, p. 42, 71, 319, 413, 620 etc.). Il est possible que l'*arrâbe* utilisé par les Safavides pour le déplacement de leur artillerie, ait été calqué sur cette charrette, introduite en Iran par les Mongols. Mais il est aussi probable que le canon safavide, introduit d'Europe, ressemblait tant à la charrette mongole que les Iraniens le nommèrent *arrâbe*..

géorgien et une sorte de véhicule à 4 roues, probablement d'origine russe, étaient employés dans les plaines du nord-ouest de l'Iran. Le sud, enfin, ne connaissait pas la roue. La carte n°2 montre ces deux enclaves de roulage, entourées par les montagnes qui empêchent la libre circulation des véhicules à roues vers l'intérieur de l'Iran. La carte n°3 fait une distinction entre différents types de véhicule à roues, utilisés dans ces deux zones.

À notre avis il est fort possible que ces deux enclaves de roulage aient été en liaison par un circuit qui contournait la côte septentrionale de la mer Caspienne. Ibn Baṭṭuṭa, partant de Constantinople et quittant la frontière de l'empire byzantin, arrive à continuer son voyage en charrette (*arrâbe*) d'Astraxân, sur l'embouchure de la Volga, jusqu'au X^{v}ârazm, c'est-à-dire, de la côte occidentale à la côte orientale de la mer Caspienne. Traverser la Volga en charrette, bien sûr, n'était possible qu'en hiver, quand le fleuve gelé le permettait. La traversée d'Ibn Baṭṭuṭa démontre que les conditions géographiques au nord de la mer Caspienne étaient favorables au roulage et il est possible que certains véhicules à roues aient fait du chemin de l'Asie Centrale jusqu'à la plaine de Moqân. Dans ce cas, les migrations des tribus turco-mongoles vers l'Âzarbâyjân pouvaient avoir introduit ces véhicules dans cette région (carte n°2), ce qui remettrait ainsi en question l'origine russe de certains types de voiture de cette région.

L'absence de la roue dans le transport demande une dépense plus importante d'énergie humaine et animale. Le fait que l'attelage moderne ait réduit la dépense de ces formes d'énergie en offrant en même temps la possibilité d'une « forte augmentation de la taille des voitures et du poids de leur chargement », tombe sous le sens (Lefebvre des Noëttes, p. 124). En Iran, au contraire, le transport des articles volumineux ne devient possible que par le biais de l'énergie humaine. Ainsi, pour qu'on arrive à transporter les volumineux présents offerts par les Anglais au roi de Perse au début du 19e siècle, trop encombrants pour être chargés sur les chameaux et en l'absence de véhicule à roues en Iran, on les porta à dos d'homme sur une distance de 620 milles, entre Bušehr, au bord du Golfe Persique, et Téhéran. L'état de détérioration dans lequel ces objets arrivèrent à destination ne nécessite pas d'explication[32] (Morier, 1918, p. 197. Ironie du sort, parmi ces présents royaux figuraient plusieurs voitures.

Le transport des objets encombrants à dos d'homme[33] ne se limite pas aux articles de luxe. Auparavant, Nâder Šâh (1736-47), pour construire sa flotte au bord

32. Loti, dans son voyage vers Eṣfahân, nous fait part, dans un langage plus poétique, de la même difficulté de transport des objets volumineux, dans les chemins montagneux entre Bušehr et Širâz : « Ensuite madame van L... me confie son rêve de faire venir un piano ; on lui en a promis un démontable, qui pourrait se charger par fragments sur des mules de caravane!... Un piano à Chirâz, quelle incohérence! D'ailleurs, non, je ne vois pas cela, ce piano, même démonté, chevauchant la nuit dans les escaliers chaotiques de l'Iran. » (Loti, p. 96).

33. Le métier de porteur a toujours existé en Iran. À la fin du 9e siècle, en Transoxiane et sous les Samanides (892-999), on taxait chaque porteur d'un *derham* et chaque chameau de deux (Barthold, p. 239-240).

du Golfe Persique, fit venir de la sorte du littoral caspien le bois nécessaire à son projet (*ibid.*, pp. 38-39). Cette flotte ne vit jamais le jour.

C'est là que se manifestent les limites d'un système de transport privé du véhicule à roues. Dans ces deux exemples, il fallut l'intervention de l'État pour organiser des opérations fondées sur le travail forcé des hommes convertis en portefaix. La violence exercée sur ces hommes par Nâder Šâh fut tellement frappante, que les habitants des régions par lesquelles ils passèrent restèrent à jamais marqués par cette horreur (*ibid.*). Justement, Nâder voulait construire des charrettes pour transporter le bois du nord au sud de l'Iran (Lockhart, 1938, p. 214), mais il fallait d'abord que les routes soient construites, entreprise beaucoup plus difficile que la construction des charrettes et des navires.

Pour J. J. Olmer qui visita l'Iran à la fin du 19e siècle, l'absence matérielle de moyens de communication a un effet direct sur les mentalités, qui est le manque de communication du savoir-faire. Olmer, dans le rapport de sa mission scientifique en Iran, constate que « l'originalité de la Perse, c'est, à notre époque, l'absence de moyens de communication. Tout se fait par caravanes. Ces transports sont fort coûteux, aussi sont-ils très peu utilisés par l'industrie persane elle-même. Il en résulte, dans chaque province, une sorte de protectionnisme de fait, apportant avec lui toutes ses conséquences», dont « les variations très grandes des méthodes de fabrication d'une ville à l'autre. » ; et Olmer donne l'exemple des métiers à tisser à Yazd qui sont plus performants que ceux de Kermân, et cela depuis 100 ans (Olmer, pp. 4-5), sans que Kermân essaie de se procurer ces techniques plus avancées.

Ce que Olmer signale par rapport au transport ou au protectionnisme des villes en Iran s'avère juste, mais en conclure que les divergences techniques entre les villes iraniennes dépendaient du manque de moyens de transport, ne semble pas exact. Car le manque d'un système efficace de transport, bien qu'il soit un facteur décisif, ne suffit pas à définir à lui tout seul la diversité d'une technique en Iran. Tout d'abord parce que, par les mêmes moyens et pendant des siècles, circulaient les commodités ainsi que les techniques, même entre l'Iran et les pays lointains et que rien n'empêcha ce commerce. Ensuite parce que dans la même région, deux techniques de deux époques différentes coexistaient, et qu'aucune de ces techniques ne remplaça définitivement l'autre. La charrette introduite en Iran oriental ne pouvait pas être intégrée au sein d'un système technique fondé sur l'usage sporadique et limité de la roue, et cela uniquement dans les campagnes. Comme le remarque bien Leroi-Gourhan au sujet de la diffusion technique :

> « Il est impossible de prêter à la diffusion des valeurs constantes. Dans le temps et l'espace, il est clair qu'une masse homogène de thèmes issus d'un centre ne pourra se répandre uniformément vers les confins : chaque trait du groupe en expansion agira pour son propre compte dans chaque groupe qu'il atteindra. On verra le couteau, par exemple, conquérir en peu de temps tous les hommes, sans distinction ethnique ; le char à bœufs, au contraire, marquera des succès instantanés chez les uns, des échecs définitifs chez d'autres. » (Leroi-Gourhan, 1973, p. 430).

En effet ce char à bœufs en Iran conserva sa place dans le système technique iranien grâce aux succès qu'il avait obtenu jadis, tandis que la charrette à cheval tomba dans l'oubli, comme elle n'eut aucun succès technique.

CHAPITRE II

LE BOIS

Un des deux piliers d'un système éotechnique est le bois : bois de chauffage pour les industries de la céramique et du verre, la métallurgie, la fabrication du sucre ; bois de construction pour les roues hydrauliques, les moulins, les métiers à tisser, les navires, les bâtiments et les araires, et nous ne citons ici que quelques exemples.

Il n'était pas facile de se procurer du bois en Iran médiéval, car, à part quelques régions boisées et la forêt caspienne, l'Iran en était presque dépourvu. La carte du tapis végétal de l'Iran actuel, faite par H. Bobek montre que « la forêt de genévriers du versant intérieur aride de l'Alborz et du Khorâsân doit être détruite à plus de 95% et la formation à pistachiers-amandiers du plateau intérieur à plus de 100%. Quant à la forêt de chênes et genévriers du Zagros, on peut estimer à 10% au maximum la proportion qui subsiste encore dans l'état primitif, tandis que la surface plus ou moins boisée sous forme buissonnante ne doit pas excéder au total un sixième de la surface originelle. La forêt caspienne seule reste relativement conservée. » (Planhol, 1969a, p. 625). Reste à savoir comment l'Iran médiéval a pu se procurer du bois, et si le paysage forestier de cette époque était aussi dénudé que celui d'aujourd'hui. À l'aide des données éparpillées que nous possédons, nous allons essayer de donner les premières réponses à ces questions, qui demanderaient de toute façon des recherches plus poussées.

LE BOIS DE CONSTRUCTION

C'est la difficulté d'obtenir du bois de construction pour créer sa flotte au bord du Golfe Persique[1] qui contraignit Nâder Šâh à s'en procurer dans la forêt caspienne,

---

1. *Cf.* chapitre I, La roue et la charrette, p. 36.

restée jusqu'alors presque intacte. En effet, l'accès difficile de cette forêt, située sur le versant nord de la haute barrière de l'Alborz, la préserva du déboisement et elle « ne fut pas sujette à une importante fabrication de charbon de bois pour des centres urbains majeurs, ceux-ci se trouvant tous sur le versant méridional de la montagne, sur le plateau iranien intérieur. » (Planhol, 1969a, p. 632).

En plus de cette inaccessibilité de la forêt caspienne par route, la conservation de son manteau forestier a été aidée par le fait qu'elle ne communique par aucune voie d'eau avec le plateau intérieur, et que, de ce fait, aucun flottage de bois n'a menacé son existence. Il est évident que, pour qu'une forêt trouve une valeur marchande, il faut qu'elle soit pénétrable : le manque de routes carrossables et l'absence de fleuves la mettent nécessairement à l'abri de la déforestation. Ainsi Nâder Šâh fut-il obligé de déployer son "flottage humain" pour fournir la mer du sud avec le bois de la mer du nord. En effet, le déboisement progressif qui eut lieu entre l'époque achéménide et le Moyen Age ne laissa pas d'autre réserve de bois entre ces deux mers, et la forêt caspienne fut l'un des seuls choix possibles. Nâder Šâh achetait jusqu'alors ses navires à Surat, port situé sur la côte occidentale de l'Inde (Lockhart, 1938, pp. 78-79, p. 213). Est-ce pour assurer son indépendance économique et militaire et pour économiser le coût de l'importation que Nâder décida d'ériger ses propres chantiers navals ? Quoi qu'il en soit, le bois de la forêt caspienne mit 60 jours pour arriver au Golfe (*ibid.*, p. 214). Se posa alors le problème de la construction : Nâder Šâh n'avait pas de constructeurs de vaisseaux à sa disposition. Un Européen qui ne connaissait rien de cet art se vit contraint par le roi de commencer la construction d'un grand navire à Bušehr. Ce navire ne fut jamais fini et sa coque inachevée resta dans le chantier pendant plusieurs années (*ibid.*, pp. 220-1). Après cette expérience, la forêt caspienne ne fut plus exploitée pour la réalisation des grandioses projets royaux et conserva son intégrité.

Le manque de rivières navigables en Iran central et septentrional cantonnait la navigation fluviale en Transoxiane, au Xuzestân et au Sistân (carte n°4). En Transoxiane l'Oxus était navigable (Moqaddasi, p. 323). Lors de l'essor économique de X^{v}ârazm, sous la dynastie des X^{v}ârazm Šâh (1194-1220), on devait importer des céréales de Balx par les vaisseaux (Ḥâfeẓabru, p. 60) qui naviguaient sur l'Oxus. Au Sistân, le Hirmand était navigable et on payait des taxes pour le curer (*Târix-e Sistân*, p. 34). Au 9e siècle, Ya'qub-e Leyṣ (mort en 878) envoya plus de 200 bateaux chargés de son butin de guerre, depuis Bost, en Afghanistan actuel, jusqu'au Sistân (*ibid.*, p. 206). Le transport fluvial sur le Kârun au Xuzestân avait une grande importance au 10e siècle (Moqaddasi, pp. 411-12), bien que la navigation sur ce fleuve ne fût pas continue : au niveau d'Ahvâz, une forte dénivellation obligeait à débarquer et à rembarquer sur d'autres vaisseaux de l'autre côté de ce barrage naturel. Cependant, le trafic fluvial était important et selon Kasravi, ces activités de débarquement et embarquement donnèrent naissance à la ville d'Ahvâz (Kasravi, p. 195).

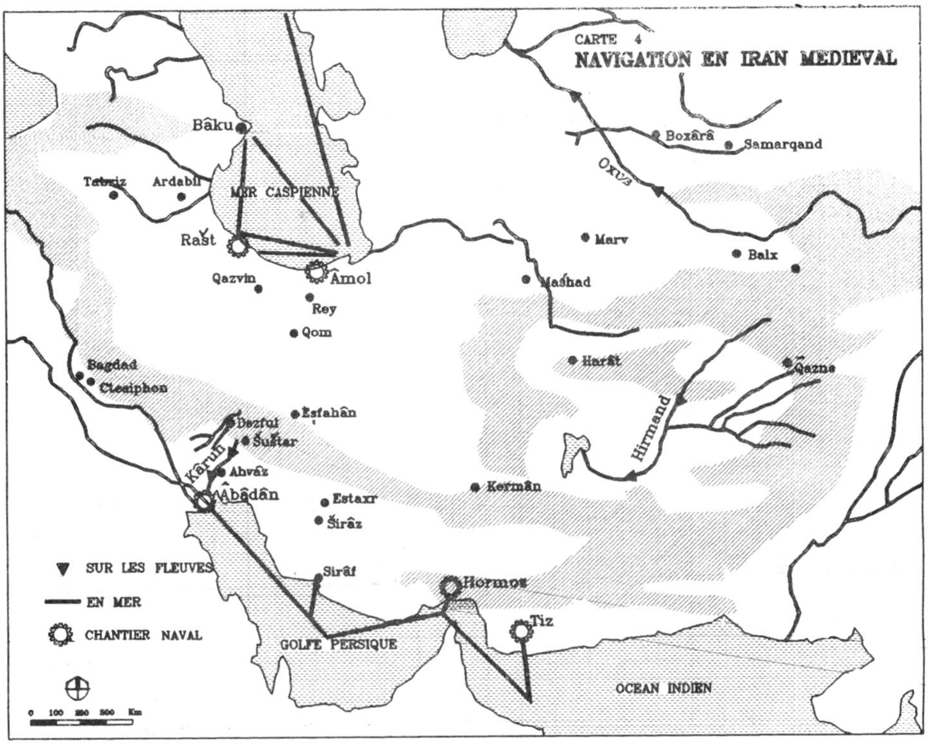

Carte n°4 – Les possibilités de navigation en Iran médiéval.

Le tonnage de ces navires et la technique de leur construction ne nous sont guère parvenus. Nous savons seulement que les chantiers de construction des navires existaient sur le littoral caspien et dans certaines villes portuaires du Golfe Persique. Au 10e siècle, on fabriquait des mâts de navire à Âbâdân, au bord du Golfe Persique (*Ḥodud al-ʿâlam*, p. 139). Ces mâts étaient de deux types, *âbâdâni* et *sâmâni*, et ils devaient être assez connus des constructeurs de navire (*ibid.*). Sur la technique de construction des navires nous avons trouvé quelques modestes documents. Marco Polo constate que les habitants de Hormoz, au bord du Golfe Persique, ont « de nombreuses nefs, mais ces nefs sont très mauvaises, fragiles et dangereuses, et bien d'entre eux périssent parce qu'elles ne sont point clouées avec des clous en fer comme les nôtres ; elles sont faites d'un bois dur d'une espèce cassant comme poterie... Les planches sont percées avec des forets de fer aussi soigneusement qu'ils peuvent, et ensuite fixées avec de petites chevilles. Ensuite, elles sont cousues de fil grossier qui se fait de l'écorce des arbres à noix d'Inde... Les nefs ont un mât, et une voile, et un gouvernail, et n'ont pas de couverture. » (Marco Polo, I, p. 104).

Clavijo qui visita l'Iran entre 1403 et 1406 constate, comme Marco Polo, que les bateaux du Golfe Persique sont tous faits de bois. Les clous ne sont pas en fer mais en bois et les planches clouées s'entrelacent pour consolider la charpente (Clavijo, p. 169). Selon l'auteur du Manuscrit Persan 727, les planches, de cocotier ou de dattier, sont calfatées. Le mât (*tir-e kašti*) est d'un bois assez solide[2] et une corde, passant par la jante d'une poulie fixée en haut du mât, contrôle la voile.

Le cocotier était une importation des Indes (Miquel, p. 448), tandis que la culture du dattier était assez répandue au sud-ouest de l'Iran. Cela montre que la technique de construction des navires, telle que la décrit notre manuscrit, correspond à celle qu'on employait au sud de l'Iran. Cette technique ressemble à celle qui est employée actuellement à Bahreïn, et que décrivent brièvement al-Ḥasan et Hill (al-Ḥasan et Hill, 1988, p. 123). Ces vaisseaux étaient destinés au commerce avec l'Asie, l'Afrique et d'autres pays du Golfe Persique. Un commerce assez prospère, qui, selon *Nezhat al-Qolub* (1329), amena les habitants de Bahreïn à s'adonner à la piraterie (Mostowfi, p. 165). Par contre, la force navale iranienne n'exista jamais dans le Golfe Persique. En 1228, Atâbak Abubakr-e Zangi n'arrivait pas à conquérir Kiš, île du Golfe Persique, car il n'avait pas de navires. Pour arriver à ses fins, il signa un pacte avec le gouverneur de Hormoz, qui possédait des navires. Le gouverneur se rendit maître de l'île, mais il ne respecta pas son pacte et Atâbak Abubakr-e Zangi fut obligé de construire ses propres navires (Vaṣṣâf, pp. 104-5), comme le fit Nâder Šâh au 18e siècle. L'histoire ne dit pas s'il y parvint.

La navigation dans la mer Caspienne était aussi d'ordre commercial et aucune force navale ne s'y trouvait[3]. Là aussi, des chantiers de construction de bateaux existaient au 10e siècle. Toujours selon *Ḥodud al-ʿâlam*, on fabriquait des mâts à Âmol (au Mâzandarân) et au Gilân (*Ḥodud al-ʿâlam*, p. 135, p. 137). Ces navires, selon Moqaddasi, sont "grands, rivés et calfatés" (Moqaddasi, p. 362). En l'absence de bois de dattier et de cocotier dans ces provinces, on utilisait d'autres sortes de bois, fournis par la forêt caspienne.

Le commerce du Mâzandarân, selon Ibn Esfandiyâr (1216), se faisait avec le Bolqâr (la Russie) et Saqsin, port situé à l'est de la mer Caspienne. Les navires mettaient trois mois pour arriver à Saqsin et huit jours en sens inverse (sic). Âmol, au Mâzandarân, était le marché des marchandises importées de la Russie et de Saqsin, et des marchands indiens, syriens et persans y venaient pour les acheter. En échange, on exportait, par voie maritime, les articles provenant de Bagdad, du Xuzestân et du Fârs (Ibn Esfandiyâr, p. 80).

D'après Bémont, « les Turcs d'Asie Centrale et les Mongols ne pratiquaient guère la navigation. Après les invasions des 13e et 14e siècles, aucun port ne fut construit sur les rives persanes de la Caspienne. » (Bémont, III, p. 106). Mais les activités commerciales maritimes ne cessèrent pas pendant cette époque. Au dire de Mostowfi (1329), les navires en provenance de la Russie et du Gilân mouillaient à Nim-mardân, une île du Mâzandarân à une dizaine de kilomètres d'Astarâbâd

2. Les mâts pourraient avoir été fabriqués à Âbâdân.
3. Là encore c'est Nâder Šâh qui pensa vraiment à la mise en œuvre d'une force navale. Cette fois-ci il avait un bâtisseur de navire à son service et il parvint à construire quelques vaisseaux. Mais sa flotte tomba à l'abandon après sa mort (Lockhart, 1938, p. 204, p. 289).

(Mostowfi, p. 199). De même, les bateaux partant du Gorgân, du Mâzandarân et du Širvân arrivaient au Gilân (*ibid.*, p. 203). Les ports avaient un grand revenu (*ibid.*), grâce au commerce intérieur et extérieur (carte n°4).

À l'époque safavide, « Châh Abbâs fut le premier à chercher à traiter avec l'Occident. Mais les deux ports qu'il créa au nord, Farah-âbâd et Achraf, n'eurent que des activités limitées. Lors de l'invasion afghane (1722-32), Achraf fut rasée et Farahâbâd négligée par les successeurs des Safavides, était devenue un simple havre de pêcheurs. » (Bémont, III, p. 106). Bandar ʿAbbâs, au bord du Golfe Persique, fut détruit lors de la même invasion « et une fois de plus, au lieu de le reconstruire, il parut plus simple à Nâder Châh d'en aménager un à Bouchir. » (*ibid.*, p. 109).

La navigation continuait au sud et au nord de l'Iran, aussi bien que la construction des navires. Le roi safavide Šâh Ṣafi (1628-1642), « fait porter à grands frais jusqu'au bord (occidental) de la mer (Caspienne, à Šamâxi), les grosses poutres, pour les employer à la construction de ses navires. » (Oléarius, p. 539). Le bois de construction probablement venait du Gilân. On peut penser que les constructeurs de bateaux de cette province étaient peut-être incapables de construire les navires royaux, sinon on aurait pu les faire au Gilân et économiser ainsi les grands frais du transport[4]. En tous cas, le roi ne construisit jamais ses navires[5].

L'utilisation du bois de construction pour les navires ne devait pas être très importante et la forêt caspienne[6], malgré son immensité, était isolée du reste de l'Iran, ce qui la préservait de l'exploitation. Certes, son bois était exporté ailleurs, mais il faut se garder de penser que cet emploi était rentable. Oléarius constate qu'à Ardabil en Âzarbâyjân, on « ne produit point de bois à bâtir, ni même à brûler, les habitants sont obligés d'en faire venir de la province de Kilan [Gilân, sur le littoral caspien], qui en est éloignée de six bonnes journées. » (Oléarius, p. 632). Au 14e siècle, Mafruxi, parmi les différents articles qui se vendaient dans le bazar d'Eṣfahân, cite l'exemple "du bois de Ṭabarestân", province caspienne (Mafruxi, p. 434). Comme le bois provenant de la forêt caspienne devait être porté à dos d'animal[7] sur la grande distance qui sépare le littoral caspien d'Eṣfahân ou Ardabil, il devait être assez onéreux et de petit calibre : de ce fait son usage était probablement limité au domaine de l'art du bois[8].

En ce qui concerne le transport du bois de grande taille, les poutres et les planches, Oléarius est le seul à nous en laisser une brève description : les paysans de

4. En effet, Nâder Šâh fit appel aux constructeurs de Surat pour construire ses vaisseaux au bord de la mer Caspienne. Enfin c'est un Anglais, Elton, qui les réalisa (Lockhart, 1938, p. 204).
5. Nous reviendrons sur le sort de ces poutres.
6. Wulff donne une liste assez complète des arbres et des arbustes des forêts caspiennes (Wulff, pp. 75-8).
7. Comme nous l'avons vu, les camélidés étaient inconnus des habitants de ces provinces caspiennes et ce sont les équidés, moins forts que les camélidés, qui étaient utilisés. Cela empêchait aussi le transport de bois volumineux. Jane Dieulafoy remarque "une caravane de petits ânes chargés de bois" aux alentours de Tabriz (Dieulafoy, 1989, p. 67). Ces petits ânes ne pouvaient transporter que du bois de petite taille.
8. Le Ṭabarestân, au 10e siècle, exportait aussi les ustensiles en bois (Istaxri, p. 100).

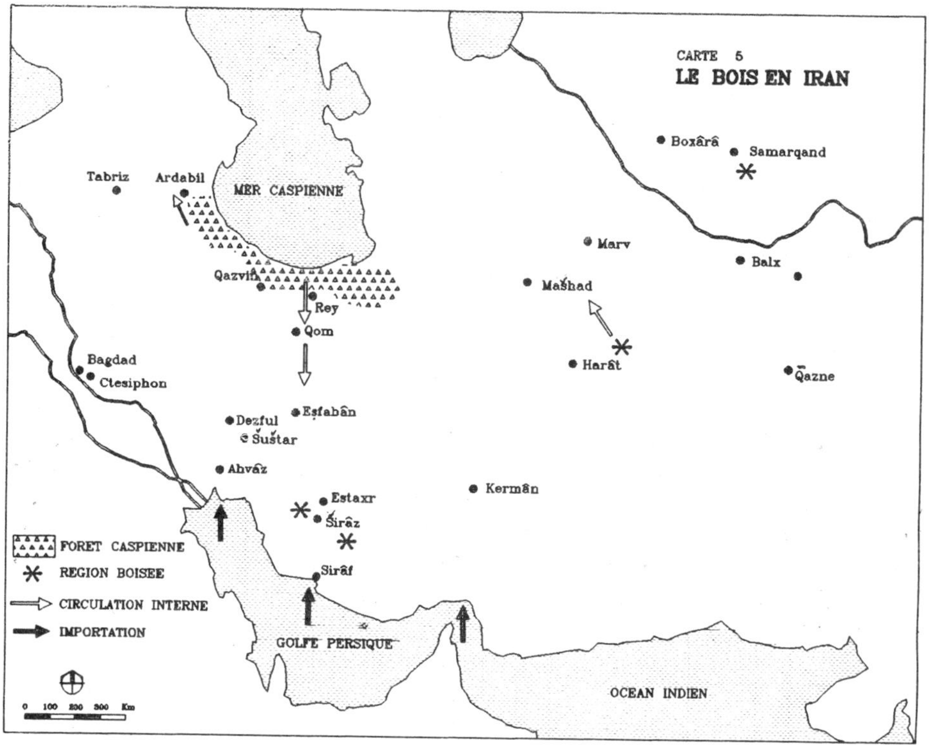

Carte n°5 – Les régions d'origine du bois utilisé dans le monde iranien.

Perse « se servent beaucoup de buffles, auxquels ils font traîner de gros troncs d'arbre, de grosse poutres ou planches, ou autres choses pesantes. » (Oléarius, p. 531). Ce mode de transport se limite au monde rural, et en tant que force motrice, comme dans le cas du *gardun*, on exploite la force bovine. De toute évidence, cette méthode de transport, inadaptée aux grandes distances, était de portée assez réduite[9].

Dans d'autres régions, le déboisement commença avec l'essor de l'économie sassanide :

> « Les temps sassanides, période de plus grande prospérité et puissance de l'Iran, avec une pression paysanne sur la terre sûrement vigoureuse et avec un brillant développement de la vie urbaine qui conduisit certainement à une demande considérable des villes en charbon de bois, furent une phase majeure du déboisement du pays. » (Planhol, 1969a, p. 629).

Comme nous le verrons bientôt, le chauffage des maisons en Iran dépendait du charbon de bois et donc du bois. Par ailleurs, la métallurgie sassanide était prospère, sans que l'or y occupât toutefois une place importante. En l'absence de mines d'or,

9. *Cf.* chapitre I, sur le bœuf porteur.

l'exploitation des mines d'argent y jouait un grand rôle : la monnaie sassanide était frappée en argent, et c'est d'ailleurs pour cette raison, comme nous le verrons, que la plupart des mines d'argent ne furent plus rentables après la chute de l'empire. Or, l'extraction de l'argent, contrairement à l'or qui se trouve à l'état natif, demande beaucoup de combustible, et peut être entravée par la pénurie de bois. Tout cela peut expliquer le besoin croissant de bois lors de l'essor économique et de l'amplification de la vie urbaine, et peut ainsi étayer les propositions de Planhol. Mais il faut aussi savoir que finalement l'économie sassanide restait rurale. Ce secteur avait également son développement, et l'extension des champs se faisait au détriment des forêts. En outre, la poussée démographique de l'époque sassanide peut bien avoir engendré l'augmentation de la consommation de bois et du charbon de bois. Mais l'histoire démographique de l'Iran reste à faire et en son absence nous ne pouvons qu'évoquer hypothétiquement la croissance démographique à cette époque.

Pour toutes ces raisons, les besoins en bois augmentèrent, et ceci, selon Lombard, amena les Sassanides à organiser un réseau d'approvisionnement qui recourait même au flottage sur le Tigre ; dès que s'amorça le manque de bois, surtout de bois de construction, ils en importèrent de l'Inde, pratique que perpétuèrent les Arabes (carte n°5) :

> « Dans l'empire sassanide, les forêts bordent en amphithéâtre, au nord-ouest, le bassin de la Mésopotamie, dans le Tabarestân et l'Azerbâïdjân, la Syrie du nord, le Caucase et l'Arménie. Les bois sont lancés par flottage sur le Tigre sous forme de radeaux soutenus par des outres, (les "*kalak*" de nos jours) qui sont dépecés dans les villes d'aval : Séleucie, Ctésiphon, Babylone. À Bagdad, on utilise le bois de palmier, de médiocre qualité, pour faire les plafonds, et le charbon de bois qui offre plus d'énergie pour moins de poids vient de très loin. Du désert d'Iran jusqu'aux steppes d'Asie centrale, le seul bois qu'on trouve est celui des arbres fruitiers des oasis ; dans les montagnes, les forêts ont été épuisées par le travail des métaux. Les grosses pièces de bois nécessaires pour les machines hydrauliques, le bois de construction, le boisement des navires sont importées des forêts de teck de l'Inde, par la côte de Malabar et de Coromandel, et arrivent par le Golfe Persique et la Mer Rouge. » (Lombard, 1959, p. 39).

Ce bois importé devait coûter assez cher. Les riches marchands de Sirâf, qui, selon Ibn Ḥawqal, "jouissaient d'une précieuse considération" au 10e siècle, bâtissaient leurs maisons « en bois de teck et une autre espèce de bois qu'on importait du pays des Zinj (en Afrique). ». Un de ces négociants consacra à sa demeure plus de 30 000 *dinârs* (Ibn Ḥawqal, p. 277). Comme Sirâf était situé au bord du Golfe Persique, les importateurs économisaient le coût du transport par terre qui aurait rendu le bois encore plus onéreux.

Hormis ces marchands nantis, seuls les rois et les gouverneurs avaient les moyens de s'acheter le bois de construction nécessaire aux grands édifices, c'est-à-dire des poutres de grande taille. Toujours au 10e siècle, mais cette fois-ci dans une ville à l'autre bout de l'Iran, on trouve une autre méthode d'approvisionnement en bois. Une histoire locale de Boxârâ, rédigée au milieu du 10e siècle, nous apprend qu'Amir Esmaʿil-e Sâmâni (874-907), fit transporter à Boxârâ le bois d'un vieux château situé à Varaxše, afin d'y édifier sa maison (Naršaxi, pp. 24-25). Même initiative au Fârs, où on réutilisa dans un château fort le bois de la maison du roi Buyide ʿAżod al-Dowle après sa mort survenue en 982 (Ibn Balxi, p. 133). Au 12e siècle, le gouverneur de Šarq, en Transoxiane, acheta pour y construire une école religieuse du bois provenant de la mosquée abandonnée d'une autre ville (Naršaxi, pp. 19-20).

Ce sont donc les ruines du passé que se procurèrent ces puissants. Mais pourtant, à Samarqand et au sud de la Transoxiane, aux alentours de Harât, les arbres, surtout les différentes espèces de genévrier, sont abondants. Hiuen Tsiang, en 629, constate que la forêt de Sâ-mo-kien (Samarqand) est assez dense (Hiuen Tsiang, I, p. 32). Au 10e siècle, à Bušanj, au nord de Harât, « il y a de l'eau et des arbres en abondance, et notamment du genévrier[10], qu'on ne trouve en aucune autre ville du Khorâsân et dont on exporte le bois dans toutes les régions. » (Ibn Ḥawqal, p. 425). Au Bâdqeys au nord de Bušanj, selon Mostowfi (1329), on trouve une région plantée de pistachiers dont la superficie est égale à 5 *farsax*s (6 km) sur 5 (Mostowfi, p. 189). Dans la même région, suivant une histoire locale de Harât du 15e siècle, on trouve une sorte de genévrier, *âvers*, dont le bois, assez dur et léger, avait été employé dans tous les édifices de Harât depuis plusieurs siècles (Esfezâri, pp. 133-4). Selon le même auteur, les paysans de la région continuaient à planter des arbres et ainsi participaient au boisement de la région.

Mais ce bois coûtait cher, et compte tenu des frais de transport, on ne l'utilisait que dans les édifices urbains construits par les hommes au pouvoir. Les maisons de Bušanj, au 10e siècle, sont toutes bâties en terre ou en plâtre (Ibn Ḥawqal, p. 243), et celles de Harât en terre, comme d'ailleurs celles de la plupart des villes iraniennes[11]. Lorsqu'une maison est munie de pièces en bois, elles font partie des objets les plus chers à son propriétaire. D'Allemagne, au début de ce siècle, constatant que les paysans les plus pauvres sont obligés d'émigrer dans une autre contrée pour trouver un nouveau maître, note ceci : « Ces paysans n'ayant jamais possédé la terre sur laquelle leur maison est construite, la quittent sans regret ; ils abandonnent les misérables murs de boue séchée et le plus souvent emportent les bois de charpente et les portes dont leur demeure était composée. » (d'Allemagne, I, p. 51)[12]. En règle générale, les maisons en Iran n'utilisent pas beaucoup de bois, et

10. Selon la géographie persane, *Ḥodud al-ʿâlam*, il s'agit d'une espèce de genévrier, *ʿarʿar* (*Ḥodud al-ʿâlam*, p. 104).

11. Excepté les maisons des provinces littorales de la mer Caspienne. Au Ṭabarestân, « la plupart des édifices sont construits en bois et en roseaux... les toits sont bombés et couverts avec des tuiles » (Ibn Ḥawqal, p. 371). Sinon, depuis les Mèdes, «les maisons des artisans et des commercants, comme celles du petit peuple aux métiers mal définis, avaient presque toutes, primitivement, des murs de pisé ou de briques crues. Cuites, celles-ci servirent aux demeures princières, de préférence à la pierre» (Bémont, I, p. 42). Voir le chapitre sur la pierre pour la question de la brique.

12. Jane Dieulafoy remarque le même phénomène à Tabriz : « Aussi les fils, au moment de leur mariage, quittent-ils la maison paternelle pour se faire construire dans le quartier à la mode une demeure nouvelle ; à la mort de leurs parents, ils louent, s'ils le peuvent, l'ancienne demeure de

de ce fait la charpenterie, contrairement à la menuiserie qui ne demande pas de pièces de travail de grande taille, est peu développée en Perse : « les Persans n'ont pas de fort habiles ouvriers en charpenterie, ce qui vient du peu de bois qu'il y a en Perse et du peu de charpente qu'on emploie d'ordinaire aux édifices. » (Chardin, II, p. 80).

Pour les pièces en bois des machines hydrauliques, on se trouvait devant le même type de problème. L'arbre d'un moulin, qui atteint parfois une longueur de 2 mètres, est la pièce à se procurer en premier, et cela nécessite parfois un sacrifice en temps et en énergie pour l'obtenir. Ainsi, lorsqu'au 15e siècle, Ḥâfeẓ-e Eṣfahâni décida de la construction d'un moulin à farine à Saraxs, ville qui n'avait pas de moulins à eau dans son voisinage proche, la première difficulté à affronter fut de trouver le bois nécessaire pour la réalisation de son projet. Et comme, dans cette ville, le bois était rarissime, et qu'il fallait l'importer de Marv, à cinq étapes de Saraxs[13], il se mit en quête du matériau convenable dans les villages des alentours de Saraxs. Dans l'un d'eux, il trouva l'arbre[14] qu'il lui fallait, et en payant un des deux propriétaires de cet arbre (en l'absence du deuxième qui sans doute résistait à la transaction) et avec l'aide bénévole de quelques bûcherons qui passaient par hasard à cet endroit, Ḥâfeẓ-e Eṣfahâni se procura enfin du bois (Ḥâfeẓ-e Eṣfahâni, pp. 138-139).

C'est cette difficulté à obtenir du bois pour les machines hydrauliques qui rendait le bois assez cher. Dans l'acte de donation d'un moulin, Tarxân Xâtun, souveraine du Kermân au 13e siècle, précise que les rouages en bois, en pierre et en fer du moulin sont aussi compris dans cette donation (Bâstâni Pârizi, 1985, p. 277), cela peut-être de crainte que ces rouages ne deviennent l'objet d'un autre négoce. La même distinction entre un moulin et ses pièces mécaniques avait déjà été faite à l'époque sassanide. Le corpus juridique sassanide, le *Matikan-e Hazar Datastan*[15], souligne que le prix de *raxt* – les rouages mécaniques d'un moulin, qui étaient sans aucun doute aussi en bois – est calculé à part (*Matikan*, p. 378), probablement du fait que ces pièces constituaient l'essentiel du moulin et étaient difficiles à se procurer.

Les méthodes d'abattage des arbres sont difficiles à retracer. Ḥâfeẓ-e Eṣfahâni, une fois devant l'arbre qu'il a trouvé, demande au menuisier du village de l'aider à abattre l'arbre. On emploie des scies (utilisées en fait pour couper les buissons : Dieulafoy, 1990b, p. 255), mais on n'arrive pas à le couper. À l'arrivée des bûcherons, on finit par abattre l'arbre à l'aide de haches. L'abattage des gros arbres, cependant, est assez difficile. Fraser a décrit une autre technique, employée au 19e siècle et que rappelle Bazin :

---

famille ; dans le cas contraire, ils se contentent d'enlever les boiseries et abandonnent les terrasses et les murs de terre » (Dieulafoy, 1989, p. 60).

13. La distance entre ces deux villes est donnée par Ibn Ḥawqal, p. 438.
14. Cet arbre pourrait être de ces "arbres seuls", qui témoignent, selon Planhol, de l'existence antérieure d'une forêt (Planhol, 1969a, p. 629).
15. "Le résumé de mille points de la loi", qui, selon son traducteur de pehlvi en anglais, à savoir S. J. Bulsara, date du 6e siècle de notre ère.

> « Les arbres ont été conservés hors du défrichement parce qu'ils étaient trop difficiles à abattre. Cependant, cette difficulté à abattre certains arbres conduit plutôt à un défrichement imparfait, dont j'ai pu également observer quelques exemples : les plus gros arbres sont tués par écorçage au lieu d'être abattus, comme l'ont déjà constaté au siècle dernier Fraser dans le Mâzandarân occidental et J. de Morgan dans le Tâlech russe, puis éventuellement brûlés sur pied, et leurs troncs calcinés ou pourrissants peuvent subsister plus de dix ans sur les champs. » (Bazin, 1980b, p. 17).

"Ces squelettes gigantesques", selon Fraser, se trouvent partout au Mâzandarân, et donnent un aspect assez triste au paysage (Fraser, p. 115). D'autre part, il est évident qu'en brûlant les arbres on gaspille le bois.

Du fait que les machines hydrauliques, les charpentes et les navires nécessitaient tous du bois de construction difficile à obtenir, leur réalisation n'était pas sans poser des problèmes. De même, il ne sera pas sans fondement de penser que le manque de ce genre de bois aura affecté la construction des véhicules à roues, entièrement faits en bois. La pénurie de bois a pu accélérer la substitution de la roue par le chameau ou la cavalerie, dans le transport ou dans l'armée, et si le char à bœufs est resté en usage jusqu'à nos jours, c'est plutôt dans les régions du nord-ouest de l'Iran, où le bois n'est pas si rare.

Toutefois, même dans cette partie de l'Iran, le bois n'était pas à la disposition de tous et le bois de construction ne se trouvait pas facilement dans les marchés des villes. Comme nous l'avons vu, le roi safavide, Šâh Ṣafi I (1628-1642), fit porter à Šamâxi les grosses poutres pour la construction de ses navires. C'est avec ces poutres que l'ambassadeur Brugman décida de construire les affûts de son artillerie, sans tenir compte des remontrances des Persans, que lui firent savoir que s'il prenait ces poutres, le roi ne pourrait pas faire bâtir ses navires cette année-là. À Ardabil, en 1637, la même délégation, pour construire encore des affûts, fut obligée d'abattre "quelques arbres, qui servaient d'ornement à la ville" (Oléarius, p. 648). Le transport du bois de construction coûtait cher et de ce fait ce bois était l'objet d'un commerce destiné uniquement aux hommes de pouvoir et d'argent.

LE BOIS DE CHAUFFAGE ET LES BUISSONS

Pour le bois de chauffage, le même paysage dénudé se déploie devant nos yeux. Mais on y discerne parfois des nuances. À titre d'exemple, lorsque Ḥâfeẓ-e Eṣfahâni trouva son arbre, nous avons vu que quelques bûcherons l'aidèrent à l'abattre. D'où pouvaient-ils bien venir, si aucun arbre ne se trouvait dans ces contrées ? Selon Ḥâfeẓ-e Eṣfahâni, ils venaient d'une forêt, *jangal*, où ils avaient chargé leurs ânes de souches d'arbres pour en faire des bols, *kâsetarâši* (Ḥâfeẓ-e Eṣfahâni, p. 139). On ne connaît pas de forêt dans cette région, mais on sait, selon une géographie du 15e siècle, que l'on faisait des bols et des plateaux de fraxinelle au Xorâsân (Ḥâfeẓabru, p. 41). De même, au Xuzestân, les Dieulafoy utilisent pour la confection des coffres les "buissons noyeux" obtenus dans le *jangal*. Dans la jungle voisine de la rivière de Karxe, on trouve des buissons centenaires, qui seront utilisés pour l'emballage d'un chapiteau bicéphale (Dieulafoy, 1990b, p. 244, p. 253). Il est probable qu'Ḥâfeẓ-e Eṣfahâni se réfère à un verger de fraxinelles ou aux bosquets d'arbustes.

Selon Wertime, dans les régions arides on désignait autrefois par le terme de *jangal* les surfaces boisées sous forme buissonnante (Wertime, p. 932). Une espèce de ces buissons, *tâq̄* (HALOXYLON AMONDENDRON), atteint une hauteur de 3 à 5 mètres et un diamètre de 0,6 m (*ibid.*). On s'en sert surtout comme bois de chauffage, ou *hime*. Xonji, en 1509, affirme qu'en Transoxiane, on brûle l'arbre de *tâq̄* ou *q̄aze* (Xonji, pp. 88, 109 et 199), et dans les déserts centraux de l'Iran, Wertime constate leur emploi dans la métallurgie.

Le plateau intérieur iranien, outre le *tâq̄*, est riche en autres arbres et arbustes. Le pistachier sauvage, *bane*, ou le pistachier, *peste*, sont parmi les plus utilisés comme source de combustible. Un pistachier atteint, tout comme le *tâq̄*, une hauteur de 4 à 5 mètres (Moʿin), et donne 360 kilogrammes de bois à brûler, utilisé dans les fourneaux (Wertime, p. 932) ou comme *hime* (Esfezâri, p. 134).

À force d'exploiter intensivement ces formations végétales dans une région donnée, celle-ci devient complètement dénudée. Les procédés métallurgiques, en première ligne, sont de grandes consommateurs du bois[16]. Parfois, là où se forme une végétation importante, c'est aussi là que s'érigent des fourneaux, et qu'est apporté le minerai chargé sur le dos des chameaux ou des mulets. Wertime cite l'exemple des travaux miniers de Naxlak au centre de l'Iran (Wertime, p. 931) et Allan, suivant les fouilles de Caldwell en Iran, et celles de Collins en Afghanistan, le confirme dans les autres zones d'activités métallurgiques sur le plateau iranien :

> « En ce qui concerne le cuivre, il semble que la pénurie de combustible ait parfois obligé à construire des fourneaux loin des mines. Par exemple dans la région de Tars et Anârak, le tas des scories montre que le minerai de plomb fut apporté jusqu'au bord du désert, où la quantité suffisante des arbustes permettait la fusion d'une charge complète d'un fourneau. Et à Q̄urband en Afghanistan, seulement un quart de la production totale de la mine fut extrait par fusion sur place, et le reste fut transporté vers les petits fourneaux près des réserves de combustible. » (Allan, p. 31).

Le principal combustible dans cet exemple de l'Afghanistan est une sorte de broussaille épineuse, quoique la fiente séchée de chameau soit également en usage. Comme le montre Allan, cette réserve de combustible n'est pas perpétuelle, et l'exploitation des mines reste possible tant que le sol n'est pas dénudé. Ensuite, l'arrêt

---

16. À Q̄urband, en Afghanistan, une charge de 20 livres de minerai et de 24 livres de bois sec, donne 7,5 livres de plomb. Les bas fourneaux, jadis utilisés à Naxlak, en Iran central, étaient chargés d'environ 100 kg de minerai de plomb, 30 kg de celui de fer, et 35 kg de charbon de bois. Après 12 heures de fusion on obtenait 15 kg de plomb (Allan, p. 31). « Le procédé au creuset avec lequel on obtient l'acier "indein" en exige plus encore: plus de quarante tonnes de combustible (charbon de bois et bois) pour moins de 800 kg de fer affiné » (Lombard, 1959, p. 251).

des travaux miniers est obligatoire jusqu'au renouvellement de la végétation[17]. Cela explique bien le fait remarqué par Caldwell, comme quoi les exploitations de cuivre et de plomb en Iran sont petites et locales (*ibid.*, p. 35). Mais en même temps ce même phénomène explique l'influence du combustible sur le type de fourneau. Toujours suivant Allan, il n'existait aucune raison pour que l'on ait construit des fourneaux sophistiqués, s'ils avaient une courte vie: le temps d'exploitation de la réserve des broussailles et des arbustes (*ibid.*, p. 37). Cela montre bien à quel point les combustibles ont influencé la métallurgie iranienne, tant au plan de son organisation locale, qu'a celui de la forme du fourneau[18].

La rareté du bois a comme effet direct son prix élevé, et, même là où il ne fait pas défaut, il est coûteux: à Darband au Caucase « les différentes espèces d'arbres qui croissent dans ce district sont le chêne, le bouleau, les peupliers tant le noir que le blanc, ainsi que le tremble, le mûrier blanc et le noir, le coudrier, et diverses sortes de saules; ce qui n'empêche pas que le bois ne se paie excessivement cher. » (Gmelin, I, p. 366).

Ce bois, aussi cher soit-il, n'est pas dégrossi et il consiste simplement en rameaux secs des arbres, apportés sur le dos des bêtes des montagnes en ville (Kämpfer, p. 148). C'est le *himekeš* (Esfezâri, p. 278), le porteur de bois, qui ramasse les broussailles ou abat les arbres et les arbustes, et qui les apporte à la ville. À la ville, le *himekeš* vend le bois au poids, un fait qui surprend les Européens: c'est le même Kämpfer qui affirme que vu le prix élevé du bois, on le vend en le pesant sur des balances et bascules (Kämpfer, p. 148, aussi De Bruyn, IV, p. 216).

Comme les autres métiers, celui de *himekeš* est aussi imposable et subit le même excès d'exigence des hommes au pouvoir. Un décret du roi Ṭahmâsb Ier (1524-76), rédigé sous la forme d'une épigraphe en 1568 et copié par Rabino, demande aux gouverneurs d'Astarâbâd de renoncer à l'imposition habituelle de ces pauvres gens, à savoir, ces *himekeš*. Chacun d'eux était obligé de payer 12 *xarvârs*, soit plus de 3,5 tonnes[19] de bûches par an comme taxe (Rabino, 1928, pp. 32-3 du texte persan). Selon l'histoire locale de Qom, pour chaque arbre non-fruitier on

---

17. Ce phénomène couvre bien tout le Moyen Age iranien et est confirmé par presque tous les voyageurs, qui constatent l'abandon des mines à cause de la rareté du bois et du charbon de bois, ou bien en raison du prix élevé de ces combustibles, justifié par cette rareté : pour l'abandon des exploitations des mines d'argent de Šiz en Âzarbâyjân iranien, voir Abu Dulaf (p. 40) au 10e siècle, Yâqut (p. 386) au 13e. L'arrêt des travaux dans les mines de "Kuh-e Sim" (Montagne d'argent) au Xorâsân se trouve mentionné dans *Ḥodud al-'âlam* (p. 104), Ibn Ḥawqal (p. 426) au 10e siècle, et Idrisi (I, p. 465) au 12e. À Eṣfahân, citons Ibn Rusteh (p. 156), au 10e siècle, (Chardin, II, pp. 22-23) et R. du Mans (p. 13) au 17e siècle. Selon ce dernier voyageur, on reprit les activités minières à Eṣfahân pour les abandonner derechef, vu le prix élevé des exploitations.
18. Ces fourneaux utilisés en Iran et en Afghanistan actuels, décrits par Caldwell et Collins, sont similaires à ceux que al-Hamadani décrivit au 10e siècle, et selon Allan, on peut supposer que ces mêmes fourneaux étaient le standard en Iran médiéval (Allan, p. 30).
19. Le *xarvâr* est l'équivalent de 100 *man* de Tabriz, soit 300 kg. Mais le mot *xarvâr* est un mot composé qui signifie une charge d'âne, soit 80 à 90 kg. Nous utilisons la première mesure dans ce travail, sauf si le sens de la phrase évoque clairement une charge d'âne.

payait 5 *derhams* de taxe au 10e siècle, tandis qu'un noisetier n'en coûtait que 1,5 (*Târix-e Qom*, p. 112-13).

Le haut prix du bois le met à la seule disposition des nantis pour les besoins du chauffage et de la cuisson, et les pauvres pour les mêmes besognes n'ont recours qu'aux broussailles du désert et aux déjections séchées du bétail (Kämpfer, p. 148). On trouve partout dans les villages une sorte de broussaille nommée *xâr-e šotor,* ou épine de chameau, que les paysans ramassent et emmagasinent pour l'hiver (Morier, 1818, p. 271, Wilson, p. 272). Pour le transport de broussailles, le portage humain et animal sont tous deux adaptés.

Les fours à potiers de Meybod, au centre de l'Iran, emploient aussi des broussailles du désert, *hizom*, comme combustible.

> « Le *hizom* comprend toutes sortes de broussailles: *gaz*, tamaris, *gavan*, diverses espèces d'ARTEMISIA, *xâr-e šotor,* (HEDYSARUM ALHAGI) et d'autres essences non identifiées... Quatre chameliers viennent tous les quatre jours de Hoseynabad, hameau situé à environ 70 km à l'ouest de Meybod. Leurs femmes et enfants coupent à la hachette les buissons secs et les rassemblent en gros tas qu'ils chargent sur les chameaux et les ânes. À Maybod, les charges sont pesées au moyen d'une balance à fléau *qapun*. » (Centlivres-Demont, p. 30).

Il est possible que la pesée du bois se faisait au moyen du même type de balance. Actuellement en Iran, suivant Centlivres-Demont, « en hiver, du fait que le *hizom* est utilisé pour le chauffage des habitations, les potiers emploient presque tous le pétrole brut. » (*ibid.*). Jadis, on devait arrêter le travail, si on ne pouvait utiliser d'autres combustibles. Voilà qui devait rendre la production assez onéreuse, en raison des frais de transport élevés et de la rareté du combustible.

En ce qui concerne le fumier, on trouve dans les villages des petites pyramides de bouses de vache, qui servent aux pauvres paysans comme combustible d'hiver. Les murs de leurs maisons sont aussi couverts par de grosses galettes du même matériau[20], que l'on sèche pour les stocker. Tous les enfants ramassent le fumier (Morier, 1812, pp. 272-3). Selon Wilson, « on pétrit le fumier en galettes et ensuite, pour le séchage, on les colle contre les murs. On les voit et les sent dans tous les villages. » (Wilson, p. 268)[21].

On distingue trois variétés de ces déjections du bétail, suivant le mode de préparation :

> « L'abondant fumier accumulé pendant la longue stabulation hivernale est étalé en plein air en couche épaisse (10-15 cm)... une fois séché (au bout de plusieurs

20. « Nous logeâmes ce soir-là dans un village nommé Tzanlu, avec de fort beaux jardins et quantité d'arbres fruitiers, mais point de bois pour nous chauffer ; c'est pourquoi nous fûmes contraints de nous servir de fiente de vache, de cheval et de chameau »(Oléarius, p. 608-9).

21. Zalonkemeny en 1602 parle aussi du remplacement du bois par les autres combustibles pour la cuisson des aliments : « Il y a, dans le pays des Parthes, en Médie et en Perse, une grande disette de bois, et les habitants sont obligés de cuire leurs aliments avec de la paille, de la bouse de vache et du fumier qu'ils font sécher au soleil » (Zalonkemeny, p. 60).

mois), il est débité à la bêche en grosses briques : c'est le *kerme* au sens strict qui donne un feu très continu. Les miettes produites par le débitage du *kerme* sont soigneusement recueillies pour donner le *secme*, allume-feu apprécié. À la belle saison, on prépare au jour le jour des galettes de bouse façonnées à la main : c'est le *yappa* turc ou *sure* (Deylaman) volontiers utilisé pour la cuisine... *Kerme* et *yappa* sont souvent entassés en pyramides, à proximité des maisons ou parfois regroupés en bordure du village (plaine d'Ardabil). » (Bazin et Bromberger, p. 50, Bazin, 1980a, II, p. 91).

L'usage des broussailles et du fumier ne se limite pas à la campagne iranienne. Dans les villes, petites ou grandes, la production de la chaleur est faite à partir de toutes sortes de combustibles. De Bruyn pendant sa visite à Eṣfahân en 1704 dépeint bien les méthodes d'obtention de la chaleur :

> « Le bois est fort cher en ce pays-là, et s'y vend au poids. Cela fait qu'on est obligé de s'y servir de tourbes, faites de fiente de chameau, de vache, de brebis, de cheval et d'âne. Les principaux Arméniens de Julfa sont obligés de s'en servir comme les autres, autrement le feu coûterait plus que les viandes. On s'en sert surtout pour échauffer les fours, dans lesquels on fait cuire la meilleure partie des mets de ce pays-ci, sans peine et à peu de frais. L'usage qu'on fait de cette fiente contribue aussi à la propreté des grands chemins, dont on a soin d'enlever toutes les ordures qui servent de fumier pour engraisser les terres. » (De Bruyn, IV, p. 216).

La broussaille épineuse et la fiente, pendant tout le Moyen Age et jusqu'au 19e siècle, ont été les combustibles par excellence des bains publics en Iran. « Les bains sont chauffés par la fiente – mélangée à de la terre et séchée au soleil –, des vieux os et tout ce qui peut être brûlé. » (Morier, 1818, p. 155, Wilson p. 272-3). La fumée des excréments brûlés, captée dans les parois des cheminées des bains, forme le sel ammoniaque, phénomène déjà connu à l'époque médiévale (Ṭusi, p. 208). Il semble qu'un espace aménagé se trouvait à côté de chaque bain, pour y stocker et sécher la fiente. Dans le dictionnaire de Asadi Ṭusi, rédigé au 11e siècle, sous le mot *šule* on lit : "c'est l'endroit où les ouvriers de bain sèchent la fiente", et la définition est illustrée par un poème où l'on apprend aussi que le responsable de cette opération s'appelle *šulerub*, balayeur de *šule*, et l'outil de son travail s'appelle *kalije*. Selon un autre dictionnaire persan du 14e siècle, rédigé par Šams Faxri, *kalaj*, à coup sûr une autre transcription de *kalije*, est défini comme un "sac que les ouvriers de bain utilisent pour déplacer le fumier", et il accompagne aussi sa définition d'un poème.

Pour profiter au maximum de l'énergie thermique qui est déployée pour le chauffage de l'eau, la fumée du four de bain, avant qu'elle ne sorte par la cheminée, passe dans les canaux souterrains et chauffe ainsi l'ensemble de la salle de bain. Cette technique, appliquée dans les hypocaustes des Romains (Forbes, 1955-58, IV, pp. 36-8), était connue des Sassanides (Reuther, p. 545). On en trouve les vestiges dans un bain à Neyšâbur au Xorâsân, construit au 10e siècle et fouillé par les archéologues du Metropolitan Museum de New York (Hauser et Wilkinson, pp. 85-6) ainsi que dans un autre, construit à la fin du 17e siècle à Eṣfahân (Tâbeš, p. 662).

Le bois de chauffage, là où il manquait, était ainsi remplacé par les buissons et les déjections séchées du bétail. Le bois de construction, utilisé dans les machines hydrauliques, par contre, ne pouvait pas trouver de suppléant dans les autres matériaux. On était absolument obligé de se le procurer, comme l'a fait Ḥâfeẓ-e Eṣfahâni. L'architecture rurale et urbaine, quant à elle, s'adaptait au manque de bois. Lorsque l'on en avait besoin, surtout dans les édifices, on en importait, ou bien on le trouvait dans les constructions en ruine. Parfois, on utilisait le bois des arbustes comme bois d'œuvre. Par contre, la production de charbon de bois ne pouvait se passer de bois.

LE CHARBON DE BOIS

C'est à Neyšâbur que les travaux archéologiques cités plus haut ont révélé à Wilkinson les méthodes de chauffage et de cuisson des aliments à l'époque médiévale. En premier lieu Wilkinson rejette la constatation d'Ibn Baṭṭuṭa, selon laquelle « on ignore l'usage du charbon dans toute cette contrée (Khwârazm), ainsi que dans l'Inde, le Khorâsân, et la Perse. » (Ibn Baṭṭuṭa, II, p. 268 ; Wilkinson, p. 282). Selon Wilkinson, le système de chauffage employé dans les maisons de Neyšabur, ne permettait guère l'usage d'un autre combustible que le charbon de bois[22] :

> « Beaucoup de chambres intérieures étaient munies d'un foyer central entouré par un rectangle en plâtre de 2,5 pieds de longueur et 2 pieds de largeur, légèrement surélevé par rapport au sol de la chambre. Une jarre ou un pot en pierre, pour contenir le charbon, était encastré au centre du foyer comme un brasero. À 2 pieds plus loin, on trouvait un orifice rejoignant le fond de la jarre à l'aide d'un tuyau en terre, afin de procurer l'air nécessaire à un bon feu. Un valet pouvait assurer l'air pour un feu constant, soit par un soufflet au travers de ce tuyau, soit par un mouvement intensif d'un éventail de plumes de coq à l'orifice. Il arrive que le foyer central soit moins élaboré, et dépourvu de ce tuyau. Dans ce cas, il s'agit simplement d'une cavité dans le sol en plâtre, revêtue et bordée par les briques cuites. ».

Et il conclut qu'il « est évident que le bois ne fut pas un combustible adapté à cette petite jarre enfoncée, et il n'est pas surprenant de trouver du charbon de bois dans beaucoup de ces pots », d'où l'inexactitude des propos d'Ibn Baṭṭuṭa. Or, « il n'est pas possible que le charbon de bois ait été utilisé jusqu'au 12e siècle, abandonné au 14e, et ait retrouvé son usage au 16e, surtout lorsque l'on trouve des braseros représentés dans les miniatures persanes des 14e et 15e siècles. » (Wilkinson, pp. 285-6).

La jarre enfoncée sous la surface de la terre irradiait moins de chaleur que si elle était déposée sur le sol de la chambre. Le *korsi*, un dispositif de production de

22. Râzi (865-925 ou 935), dans ses expériences sur les caractéristiques des métaux, utilise à plusieurs reprises le charbon de bois. En outre, pour certains procédés, il conseille le type de charbon de bois à utiliser (Râzi, pp. 37-38).

chaleur, pare à ce défaut, en protégeant mieux la chaleur produite de cette jarre ou cette fosse (*ibid.*). On en trouve mention dans des textes européens et au 17e siècle, Pietro Della Valle écrit :

> « J'y ai remarqué une chose dont je veux vous faire part, et que j'ai observée depuis, non seulement par tout le Curdistan [Kordestân], mais encore par toute la Perse, dans les maisons mêmes les plus considérables. Ils allument du feu dans les chambres, non pas sous des cheminées, comme nous, mais en terre dans un fourneau qu'ils appellent Tennor (*tanur*), c'est à dire dans une fosse, ou carrée ou ronde, haute de deux palmes, ou environ, presque de la forme d'un Baril de Rome ; et afin que cette fosse ronde rende plutôt la chaleur, ils la garnissent par dedans, tout à l'entour, d'un vase de terre cuite, de la même forme et capacité de cette fosse, dans laquelle ils mettent de la braise, ou bien ils allument du feu, ou de charbon, ou de quelque autre matière, qui se convertit en braise incontinent. Cela étant fait, ils mettent une planche sur le fourneau, comme une petite table qu'ils couvrent entièrement, et sur laquelle ils étendent une grande couverture piquée qui traîne de tous côtés jusqu'à terre, et qui couvre une partie du plancher de la chambre, laquelle empêchent par ce moyen que la chaleur s'évapore tout d'un coup, elle se communique insensiblement, et si agréablement dans toute la chambre, que je ne la puis mieux comparer qu'à celle d'une étuve... Il y a une petite conduite qui porte le vent dans le Tennor. On ferme l'entrée de cet orifice, quand on ne l'utilise pas... Dans les villages on fait la cuisine dans le même fourneau, on y fait aussi du pain. » (Pietro Della Valle, II, p. 16-17, voir aussi Tavernier, III, pp. 86-87)[23].

Que dans la ville de Neyšâbur le foyer central ait été utilisé pour la cuisine, cela semble justifiable en raison de la rareté du combustible (Wilkinson, p. 288). Mais malgré le fait que le *korsi* soit la seule façon raisonnable d'utiliser ce foyer central, il est étonnant de n'en trouver aucune représentation dans la peinture persane (*ibid.*, p. 287). En ce qui concerne le foyer muni d'une cheminée, là non plus n'existe aucun dessin, et son introduction en Perse reste non résolue (*ibid.*, p. 288). Selon Tavernier « il y a dans quelques chambres de petites cheminées fort étroites, parce qu'on brûle en Perse le bois tout droit pour éviter la fumée, et qu'on n'y fait pas grand feu, attendu la cherté et la rareté des combustibles. » (Tavernier, II, p. 97). Ailleurs il ajoute que « chez les grands, il y a des chambres à cheminées, où l'on ne couche pas le bois, mais on le brûle debout. » (III, p. 87). Chardin remarque la même chose et ajoute qu'une telle cheminée a 3 pieds de hauteur et 2 de largeur et est en forme d'hémicycle. Une cheminée de ce genre se trouve dans une miniature turque du 17e siècle (Wilkinson, pp. 285- 6, fig. p. 290).

D'après les fouilles, les maisons de Neyšâbur au 10e siècle n'avaient pas ce genre de foyer à cheminée (*ibid.*, p. 285). En outre, aucun brasero portable et métallique n'a été découvert dans cette ville. Mais suivant Wilkinson, il est probable

23. Sur l'usage du *korsi* comme four, les remarques faites par Flandin complètent la description de Pietro Della Valle. À Ṣufiyân, un village d'Âzarbâyjân, il observe que le *korsi* « le matin c'est le four ; on le chauffe au moyen de mottes faites avec du fumier, ou avec de petits fagots très-minces, et l'on y cuit le pain de la famille. Après la cuisson, il devient calorifère ; on couvre son orifice d'un châssis en bois sur lequel on étend d'amples couvertures, de manière à y concentrer la chaleur » (Flandin et Coste, I, pp. 128-9).

que les catastrophes naturelles de l'époque et les invasions turques nous privent des vestiges de ces braseros dont on trouve des témoignages dans la littérature du 9e et 10e siècle (*ibid.*, p. 288).

Il reste donc que, parmi les trois dispositifs de chauffage d'habitat – le *korsi*, le brasero portable et le foyer à cheminée – Neyšâbur au 10e siècle ignorait le dernier. Que le foyer à cheminée ait été absent dans toute la Perse au 10e siècle reste à démontrer, mais il faut néanmoins signaler que l'utilisation de la cheminée, certes d'un genre et selon un dispositif différents, a été constatée dans un bain de cette même ville de Neyšabur à la même époque.

En ce qui concerne la provenance du charbon, Olmer constate que celui de Téhéran vient du Mâzandarân et de Širâz (Olmer, p. 93) ; Roberston en 1843 (p. 84) remarque qu'il vient du Qaradâq, près de Tabriz. Il n'est pas évident que ces centres de production aient existé avant le 19e siècle, mais l'usage du charbon était connu à ces époques anciennes, comme nous l'avons vu.

La méthode de production de charbon est assez classique et ne diffère pas de celle employée en France, au début de ce siècle (Olmer, p. 93). Elle est décrite par Roberston en 1843, lors de sa visite des mines du fer de Qaradâq : on creuse une fosse carrée, longue de 12 pieds, large de 6 et profonde de 4. Une petite porte en pente est construite à une extrémité de la fosse et à l'autre on érige une cheminée, d'une hauteur de 6 pieds. On remplit la fosse de branches d'arbre de toute dimension, et on les couvre de terre. Un orifice dans la porte est la seule entrée d'air. On met le feu par le même orifice et on attend 2 à 3 jours, avant de ramasser le charbon. Une telle fosse produit 1 tonne de charbon, vendu 13 shillings (Roberston, 1843, p. 84)[24]. Le taux de conversion du bois en charbon de bois est chiffré par Moser en Asie Centrale. Selon Moser « 5 arbres du poids de 120 *puds* (1920 kg) donnent 4 *puds* (64 kg) de charbon. » (Moser, p. 297). Ainsi, on a besoin de 30 tonnes de bois pour obtenir une tonne de charbon.

Ce charbon, cependant, est rarement utilisé par les forgerons qui préfèrent l'obtenir à leur manière : ils forment un tas de branches en les disposant horizontalement par terre. Le feu est mis sous le tas, et on laisse brûler les branches tant qu'il y a de la fumée et de la flamme. Ensuite, on arrose le feu pour l'éteindre. On produit ainsi un charbon plus léger que le précédent (Roberston, *ibid.*). Il est possible que cette méthode, vu l'ancienneté des travaux miniers de Qaradâq, ait été employée depuis longtemps en Iran.

LES PRIX

Tout au long des pages précédentes, nous avons évoqué à maintes reprises le prix élevé du bois. Mais, sauf quelques données éparses que nous communiquent les voyageurs européens durant ces derniers siècles, nous ne sommes pas en mesure

---

24. Pour les prix, voir *infra*.

d'avoir des renseignements sur les prix du combustible avant le 17ᵉ siècle. En outre, ces prix concernent uniquement les villes et nous n'avons aucune idée de ceux des zones rurales. Dans les villages, de toute évidence, une partie des combustibles, à savoir le fumier animal et les broussailles, devait être obtenue gratuitement par les villageois. Selon De Bruyn, une livre de bois ou de charbon coûte 1/3 de sou, et une livre de fiente vaut 1/7 de sou ; en d'autres termes, on pouvait avec un sou acheter entre 2,4 et 3 livres de bois ou de charbon de bois, et pour le même prix on pouvait obtenir entre 6,6 et 7,2 livres de tourbe, faite de bouse de chameau, de vache, de brebis, de cheval ou d'âne. Donc le bois ou le charbon coûte environ 2,5 fois plus cher que la tourbe (De Bruyn, IV, p. 216).

Un siècle plus tard, dans la même ville, Morier donnait aussi un état des prix des combustibles, ayant signalé comme tout le monde, la pénurie de bois en Iran :

> « Les combustibles sont assez chers à Ispahan, par conséquence les pauvres brûlent de la fiente des vaches, des ânes et des chevaux. Pendant nos montées matinales, généralement on croise les caravanes des bêtes de sommes, chargées par cette marchandise, dont une charge de mulet se vend environ un demi Réal (*rial)* ou un Shilling. Un Maun (*man*), 30 livres, de bois de chauffage, qui est du mûrier, du platane, etc., est vendu pour quatre Shahees (*šâhi*), ou quatre Pence ; et un Maun de charbon de bois coût un demi Réal. » (Morier, 1818, p. 155).

Une charge de mulet fait 150 kilogrammes, soit 300 livres, et un shilling équivaut à 12 pences, soit 24 sous. Ainsi pour un sou on peut acheter soit 13 livres de fiente, soit 3,5 livres de bois ou une livre de charbon. Cette fois-ci le bois coûte 4 fois plus cher que le fumier des animaux[25].

Suivant De Bruyn, le charbon de bois coûte autant que le bois de chauffage. Un constat étonnant, car la production de charbon demande des procédés coûteux. Il est probable que les frais de transport du bois, vu son volume, étaient plus élevés que ceux du charbon. Toutefois, de la variété d'arbre utilisé dans la production de charbon, pouvait dépendre le prix de celui-ci. Moser en Asie Centrale constate que le charbon « de bois ordinaire se payait 15 kopecks (45 centimes) le *pud* de 16 kilos, et celui de genévrier 10 kopecks (30 centimes). » (Moser, p. 297). Une fosse charbonnière, comme nous avons vu, produisant 1 tonne de charbon, était vendue 13 shillings (Roberston, 1843, p. 84). Là, le prix du charbon est encore plus bas que celui donné par Morier ou De Bruyn, car pour 1 seul sou, on achète 12 à 15 livres de charbon. La différence de prix relève dans ce cas de la distance et donc du transport, mais aussi de la disponibilité du bois dans les sites de production.

* *
*

---

25. Ces chiffres correspondent bien à ceux que Olmer, au début de ce siècle, nous communique pour Téhéran : 100 kg de fumier coûte 1,6 francs et autant de charbon de bois coûte 20 francs. Mais il faut savoir que le prix élevé du charbon à Téhéran est dû en partie à l'importance des frais de transport (Olmer, p. 22 et p. 93).

Nous pouvons conclure de tout cela que, à l'exception du littoral caspien, l'Iran a utilisé le bois comme article de luxe, en raison de son prix élevé dû à la pénurie. Lorsqu'il était disponible, seuls les nantis pouvaient s'en procurer. Les nécessiteux ont eu depuis toujours recours à d'autres moyens et matériaux pour le remplacer et, en cas de manque de bois, leur sort pouvait être partagé par leurs supérieurs.

En l'absence de bois de construction on utilise peu de bois dans la plupart des maisons, qui sont construites en terre. L'architecture persane a aussi été affectée par la qualité des combustibles ainsi que par le lieu de préparation du feu (Wilkinson, p. 284). Selon que l'on prépare le feu dans un foyer au centre de la pièce, dans une cavité dans le mur, ou dans un brasero portable ; ou encore selon que le combustible produit de la fumée et ainsi exige une cheminée avec ou sans hotte, ou un trou dans le plafond ou dans le mur, l'architecture de la maison est modifiée. Parmi d'autres influences non citées par Wilkinson, nous pouvons évoquer l'effet que le volume et le type de combustible peuvent entraîner sur la constitution des stocks ; dans le cas du fumier l'emmagasinement est différent de celui du bois, tandis que le stockage des broussailles épineuses destinées aux bains demande encore une autre méthode. En outre le fumier affecte l'aménagement et l'hygiène du village par sa présence en forme de galettes le long des murs des maisons ou de pyramide dans le village.

De même, comme nous l'avons vu, les combustibles ont déterminé la forme des fourneaux en Iran central, tout comme ils ont exercé d'autres influences sur la pratique de la métallurgie en Iran. Par contre, nos renseignements restent négligeables sur le boisage et le soutènement du plafond des mines. Les vestiges d'une exploitation minière sassanide à Eṣfahân, décrite par Ibn Rusteh au 10e siècle, nous apportent quelques éléments de réflexion : « Les traces de la vieille exploitation se reconnaissent à des puits profonds qui servaient à l'extraction du minerai, ainsi qu'à des filons apparents, aux anciens emplacements des tentes, à des pieux... » (Ibn Rusteh, p. 181).

Ces pieux pouvaient servir au cuvelage dans ces puits profonds, lesquels demandaient certainement l'installation d'un système de drainage et de ventilation. « On a trouvé en Iran, pour cet usage, des puits spéciaux dont certains remontent à l'époque pré-islamique. » (al-Ḥasan et Hill, 1986, p. 972). Ce type d'exploitation minière était sous l'égide de l'État (*ibid.*). Mais il faut signaler que les mines privées, en règle générale, n'étaient pas si profondes, s'arrêtant là où les torches des mineurs s'éteignaient (Yâqut, p. 177), phénomène dû probablement au manque de système d'aération. On ne faisait sans doute pas de cuvelage dans les galeries de ces mines.

Certes, le manque de bois pouvait empêcher une exploitation intensive des mines en Iran, mais un facteur encore plus important était sans doute le fait que l'État ignorait totalement ses ressources minières. Et cela, même lorsque le bois était en abondance. Selon Drouville, on devait « construire des forges dans l'Azerbâïdjân, où la mine de fer est commune. Les environs d'Aker regorgent de minerai de première qualité ; on y trouve une rivière, du bois en abondance, et néanmoins les forges n'ont pas encore été établies, tant est grande l'insouciance du roi pour les choses les plus utiles. » (Drouville, I, pp. 37-38). Kinneir fait la même analyse. « On trouve des mines de fer, de cuivre et d'argent au Mâzandarân et au Kermân, et de plomb aux alentours de Yazd. Mais ces mines ne sont pas exploitées, ce qui est plutôt dû à l'ignorance des gens qu'à la pénurie de bois, comme on le croit à tort. » (Kinneir, p. 40).

En ce qui concerne le bois de construction, on ne l'obtenait pas si facilement ; pourtant, comme nous le verrons dans la deuxième partie, les machines hydrauliques en bois ne manquaient pas en Iran. Quant à l'absence des véhicules à roues, comme nous l'avons vu, elle devait plutôt être attribuée au manque de voies de communication, aptes au transport sur roues, qu'au défaut de bois.

CHAPITRE III

LA HOUILLE ET LE PÉTROLE

« Le bois a toujours été rare en Mésopotamie et les Babyloniens, explique Diodore de Sicile (II,12), brûlent de "l'asphalte" pour se chauffer». Aux dires de Strabon (XVI, 1, 15) et de Pline (XXXI, 39, 7), l'asphalte ou bitume, en fait du pétrole brut, servait en Babylone à l'alimentation des lampes, au lieu de l'huile végétale ou animale habituelle (Ramin, p. 13). Que le pétrole ait été en Iran antique et médiéval un moyen de chauffage et d'éclairage, est certain, mais que le pétrole ou la houille aient remplacé les combustibles non-fossiles ou aient pallié leur manque, est peu probable. La faible production de combustibles fossiles n'a jamais permis une exploitation énergétique qui réponde à la demande de l'industrie ou de la population de l'Iran antique ou médiéval.

LA HOUILLE

Des deux combustibles fossiles connus des Iraniens de l'Antiquité au Moyen Age, la houille fut moins utilisée que le pétrole. Toutefois, les références doivent être interprétées avec beaucoup de précaution, car la houille en tant que combustible ne fut jamais désignée par les géographes et voyageurs sous un nom unique, comme c'est le cas pour le pétrole, et c'est seulement à travers les descriptions que nous avons d'une pierre qui brûle ou bien d'une pierre noire, que nous pouvons en déduire qu'il s'agit de la houille.

Ainsi l'auteur de *Ḥodud al-ʿâlam*, au 10e siècle, raconte qu'à Farq̄âne, une ville au nord-est de l'Iran, existent des *čerâq̄sangs*, que Minorsky traduit par "schistes combustibles", tandis que sa traduction littérale en persan est "lampe-pierre" (*Hodud al-ʿâlam*, p. 116), terme qui provient peut-être de son utilisation comme moyen d'éclairage dans cette région. Ibn Ḥawqal aussi indique qu'à Farqâne il y a « des pierres qu'on brûle comme du charbon. » (Ibn Ḥawqal, p. 468).

Toujours en Transoxiane, mais cette fois à Asbare, on trouve également trace de la houille : « Dans les montagnes d'Asbare, on trouve la pierre noire qui brûle comme le charbon, dont trois charges d'âne coûtent 1 *derham*. Lorsqu'elle a fini de brûler, on se sert de ses cendres comme d'un produit de blanchissage des vêtements. » (Istaxri, p. 132, Jayhâni, p. 195). Le fait que ces géographes donnent le prix du charbon de terre montre bien qu'au 10e siècle existait bel et bien un commerce de ce combustible. Il n'est pas certain que la houille ait été utilisée à une vaste échelle, mais probablement, comme le signale Barthold, la pénurie de bois a pu conduire à l'utiliser dans l'industrie métallurgique de Farqâne, ville exportatrice d'armes, d'épées, de cuivre, de fer etc. (Barthold, p. 236). Elle ne devait toutefois pas avoir beaucoup de succès, car son prix est absolument dérisoire. Même si on adopte l'équivalent de la petite charge d'âne, 55 kg, au lieu de la grande, 80-90 kg, la houille demeure un combustible bon marché (*ibid.*, p. 161)[1]. Ce bas prix pourrait relever aussi du fait que l'exploitation minière n'était pas assez développée et qu'on se contentait simplement de ramasser les pierres qui ne demandaient pas un travail minier de grand effort.

De toute évidence, le charbon de terre connut une éclipse de près de neuf siècles et fit sa réapparition seulement au 19e siècle en Iran. S. Benjamin, qui visita l'Iran en 1882, raconte une anecdote qui mérite d'être citée :

> « La nouvelle découverte de la houille en Perse est assez récente. Au temps passé, la houille existait dans ce pays, mais, d'une façon étrange, les mines ont disparu et la connaissance des richesses minérales de la Perse semble être oubliée. Mais un nom spécifique qui désignait la houille reste dans la langue ; et de ce fait, Jahângir Khân, l'ancien ministre des sciences et des arts, est d'avis qu'il y a une raison pour l'existence de ce mot en langue persane. En conséquence, il fit plusieurs enquêtes, mais sans succès. Mais pendant un de ces voyages dans les forêts de Mâzandarân, il remarqua que certains gitans utilisaient la houille dans leurs campement, et en les espionnant, il obtint les renseignements voulus. Depuis, les mines inépuisables de la houille sont trouvées dans maintes régions du pays. » (Benjamin, p. 44-45).

Morier, au début du 19e siècle, devina qu'au Mâzandarân existait de la houille de bonne qualité (Morier, 1812, p. 231), d'après les renseignements du premier ministre de Perse au sujet d'une pierre qui pouvait être brûlée et qui se trouvait dans cette région. Et c'est Abbott, au milieu du 19e siècle, qui constate l'existence de

1. Selon l'évaluation de Le Strange, aux 9e et 10e siècle 1 000 *derhams* équivalaient à 40 livres sterling ou bien 800 shillings (Le Strange, p. 336). Pour Barbier de Meynard, un *derham* était l'équivalent de 0,65 francs au 9e siècle (Ebn-e Xordâdbeh, p. 135). Donc chaque shilling ou bien chaque franc valait presque 1,2 *derhams*, et pour 1 franc on pouvait acheter entre 150 et 270 kg de charbon de terre selon qu'on adopte la petite ou la grande charge. Nous avons vu que pour la même somme on n'achetait que 20 kg de bois ou de charbon de bois, et donc, sans tenir compte des fluctuations de prix du 10e au 17e siècle, nous pouvons en conclure que la houille coûtait beaucoup moins cher que le bois.

gisements de houille au Mâzandarân. Mais aucune exploitation importante n'était en cours. Seules, les veines situées le plus près de la surface du sol étaient exploitées, soit pour approvisionner l'armée russe, soit pour les besoins des forgerons de quelques villages aux alentours de Lârijân, au sud d'Âmol au Mâzandarân. À Bandar Gaz, au sud-est de la mer Caspienne, 100 kg de charbon de terre coûtaient 5 shillings ; à l'arrivée à Astraxân, à l'embouchure de la Volga, ils valaient 5 fois plus cher (Amânat, p. 23). Il est plausible qu'en quelques décennies, postérieures à la visite du consul Abbott, l'exploitation des mines de charbon de terre ait pris son élan grâce à l'introduction de la machine à vapeur de l'Occident en Iran.

LE PÉTROLE

Contrairement à la houille, le pétrole en Iran était plus connu et son usage plus répandu. Le fait que le pétrole au 20e siècle soit devenu la source d'énergie la plus importante, et que l'Iran en possède en grande quantité, a poussé quelques chercheurs à retracer son histoire en Iran, et de ce fait sa chronologie est à peu près établie. Parmi eux, Lockhart fait une compilation de la plupart des textes concernant le naphte en Iran, extraits des historiens et géographes de l'Antiquité et du Moyen Age jusqu'au 17e siècle. Forbes la complète sur quelques points. En analysant ces compilations, et en se référant à d'autres ouvrages, une esquisse de l'histoire du pétrole en Iran, sous plusieurs rubriques, sera possible.

L'origine

L'utilisation du pétrole, ou du naphte, à des fins autres que celles de combustible, remonte au 5e ou 6e millénaire avant notre ère :

> « Les civilisations archaïques de l'Elam, celles de ces peuples Anzaniques/Anzanites, ont connu et exploité la poix minérale et l'asphalte avant même, peut-être, les dynasties suméro-babyloniennes les plus anciennes. On a trouvé à Suse en 1923, des cylindres de bitume taillé ou recouvert d'un enduit bitumineux qui remontent à l'époque archaïque. Le calfatage intérieur et extérieur du navire du Déluge, avec de l'asphalte est renfermé également par l'épopée de Gilgamesh et la Genèse. On trouve le même usage maintenant sur l'Euphrate. » (Seguin, pp. 3-8).

Mais si les archéologues arrivent à établir ces faits sur l'utilisation du bitume, une substance solide, ils ont échoué à démontrer que le pétrole liquide fut exploité et utilisé à cette époque (Lockhart, 1937, p. 71). Néanmoins il s'avère que le pétrole, « servait de luminaire dans la région de Dezfoul » au Xuzestân, et que l'on a trouvé dans cette ville des lampes à pétrole qui datent du 2e millénaire av. J.-C. (Seguin et Mercier, pp. 11-12 et 23-24 ; Amiet, 1973). Dans la même province du Xuzestân, Hérodote distingue trois différents produits d'un puits de pétrole : de l'asphalte, du sel et de l'huile (du pétrole)... l'asphalte et le sel se coagulent aussitôt, quant à l'huile, les Perses l'appellent *rhadinké*, elle est noire et a une odeur forte (Hérodote, VI, 119 ; Lockhart, 1937, *ibid.*). Il est évident que par l'huile, Hérodote désigne le naphte liquide.

Seguin et Mercier sont d'accord avec l'interprétation de Lockhart d'un autre passage d'Hérodote (VIII,52), selon lequel, les traits enflammés lancés en 480 av. J.-C. contre Athènes assiégée par les soldats de Xerxès, le roi achéménide de Perse, auraient été imprégnés de naphte (Lockhart, 1937, p. 73 ; Seguin et Mercier, p. 12). Pour soutenir son hypothèse, Lockhart fait un saut de 9 siècles et trouve le même usage du naphte dans l'histoire d'Ammien Marcellin, qui accompagna l'empereur romain Julien l'Apostat dans sa campagne contre Šâpur II, le roi sassanide de l'Iran :

> « C'est chez ce peuple (les Perses) que se confectionne l'huile médique. La flèche qu'on en imprègne brûle tout objet auquel elle s'attache, pourvu qu'elle soit décochée mollement d'un arc à la corde lâche ; car un jet rapide annule toute la vertu de la composition. L'eau qu'on emploierait pour éteindre ce feu ne ferait que le rendre plus intense ; on n'en triomphe qu'en l'étouffant sous le sable. Voici la recette de cette huile : on prend des feuilles d'une certaine herbe qu'on laisse macérer dans l'huile commune ; et quand la solution est prête, on épaissit le résidu avec une substance qui ressemble à l'huile dense, production naturelle du sol, et qu'on appelle naphte en langue du pays. » (Ammien Marcellin cité par Lockhart, 1937, p. 75).

Le pétrole liquide fut connu des Iraniens comme combustible et peut-être comme trait de feu au moins dès le 6ᵉ siècle av. J.-C., et suivant Hérodote l'exploitation des gisements pétrolifères était déjà en cours au 5ᵉ. Cependant, E. Herzfeld s'étonne que le terme employé pour le pétrole ne figure dans aucun texte religieux persan ; ni le *rhadinké* de Hérodote, ni l'équivalent iranien du mot naphte, ne s'y trouvent, alors même que les Iraniens connaissaient bien le feu éternel et sacré (Herzfeld, p. 21). Cela conduit Herzfeld à identifier au naphte le dieu prézoroastrien, Apam-Napat, descendant des eaux et représentant de la flamme éternelle. Il en conclut que naphte est un mot iranien de la racine *nâb*, être humide (*ibid.*, pp. 22-3). Avis partagé par Lockhart, mais réfuté par Seguin et Mercier : « Le Dr. Lockhart pense trouver une nouvelle preuve de l'ancienneté de la connaissance du naphte en Perse dans le fait que, selon lui, le mot naphte dériverait précisément de la vieille racine persane *nab*, être humide. Cette étymologie est contestable à plus d'un égard. ». En effet, « les Accadiens ont forgé le mot *naptu* du verbe *napatu* et (*nabatu*) "flamber", pour exprimer un produit qu'ils appelaient aussi *shaman iddi*, "huile d'asphalte". Ils ont transmis le nom avec le produit. Comme nous avons, en assyrien ou en babylonien, une racine satisfaisante du mot en question et que, d'autre part, le produit à désigner provient spécifiquement des régions où ont dominé les Babyloniens et les Assyriens, je ne vois pas la nécessité de recourir à une étymologie iranienne, très problématique. À notre avis, outre que le verbe *napatu*, "flamber", définit un caractère plus spécifique du naphte que ne le fait la racine *nab*, "être humide", il y a phonétiquement une quasi impossibilité au passage de *nab* à *nafta* qui, dit Lockhart, se transforme "dans la langue de l'Avesta en *napta*". » (Seguin et Mercier, p. 8).

Les gisements

Nul doute que le pétrole se soit révélé aux peuples anciens dans la région de la Mésopotamie, les exemples cités le prouvent. Mais cependant, comme nous le montre Ammien Marcellin, le naphte chez les Persans est l'équivalent de l'huile médique. Et c'est en fait l'huile médique, provenant de la Médie, au nord-ouest de l'Iran, qui pendant tout le Moyen Age iranien, ne quitte jamais les récits des géographes et voyageurs. Certes de temps à autre les gisements de Mésopotamie sont cités, mais c'est surtout autour de ceux de la Médie, à Bâku et d'autres villes de cette région, que l'activité principale de l'exploitation pétrolière fut organisée, et ceci peut-être dans la voie déjà définie par les Sassanides. Ainsi chez Masʿudi, Yâqut, dans *Ḥodud al-ʿâlam*, chez Mostowfi ou Marco Polo, ou bien chez des voyageurs européens qui ont parcouru la Perse à partir du 16ᵉ siècle, comme Kämpfer, Oléarius, Cartwright, Hanway, pour ne citer que quelques-uns de ces aventuriers ou diplomates, c'est toujours le pétrole de la Médie qui demeure l'objet d'une description ou d'une brève remarque.

Outre ces deux gisements de pétrole du nord-ouest et du sud-ouest de l'Iran, d'autres centres de production du pétrole ou de produits pétroliers, plus isolés et parfois plus productifs, furent mentionnés par les géographes et voyageurs. Les sources de naphte des montagnes de Transoxiane ont été citées par Istaxri, sans qu'il précise toutefois ni leur exploitation, ni leur usage ou leur commerce (Istaxri, p. 130).

L'existence et l'usage du pétrole au Mâzandarân, comme l'a remarqué Forbes, sont mentionnés pour la première fois par Chardin : « En Hyrcanie, dans la partie qu'on appelle Mâzandarân, on trouve le Petroleum, ou Naphte. Il y en a de noir et de blanc. » (Chardin, II, p. 24 ; Forbes, 1958, p. 157). Selon Rabino, on trouve du pétrole dans un village, Gilâvard, entre Bâbol et Sâri, au Mâzandarân (Rabino, 1916, p. 49). Au centre de l'Iran et « dans les montagnes des alentours (d'Eṣfahân), dans le canton appelé Farridin et dans d'autres cantons, il y a des sources de bitume, dont la qualité est éprouvée. On l'a trouvé supérieur et plus profitable que le bitume du Fârs. » (Ibn Rusteh, p. 182). C'est ici la seule fois où un voyageur évoque le bitume d'Eṣfahân, et comme il ne détaille pas davantage son observation, il reste difficile de décrire la vraie nature et l'usage de cette substance, d'autant plus que les renseignements nous manquent aussi sur le bitume du Fârs[2].

2. Suivant Istaxri, on sait qu'à la frontière du Fârs et du Xuzestân et aux alentours d'un village, nommé Asad ou ʿAsal, il y a des flammes qui surgissent d'une source de naphte sur une montagne (Istaxri, pp. 58-59). Ibn Rusteh a-t-il confondu la province du Fârs avec celle qui en était frontalière ? Il est probable que Ibn Rusteh, entendait par bitume du Fârs la momie qui était connue dans cette province. Dans ce cas, le produit d'Eṣfahân pourrait être tombé en désuétude, car il n'en reste aucune trace postérieure au 10ᵉ siècle, date de la visite de Ibn Rusteh.

Que le gisement se situe au nord ou au sud, apparemment la méthode de l'exploitation reste partout analogue. L'exploitation des gisements pétrolifères du sud de l'Iran, et probablement le premier processus de raffinage du pétrole par décantation, sont décrits par Hérodote, près d'un puits situé à 40 stades d'un domaine appelé Ardéricca qui à son tour est distant de Suse de 210 stades. Selon les estimations de Lockhart, et à la condition que les distances chiffrées de Hérodote soient exactes, Ardéricca est soit l'actuelle Qirâb, soit la présente Masjed Soleymân au Xuzestân (Lockhart, 1937, p. 73). Voici la description qu'en donne le "père de l'histoire" :

> « On se sert pour puiser d'un appareil à bascule (un treuil), à quoi est attachée en guise de seau une moitié d'outre ; avec ce récipient enfoncé dans la nappe, on puise la matière et on le verse ensuite dans un réservoir ; distribuée au sortir de ce réservoir elle prend 3 voies différentes ; l'asphalte et le sel se coagulent aussitôt ; quant à l'huile... elle est noire et a une odeur forte. » (Hérodote, VI, 119).

Personne d'autre que Hérodote ne se donna la peine de décrire la façon dont on se procurait du pétrole pendant l'Antiquité et le Moyen Age en Iran : pour avoir une idée des techniques d'exploitation du pétrole, il faut attendre plus de 20 siècles. On trouve alors sous la plume de Kämpfer des détails de la technique mise en pratique dans la région septentrionale de l'Iran et donc dans la Médie. Kämpfer, qui traversa Bâku en 1684, nous laisse une description minutieuse des gisements pétrolifères de la péninsule d'Apscheron près de Bâku :

> « Toute la surface est noire de pétrole qui jaillit, comme si elle est couverte par la poix, car lorsque le naphte sèche, il devient solide. Il y a une odeur infecte qui gêne et qui est insupportable pour les gens sensibles, même à distance. Parmi les cavités éparses, quelques-unes produisent constamment et pendant toute l'année du pétrole ; d'autres restent vides tant que les nappes phréatiques ne sont pas remplies ; tandis que les autres sont inutiles à cause du manque de pétrole. La profondeur d'une cavité atteint 30 aunes ou plus, et pendant la nuit, non que les sources coulent à cette profondeur, mais parce qu'un autre puits plus profond est exploité, le pétrole surgit et s'accumule pour être puisé pendant la journée par les ouvriers. Pour creuser la terre il n'y a pas besoin de prendre de mesures de sécurité, car la terre est argileuse et solide et il n'y a aucun risque pour la personne qui creuse, et il n'est même pas nécessaire de dresser un échafaudage pour caler les parois, quelle que soit la profondeur. Le puisage du liquide est fait manuellement dans des outres en cuir qui sont conduites en profondeur soit à la main, soit à l'aide d'un treuil. » (Forbes, 1958, p. 158).

Cette technique d'obtention du pétrole, qui ressemble à celle déjà décrite par Hérodote, est la technique usitée et répandue dans cette région, car Kämpfer précise que, dans un seul cas, la dernière phase de cette exploitation se distingue de l'habitude :

> « Seulement un puits assez riche [en pétrole] a un large abri, bâti au-dessus. Il est plus vaste et profond que les autres, et le naphte, flottant distinctement par un

torrent mouvementé, est puisé par le truchement d'un appareil, construit sur le puits, et qui est mû par deux chevaux, qui tournent en rond et en alternance. Là aussi, le travail est fait seulement pendant quelques heures le soir. » (*ibid.*).

Cet élévateur de pétrole, de toute évidence, n'est rien d'autre qu'une sorte de roue hydraulique[3], et nous nous trouvons ainsi devant la première occurrence de l'application et de l'adaptation de cette machine à l'élévation d'un liquide autre que l'eau. En effet, comme le flux du pétrole dans ce puits était plus important, l'adaptation de techniques plus performantes s'avéra nécessaire. De surcroît, l'utilisation d'un tel système montre aussi à quel degré était rentable au 17e siècle la production du naphte. Mais que cette roue ait été employée dans l'industrie du naphte avant le 17e siècle, cela reste à découvrir, d'autant plus qu'aucune autre source ne mentionne l'appareil en question.

Un processus de décantation du pétrole dans la même région est succinctement décrit par le marchand anglais Hanway, qui visita Bâku en 1753. Selon lui, le naphte est d'abord puisé dans des auges. Ensuite on le vide dans un réservoir, puis dans un deuxième, et on laisse ainsi l'eau, ou la partie lourde du liquide, dans le premier réservoir (Hanway, p. 368; Forbes, 1958, p. 161). Probablement les trois réservoirs de Suse, cités plus haut, furent employés de la même façon.

Kinneir au début du 19e siècle remarque la même méthode de puisage du naphte à l'aide d'outres en cuir, au sud de l'Iran, mais il ne mentionne jamais le processus de décantation du pétrole, et note que le pétrole une fois puisé sera transporté dans les vases en terre (Kinneir, pp. 38-40).

Le naphte du Mâzandarân, comme Chardin le remarque, est de deux couleurs différentes. D'après les sources médiévales, le naphte de Médie était aussi de deux couleurs, blanche et noire. Selon Yâqut à « Bakouyeh (Baku) se trouve un large puits de naphte dont le produit quotidien est de mille drachmes. Près de là est situé un autre puits d'où s'écoule nuit et jour, sans interruption, du naphte blanchâtre qui ressemble au mercure; mais le produit est inférieur à celui du premier. » (Yâqut, p. 78). Les mêmes observations sont faites au 10e siècle par Abu Dulaf (Abu-Dulaf, pp. 45-6).

La méthode de puisage de naphte, quelle que soit sa couleur, reste semblable. Mais le naphte blanc aurait subi un autre traitement supplémentaire, pour qu'il trouvât son usage le plus répandu, à savoir celui de médicament. Selon l'auteur du *Jahânnâme*, ce traitement est un processus de distillation, mais il ne précise pas quel genre de naphte est distillé. Le processus de distillation détaillé par Râzi (865-925), le célèbre chimiste iranien, ne semble pas être un procédé industriel ou commun, car il vise la production du naphte blanc à partir du naphte noir, tandis que selon les sources susmentionnées, le naphte blanc était un produit naturel. Mais en réalité, le naphte blanc à l'état natif, contrairement à la confirmation de Yâqut, n'était pas si blanc. Gmelin, qui parcourut le nord de l'Iran au 18e siècle, affirme que « le naphte

3. *Cf.* chapitre I, La roue et la charrette.

blanc est transparent et jaune » et « ce n'est que lorsqu'on fait passer ce naphte par l'alambic qu'il prend une couleur blanche, et si l'on réitère l'opération à une ou deux reprises, il se concentre au plus haut point. » (Gmelin, I, p. 374). Voilà qui met en lumière le vrai sens de l'obtention du naphte blanc par distillation, cité dans le *Jahânnâme*.

Le naphte blanc existait aussi au sud de l'Iran, et Kinneir en trouve une seule source dans les montagnes Baxtiyâri, à mi-chemin de Šuštar et Râmhormoz. Il constate que ce naphte blanc est plus consistant que le naphte noir et ressemble au suif. Il flotte sur la surface de l'eau, tandis que pour obtenir le noir, il faut creuser un trou de 3 pieds de diamètre et 10 à 12 de profondeur (Kinneir, pp. 38-40).

L'usage et le commerce

À côté de ces méthodes d'obtention de naphte, qui demandaient soit une énergie humaine (le treuil, la corde et l'outre qui y est attachée), soit une énergie animale (la roue hydraulique), une autre méthode, dans un cas vraiment unique, fut employée par les habitants d'un village, Dâlaki, sur la route de Bušehr à Širâz. Là, deux sources de pétrole livrent cette substance dans l'eau. « Les paysans le récoltent sur la surface d'eau avec une feuille de dattier, et le ramassent dans les petits trous (naturels) aux alentours de ces sources, pour leur usage immédiat. » (Morier, 1812, p. 78 ; aussi Holligbery, p. 19).

Que pouvait bien faire le paysan de ce village de ce pétrole si minutieusement obtenu? Il en connaissait déjà deux applications différentes, qui lui étaient léguées par la tradition : l'une comme combustible, l'autre comme médicament. Par ailleurs, l'usage du naphte comme produit industriel fut aussi répandu en Iran.

En ce qui concerne l'usage thérapeuthique, le naphte était utilisé contre les maladies cutanées des chameaux, telles que la gale. À cette fin, il suffisait d'en oindre la peau de la bête (Marco Polo, I, p. 73). Son emploi s'étendait aussi aux hommes, mais c'était le naphte blanc qui possédait des vertus curatives. Selon Hanway, l'usage interne du naphte blanc est efficace contre les calculs, les désordres respiratoires, mais surtout les maladies vénériennes et les maux de tête, particulièrement répandus parmi les Persans. L'usage externe de cette substance peut remédier aux douleurs scorbutiques, à la goutte, aux crampes, etc. (Hanway, p. 383 ; Forbes, 1958, p. 161).

Le naphte blanc pouvait être employé comme laque, et en Inde, on en importait à cet usage. C'est aussi un solvant des graisses, mais il laisse une mauvaise odeur (*ibid.*). Selon Chardin, le pétrole du Mâzandarân servait aussi aux mêmes types d'application : « ...on s'en sert de vernis, et pour la peinture et aussi en médecine, pour guérir les humeurs froides. » (Chardin, II, p. 24).

L'usage principal du naphte, comme aujourd'hui d'ailleurs, était celui d'un combustible ; et comme l'a signalé Gmelin « le naphte noir est le seul dont on fasse usage pour brûler, aussi s'en fait-il un grand trafic. » (Gmelin, I, p. 375). Certes le pétrole blanc pouvait être employé pour l'éclairage ou le chauffage, d'autant plus que comme le démontre Kinneir, il donne une meilleure lumière et répand une odeur moins infecte que le naphte noir (Kinneir, pp. 38-40). Mais il était plus cher que le pétrole noir (Jackson, p. 30), à cause des distillations qu'il devait subir. Sa rareté et ses applications comme médicament montrent que sa production était assez limitée.

Le naphte noir, en raison de son prix plus bas que le blanc, justifié par l'odeur et la suie qu'il répand, était le combustible des pauvres, employé pour l'éclairage dans les lampes à pétrole ou les torches, ou pour la cuisson des repas. Dans ce dernier cas, il faut s'attendre à un changement de saveur de repas, dû au mauvais goût que le naphte transmet. Afin de mieux le brûler, on le mélange avec de la cendre[4].

Quelle que soit sa couleur, tout le naphte « se conserve et se transporte dans des sacs de cuir ; il perd trop de son poids dans des vaisseaux de bois ; ceux de terre valent mieux, mais les plus convenables de tous sont ceux de verre. » (Gmelin, I, p. 375). On faisait flèche de tout bois pour le commerce du naphte. Kämpfer constate que le naphte était transporté dans des outres vers les villes de Bâku et Šamâxi et qu'ensuite de ces deux villes on le distribuait dans toute la Médie : pour finir c'est par la voie maritime que le Mâzandarân, l'Ozbakestân, la Circassie et le Dâq̃estân étaient approvisonnés (Forbes, 1958, p. 159).

Le transport maritime du naphte était donc pratiqué dans les provinces limitrophes de la mer Caspienne. Fraser, comme Kämpfer, atteste que le naphte de Bâku arrivait à Anzali au Gilân, et qu'on l'utilisait comme combustible dans cette province. (Fraser, p. 164). Ce transport triplait le prix du naphte. Mais le transport terrestre coûtait encore plus cher, car on manquait de voies de communications aménagées (*ibid.*).

Selon Abbott, dans le sud et au milieu du 19e siècle, le naphte de Dâlaki[5], sur la route de Bušehr à Širâz, était exporté aux Indes (Amânat, p. 116). Le transport se faisait par mer à partir de Bušehr (*ibid.*, p. 114). C'est le seul exemple que nous ayons trouvé sur le commerce du pétrole au sud de l'Iran, et il était probablement en pratique aux époques antérieures au 19e siècle (carte n°6).

Le transport terrestre s'effectuait sur le dos des bêtes de somme. Ducket, au temps de son cinquième voyage en Perse en 1574, confirme que les Iraniens transportent le naphte sur le dos des ânes, dont les caravanes atteignent parfois le chiffre de 4 à 500 (Jackson, p. 30) ; Cartwright en 1600 donne les mêmes renseignements en indiquant qu'il s'agit du naphte noir, que l'on brûle dans les maisons de toute la Perse (Lockhart, 1937, p. 79). Plusieurs outres sont suspendues à la même bête (Fraser, p. 164).

Ce commerce de naphte fut pratiqué pendant tout le Moyen Age. Le *Jahânnâme* précise que le naphte est transporté dans les augets (Feuillet, 224A) et le *Ḥodud al-ʿâlam* indique que le naphte de Bâku était utilisé au Gilân (*Ḥodud al-*

---

4. Témoignages de Chardin, Hanway, Kinneir, Kämpfer, Gmelin.
5. Nous avons vu que les paysans récoltaient le naphte de cette source à la surface de l'eau. Apparemment une exploitation plus importante coexistait à cet endroit.

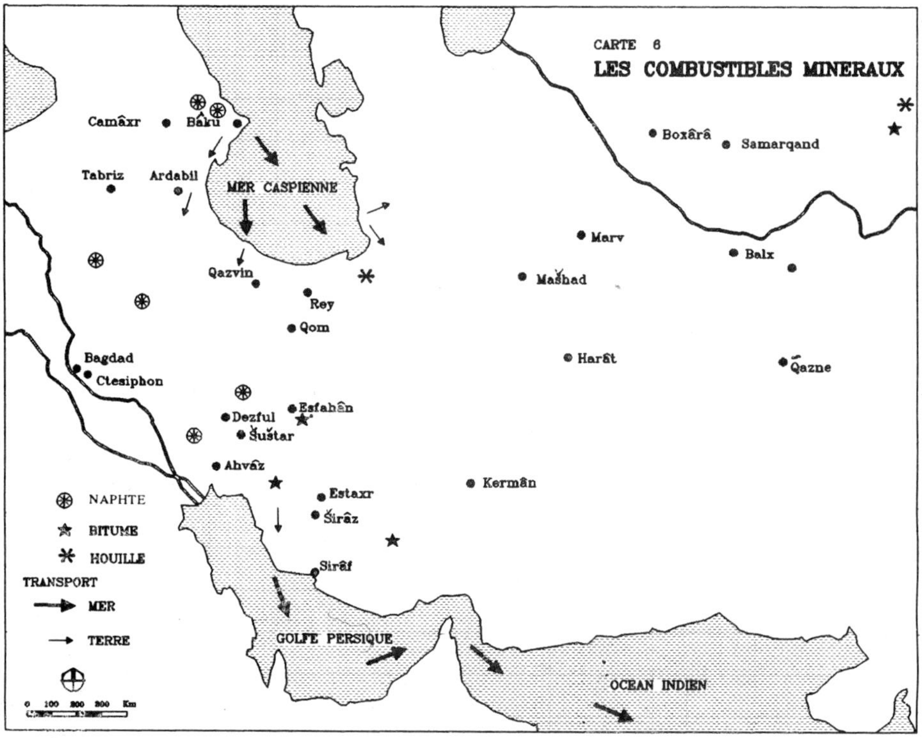

Carte n°6 – Les zones d'extraction des combustibles minéraux.

'âlam, p. 145). Au sud de l'Iran et aussi à Kerkuk, le même type de transport était courant (Kinneir, pp. 38-40, p. 298).

La seule fois que le prix du naphte est mentionné, c'est au 18e siècle, et on apprend que ce prix varie selon qu'il est blanc ou noir : « le batman évalué à 8 livres pesant de naphte blanc se vend un abas (*'abbâsi*) et demi ou 30 kopecks. ». Par contre "le batman de 15 livres" de naphte noir "se paye 5 kopecks" (Gmelin, I, pp. 375-377). Ainsi le naphte blanc valait 12 fois plus cher que le naphte noir, ce qui explique la consommation du naphte noir par la population la plus nécessiteuse.

Les consommateurs emmagasinent le naphte à une certaine distance de la maison, dans des vases en terre et sous terre. Ces mesures de précaution s'avèrent nécessaires en raison du danger d'explosion (Hanway, p. 383).

La propriété

Le droit d'exploitation du naphte dans la Médie et en Susiane a subi des vicissitudes pendant l'époque médiévale. En 885-886, le calife de Bagdad, al-Mu'tamid, laissa les revenus et le droit d'utilisation des puits de pétrole et des carrières de sel aux habitants de Darband (Lockhart, 1937, p. 75, cite le *Darband-*

nâme). Ceci prouve que ces droits, avant qu'ils aient été transférés à la population locale, avaient appartenu aux califes ou aux rois sassanides qui les précédaient de presque deux siècles. Toujours selon le *Darbandnâme*, 18 ans plus tard, un certain Bišutur devint gouverneur de Darband. Il retira aux habitants leur droit d'exploitation des gisements pétrolifères et confisqua les revenus à son profit. La population, apparemment très dépendante de cette source de revenus, chercha d'autres moyens de subsistance, et la corruption et le désordre apparurent parmi les habitants (*ibid.*).

Pendant le Moyen Age, le droit d'exploitation du pétrole resta toujours l'apanage des gouverneurs, mais ils pouvaient le conférer à quelqu'un d'autre contre un loyer fixe, ou encore affecter une partie de ces revenus pétroliers à une offrande à un religieux. Yâqut constate que le revenu quotidien d'un certain puits de pétrole à Bâku, en 1225, était égal à 1 000 *derhams*[6] (Yâqut, p. 78), tandis que celui d'un puits de pétrole blanc lui était inférieur. Mais il ne précise pas le droit de possession. Par contre, Abu Dulaf, au 10e siècle, observe que le revenu d'un puits à Bâku est de 1 000 *derhams*, et que près de ce puits, il existe un puits de naphte blanc, dont le loyer est égal à celui de l'autre puits (Abu Dulaf, pp. 45-6). Il semble que le gouverneur ou l'État, comme dans le cas d'ailleurs des autres exploitations minières, louait les gisements du pétrole.

Selon Mirzâ Kâẓem Beg, une inscription en arabe sur une pierre retrouvée au 19e siècle dans les terrains pétrolifères de Bâku met en évidence la dévolution d'un puits de pétrole aux responsables religieux (les *Seyyeds*) de Darband par un certain Allâhyâr, en 1594-1595 (Lockhart, 1937, p. 77). On constate aussi la même pratique au sud de l'Iran. Suivant Lockhart, pendant une période du règne de la dynastie safavide (1501-1736), un changement de propriété des puits de Masjed Soleymân eut lieu sous la forme d'une fondation pieuse, et les gisements jusqu'alors contrôlés par l'État passèrent ainsi sous la tutelle d'une famille de *Seyyeds* de Šuštar. Cette famille permit aux tribus locales d'exploiter les puits en payant les droits nécessaires, utilisés désormais pour l'entretien du mausolée de Haft Šahidân (les sept martyrs). On donna à ces *seyyeds* le nom de *qiri* (*ibid.*, pp. 79-80), c'est-à-dire "relatif au bitume".

Parfois, une exploitation privée, mais de faible production, fut possible. Suivant *Nafâyes al-fonun*, texte rédigé au 14e siècle, le Sultan Oljâytu (1303-1316) rendit visite à un *darviš* qui avait creusé son propre puits près de Bâku et qui assurait ainsi la subsistance de sa famille (Bâstâni Pârizi, 1979, n. 4, p. 110).

Partout ailleurs les puits appartenaient à la couronne ou à ses agents.

> « Il y a un puits de la profondeur de 30 et quelques pieds, et large de deux, au fond duquel le naphte sourd goutte-à-goutte hors de la terre, et s'y conserve jusqu'à ce qu'on vienne l'en tirer. Le puits est recouvert en pierres enduites dans leurs joints d'un ciment de terre-graffe, dans lequel on a gravé le nom du Khân, afin que personne

6. 200 livres sterling, d'après l'estimation de Jackson au début de ce siècle (Jackson, p. 30) et 40 livres sterling selon Le Strange, p. 181.

ne puisse s'emparer du naphte à moins que celui qui est préposé par le Khân à cet effet ne lève cette espèce de scellé. » (Gmelin, I, p. 374).

Lors de la visite de Gmelin, le xân de Bâku qui jouissait du revenu de ces gisements fut désigné par Fatḥ-Ali Xân, le souverain du Kuban (*ibid.*, p. 377 et p. 375). Toujours selon Gmelin, « le revenu annuel que le Khân de Baku retira de ce produit territorial (le naphte), a été évalué par des Arméniens très au fait, à 40 000 roubles. » (Gmelin, I, p. 375). Un siècle avant la visite de Gmelin, en 1686, le roi rétrocéda le droit d'exploitation du naphte et du sel de Bâku, pour 20 *tumâns* par jour (Bâstâni Pârizi, 1979, n. 4, p. 111), équivalent de 7 500 *tumâns* par an, soit 75 000 roubles[7]. Ainsi, en tenant compte de ce droit d'exploitation, versé au roi, le revenu des puits de Bâku et du sel s'élevait à 120 000 roubles ou 12 000 *tumâns* par an. Ce qui est beaucoup moins que le revenu annuel d'un gouverneur de Širvân ou Harât.

* *
*

Le pétrole, comme nous l'avons vu, atteignait par voie maritime les provinces limitrophes de la mer Caspienne et y était utilisé. Ces provinces, couvertes d'un manteau forestier, n'avaient pas besoin de pétrole pour remplacer le bois de chauffage. Le naphte, en fait, était destiné plutôt à l'éclairage qu'au chauffage. Dans cet emploi, il remplaçait l'huile. Celle-ci, plus chère, cédait la place au naphte chez les nécessiteux, malgré son odeur répugnante et sa fumée épaisse. Ces inconvénients nuisaient au développement du commerce de ce produit, et comme nous l'avons signalé, le revenu des producteurs restait bas. Si on avait voulu améliorer la qualité du naphte, par distillation par exemple, il aurait coûté plus cher, sans pour autant pouvoir rivaliser avec l'huile. Le naphte blanc, en effet, était utilisé plutôt comme médicament que comme combustible.

En outre, les méthodes d'exploitation des gisements pétrolifères à grande échelle ne pouvaient pas être employées. Un puits de pétrole, creusé par les habitants de Bâku, était de petite dimension. Les grands puits étaient l'œuvre de la nature, parfois équipés de roues hydrauliques. Ainsi, l'exploitation des gisements était limitée par l'offre de la nature, d'où la faible part du pétrole dans le patrimoine énergétique iranien.

7. En 1742, 10 roubles faisaient 10 000 *dinârs* (Ašrafiyân, p. 106), ou bien 1 *tumân*.

CHAPITRE IV

LA PIERRE

L'utilisation du bois dans les villes iraniennes, comme on l'a montré, était plutôt réservée aux édifices publics ou royaux qu'aux maisons qui étaient bâties en terre ou en terre cuite plutôt qu'en pierre[1]. La pierre assure une continuité de l'espace humain, ce que la terre ne fait pas : nombreuses sont les villes, entièrement détruites par leurs conquérants, rebâties derechef sur les mêmes sites[2].

Certes, les carrières de pierre étaient exploitées, mais comme toujours le manque de moyens de transport bloquait toute possibilité de commerce prospère. La carrière de marbre de Marâqe en Âzarbâyjân était très réputée et Nâder Šâh construisit quelques édifices à Kalât Nâderi, au Xorâsân, et dans d'autres villes du pays avec le marbre de Marâqe (carte n°7). En l'absence de moyens de communication, il fit appel à sa méthode traditionnelle de transport et obligea des paysans à apporter sur leurs épaules des blocs de marbre qui parfois pesaient plus de 50 *xarvârs*, soit 1 500 kilogrammes. Les gens appelaient certaines de ces pièces, *Iranxarâb*, Iran ruiné, ou *Xarâj-e 'âlam*, taxe du monde, en raison des dépenses démesurées que le roi faisait peser sur le peuple pour son entreprise[3] (Ašrafiyân, p. 269).

À côté de cet exploit royal, les pièces plus petites, servant au pavage, pouvaient être transportées à dos d'animal. Dans de rares occasions, on déplace quelques colonnes à l'aide d'un *gardun*. Mais le pavage ou l'emploi des colonnes en

1. Tavernier le remarque bien, lorsqu'il lie l'absence de la pierre et du bois à la morphologie des villes iraniennes : « La Perse étant dénuée de bois et de pierre, toutes les villes généralement, à la réserve de quelques maisons, sont bâties en terre » (Tavernier, II, p. 95).
2. Nâṣer Xosrow, partant de l'est de l'Iran et visitant le Moyen-Orient au 11e siècle, ne cesse d'admirer les remparts et les édifices en pierre des villes à l'ouest de l'Iran (Nâṣer Xosrow, pp. 26-8, 34 et 67 etc.), comme si la pierre pour lui était synonyme de luxe.
3. Le palais de 'Abbâs Ier, à Ašraf au Mâzandarân, était construit en pierre importée de Bâku. Le coût de ce transport fut énorme (Fraser, pp. 25-6).

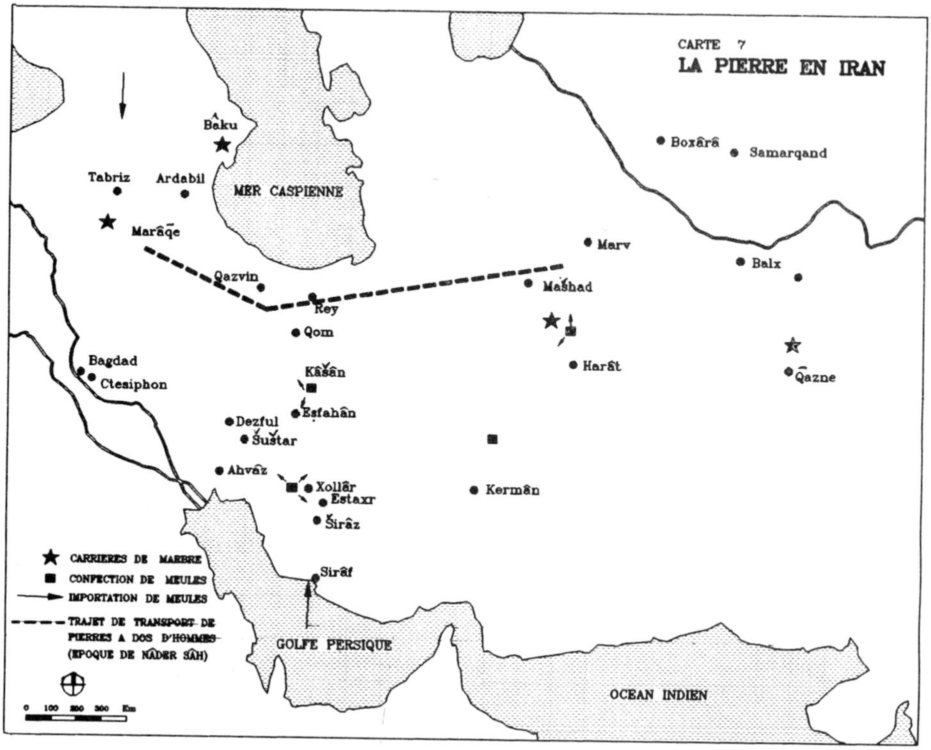

Carte n°7 – Les zones d'extraction de la pierre à bâtir et de la pierre pour les meules.

pierre étaient rares. Au contraire, la confection des meules était indispensable. Le besoin de ces meules et le manque de pierre donnèrent naissance à une technique artificielle de fabrication de la meule et poussèrent à l'invention d'une technique spéciale de transport de celle-ci, que nous examinons maintenant.

Le manque de pierre pèse certainement sur la confection des meules. Là où elle est disponible, un centre de production de meules peut exister. Xollâr dans le Fârs fut un tel centre, et les meules que l'on y fabriquait étaient vendues dans toute la province du Fârs. Le revenu des habitants de Xollâr était essentiellement fondé sur la fabrication de meules, car ils n'avaient aucune autre ressource économique. Ils payaient chaque année 700 *dinâr*s d'impôt sur cet unique revenu (Ibn Balxi, p. 144).

Au nord-est de l'Iran on observe un centre comparable : « il y a, à six milles de distance sur la route de cette ville (Herât) à Balkh, une montagne entourée de déserts dans la direction de Asfarân ; cette montagne n'offre aucune ressource soit en bois, soit en pâturage, mais on en extrait des pierres de moulin et des dalles pour le pavage des maisons. » (Idrisi, I, p. 461).

De même, deux grandes villes de l'Iran central, Eṣfahân et Kâšân, importaient des meules des montagnes de Kargez, après qu'elles aient été taillées à Naṭanz (Wulff, p. 279). Parfois, les montagnes les plus proches d'une ville ou d'un village formaient un centre local de production de meules. Râvar, une ville au cœur du désert et qui cependant possède encore 5 moulins à eau, extrait ces meules des montagnes de Feyżâbâd (Bâstâni Pârizi, 1985, p. 279), et il est probable que Asiyâbtarâšân[4], un village au nord de l'Iran, tient son nom du métier de ses habitants (*ibid.*, p. 290) (*cf.* carte n°7).

Ces meules sont faites d'un seul bloc, selon la méthode décrite par Bâstâni Pârizi qui observa un tailleur de meule de son village au travail. Le tailleur trace un cercle d'environ 1 mètre de diamètre et de 25 à 30 centimètres d'épaisseur dans un rocher, et à l'aide d'une hache, d'un perçoir, d'un marteau et de clous il arrive après beaucoup de temps à obtenir la meule[5]. Celle-ci obtenue, son habillage reste à faire. Cette opération consiste à entailler la surface travaillante d'une meule d'une série de rayons ou de trous, de sorte que le sens des rayons sur la meule gisante reste opposé à celui de la meule courante (*ibid.*, p. 289, 292).

Le nombre, la forme et les dimensions des rayons dépendent de la nature du produit à moudre et du degré de finesse désiré. Malheureusement, on ne connaît rien de ces détails, et la seule méthode d'habillage que nous connaissions est celle qui vient d'être décrite. Néanmoins, le fait que "de la farine assez subtile" (du Mans, p. 243) ait été produite en Iran, peut montrer une certaine habileté dans l'art de l'habillage.

Le prix d'une meule de bonne qualité nous est connu grâce à Ibn Ḥawqal, lorsqu'il traversait ʿAmid, en Haute Mésopotamie :

> « ... cette ville est ceinte d'un rempart noir fait de pierres meulières, qu'on a surnommé le mur "de bon augure", à cause de son extrême noirceur. Il se compose de ces pierres avec lesquelles on a confectionné les meules de la Haute Mésopotamie, et l'on n'en voit nulle part de semblables ; certaines de ces pierres employées comme meules en Iraq valent plus ou moins 50 *dinârs*. » (Ibn Ḥawqal, p. 216).

Ce prix élevé devait être récompensé par la longue durée de la meule. En règle générale, une meule courante ne dure que 3 ans, et la meule gisante 4 ans, car celle-ci est incrustée et donc, même plus mince, elle peut être utilisée sans aucun danger (Wulff, p. 279). Cela nécessite une demande et une fabrication continues de meules, d'autant plus que, quelle que soit la nature de l'énergie appliquée à un moulin, la meule reste toujours une partie intégrante et indispensable du moulin. Or, l'offre intérieure ne répondait pas à la demande, et le recours à l'importation semble avoir remédié à cette carence, au moins au cours du 19e siècle. En 1905, entre le 21 mars et le 30 novembre, l'Iran importe de Russie 49 912 *batman* de meules, soit 150

4. Littéralement "confectionneurs de meule".
5. Cette technique est probablement identique à celle employée en général par les tailleurs de pierre et qui est décrite par Wulff (Wulff, p. 127).

tonnes (Hedin, I, p. 108). Si chaque meule pèse environ 1 500 kilogrammes, 100 meules, en l'espace de 7 mois et 10 jours, ont été introduites. Mais la Russie n'était pas le seul fournisseur de meules de l'Iran. Au sud de l'Iran, on importait aussi des meules, peut-être de l'Inde. Le consul Abbott, au milieu du 19e siècle, constate l'importation des meules à Bandar ʿAbbâs au bord du Golfe Persique (Amânat, p. 92), sans toutefois donner de chiffres.

Que la meule soit fabriquée en Iran même, ou qu'elle y soit importée, elle doit être transportée vers son destinataire, le meunier, opération qui nécessite une technique assez élaborée. Nous devons la première description de cette technique à Hedin, qui s'étend aussi sur le sort des meules introduites en Iran par la Russie: « Dans le territoire iranien, le transport des meules est fait de la façon suivante: on passe un bâton à travers le trou de la meule et ensuite on la fait rouler à l'aide de quatre buffles. » (Hedin, p. 109). Une technique de transport, semblable à celle-ci, est pratiquée à l'autre bout de l'Iran, à Sangân, un village du Xorâsân méridional, qui possède des moulins à vent. Cette fois-ci, on met d'aplomb la meule en attachant une corde à chaque bout du bâton qui la traverse. Les deux autres bouts de ces cordes seront attachés au joug d'une bête de somme[6]. Ainsi, le transport de la meule, du lieu de sa fabrication au village, dure une journée. Ce transport est accompagné de cérémonies assez originales, dont le sacrifice d'un mouton au moment de l'arrivée de la meule au village. Avec ce mouton, on prépare un repas qui sera distribué parmi les habitants du village (Yahyâ'i, pp. 243-4).

Cette cérémonie peut témoigner de l'importance du rôle de la meule et du moulin dans la vie économique d'une communauté villageoise. De plus, la technique de transport de la meule, analogue dans deux parties différentes de l'Iran, et qui, dans l'un des cas, débouche sur une cérémonie de sacrifice, ne peut être qu'une technique assez ancienne.

Le défaut de voie de communication apte à permettre un tel transport, ou le manque d'argent pour l'achat et le transport, contraignent certains villages, qui n'ont pas en leur possession les roches nécessaires pour la fabrication des meules, à adopter d'autres méthodes de fabrication. Naṣir al-Din Ṭusi, savant persan du 13e siècle, dans un passage où il développe son idée sur l'origine des pierres, conclut que: « toutes les pierres par essence sont de la boue pétrifiée. La preuve en est que si on expose la boue à un grand feu elle se transforme en tuile, et si on chauffe davantage, elle se pétrifie. Et dans les villes où n'existe pas de pierre pour fabriquer de meules, on en fait à l'aide de cette technique. » (Ṭusi, p. 19).

Cette méthode de production de meule est employée encore au 16e siècle au Sistân. L'auteur de Eḥyâ'al-Moluk décrit ce qu'il a observé dans cette province:

> « Comme toujours le nom de Sistân évoque le moulin à vent. Or dans cette province, il n'y a pas de pierre et pour le moulin à vent on en a besoin. Donc les artisans érigent des fourneaux qui atteignent 5 mètres de haut, comme une haute

6. À notre avis, la longueur du bâton doit normalement être suffisante pour garantir l'équilibre de la meule.

maison. On mélange du sable et de la boue et on dépose le mélange sur le toit de ce fourneau. Le mélange fond, se déverse dans le moule à meule qui se trouve à l'intérieur du fourneau, et se pétrifie. » (cité dans Bâstâni Pârizi, 1985, p. 345).

L'ampleur géographique et chronologique de la pratique de cette technique n'est guère claire. Si sa mise en œuvre est associée au moulin à vent, elle est postérieure à l'invention de ce dernier, sinon on peut envisager toutes les éventualités. De toute façon, son apparition relève d'une nécessité inhérente aux moulins.

Tout comme pour le bois, on se heurtait à des obstacles multiples pour obtenir la pierre propre aux besognes artisanales. Là où la pierre n'est pas disponible, on invente des procédés de fabrication de meules. Lorsque l'absence de moyens de transport empêche le déplacement de ces meules, on trouve des solutions pratiques. Néanmoins, ces procédés et solutions demandent une énorme dépense d'énergie, humaine, animale et thermique.

En l'absence de pierre et de bois de construction, la brique crue (*xešt*) et la brique cuite (*âjor*) ont modelé l'architecture persane. L'architecture voûtée, qui était sans doute à l'époque achéménide l'architecture populaire du pays, fut adoptée par les Sassanides pour les constructions royales (Godard, p. 201), puis plus tard à l'époque islamique : « Ce qui diffère n'est ni la construction ni les formes, ni même le plan, mais l'aspect, l'habit dont l'Islam a revêtu les monuments sassanides, l'esprit dont il entendit marquer l'architecture iranienne, comme d'ailleurs celle de tous les peuples qu'il soumit à sa loi. » (*ibid.*, p. 309). Ainsi les colonnes et les plafonds des grands bâtiments achéménides, construits en bois et en pierre, furent remplacés par les voûtes et coupoles en brique, ce qui fit l'économie du transport de la pierre et du bois.

La brique est faite d'un mélange de terre imbibée d'eau (*gel*) et de paille hachée (*kâh*). Ce mélange, *kâhgel* ou torchis, « peut être utilisé, soit directement, façonné à la main, soit sous forme de briques crues (*xešt*) moulées dans un cadre de bois et séchées au soleil. » (Digard, p. 113). En général, le mélange préparé pour la brique crue est plus fin que celui qu'on utilise directement (Wulff, p. 109). La brique cuite (*âjor*) est faite du même mélange, mais bien épuré (*ibid.*, p. 115). La fabrication de la brique crue n'est possible qu'en été, où le soleil est vif. La fabrication de la brique cuite a par contre besoin de combustible, et, de ce fait, elle est plus chère que la brique crue. Mais une fois la saison de la fabrication passée, il est difficile de se procurer de la brique, crue ou cuite. Lorsque Ḥâfeẓ-e Eṣfahâni décida de construire un moulin à eau à Saraxs en hiver, il ne trouva pas de brique. Ce n'est que par une coïncidence qu'il put utiliser des briques enfouies qu'il avait découvertes (Ḥâfeẓ-e Eṣfahâni, p. 139).

Comme les maisons[7], les moulins sont aussi faits de brique et de torchis et, parfois, ils sont voûtés (fig. 8, 9, 12). Là où le bâtiment peut entrer en contact avec l'eau, il est préférable d'utiliser la brique cuite ou la pierre. Au Xorâsân, selon

7. *Cf.* chapitre II, Le bois.

Ḥâfeẓ-e Eṣfahâni, on élève les fondations d'un moulin (*âsyâxâne*) en brique cuite. On recouvre de paille chaque rangée de briques et on continue la construction jusqu'à ce que la hauteur des murs soit de un ou deux mètres au dessus de l'arrivée d'eau. Aucun mortier n'est utilisé, c'est à dire qu'on construit en "briques sèches" (*xoškečin*). Ensuite on complète la construction avec de la brique crue et de la terre (Ḥâfeẓ-e Eṣfahâni, p. 159). Il va de soi que le moulin à vent qui n'est pas au contact de l'eau peut être construit en brique crue et en torchis.

Se procurer des briques, afin de construire l'établissement qui utilisait des machines, était beaucoup plus facile qu'obtenir le bois ou la pierre utilisés dans les rouages de ces machines. Mais un autre problème se posait ensuite : ces machines devaient être actionnées. L'énergie la plus utilisée à cet effet au Moyen Age était celle de l'eau. Mais il était difficile de se la procurer en Iran et les Iraniens ont été obligés d'appliquer des techniques assez élaborées, coûteuses et consommatrices de temps et d'énergie.

CHAPITRE V

L'EAU

Le réseau des voies marchandes de l'Iran, faute de roue, ne possédait pas, sauf à quelques rares exceptions, de routes aménagées. Les bêtes de somme, en fait, assuraient le transport de toutes les denrées. Une seule denrée toutefois, objet d'un commerce public et privé, nécessitait un autre mode de transport : l'eau. Si les investissements financiers et la dépense d'énergie ont toujours pu être évités pour la construction et la maintenance des routes, en revanche on n'hésitait pas à les mettre en œuvre pour le déploiement d'un réseau d'eau souterrain, ou *qanât*, qui, depuis les Achéménides, a été la clé de voûte de l'économie iranienne[1]. Par ailleurs, des techniques assez perfectionnées étaient utilisées depuis longtemps en Iran pour la distribution des eaux des rivières, aussi bien que celles des *qanât*s.

Les *qanât*s et les techniques de distribution des eaux ont été l'objet de plusieurs recherches approfondies, et notre contribution se limite à une courte description qui nous permettra de mieux préciser l'éventail des matériaux dont dépendaient la construction et le fonctionnement des machines hydrauliques.

LES QANÂTS

« Les *qanât*s[2] sont une technique de caractère minier qui consiste à exploiter des nappes d'eau souterraines au moyen de galeries drainantes[3] », et « tout concorde

1. Le *qanât* fut la seule réponse possible au climat aride qui « régnait depuis plusieurs millénaires sur le vaste Plateau Iranien, situé dans l'espace compris entre deux chaînes alpines divergentes, en arc à concavité tournée vers le nord : l'Elbourz bordant la courbe de la Mer Caspienne, le Zagros, séparant le Plateau du Golfe Persique et de la Mésopotamie... Ces deux chaînes, ..., très élevées, protègent ce plateau des derniers systèmes nuageux en provenance de l'Atlantique, en les condensant en précipitations souvent abondantes, mais très localisées » (Goblot, 1976, p. 3).
2. Le *qanât* en Iran oriental s'appelle *kâriz*.
3. Puits (*mil*) et galeries (*kure*) forment le *qanât*. « Dans le cas d'un sol suffisamment incliné, l'exploitation se fait par galeries creusées à partir de la surface. Partant de la surface, à l'aval, au point jugé convenable pour l'utilisation ultérieure, la galerie s'enfonce dans le sous-sol pour rejoindre la nappe aquifère. Pour faciliter l'arrivée de l'eau à l'air libre sans avoir recours à des

à montrer que c'est dans l'aire culturelle iranienne que sont apparus les premiers *qanâts*.» (Goblot, 1979, p. 27 et 60). Selon l'hypothèse de Goblot, c'est le système d'évacuation des eaux de mine des Akkadiens qui donna aux Proto-Iraniens, agriculteurs venant de régions mieux arrosées, l'idée de la construction de ces *qanâts*. Ainsi les mineurs se reconvertirent-ils en "mineurs d'eau" et «une technique déjà existante a vu son but modifié sous l'influence de nouveaux besoins humains. Le *qanât* était "inventé" et ainsi a pu commencer la conquête progressive d'une frange toujours plus large du désert, en faisant éclater la prison des isohyètes.» (*ibid.*, pp. 60-65, Goblot, 1976, pp. 4-5)[4].

> « Il est difficile de savoir combien de *qanâts* furent creusés dans ces temps éloignés, mais on peut penser que très vite de très importantes régions furent sorties ainsi du désert[5] (fig. 1). En tout cas, de nos jours, l'exploitation minière de cette exceptionnelle richesse régulièrement réalimentée n'a pas cessé. Vers 1950, il existait 40 000 *qanâts* répartis sur tout le plateau, produisant 600 000 litres / seconde. Leur longueur devait être au total d'environ 400 000 kilomètres, une fois et demie la distance de la terre à la lune[6]. » (Goblot, 1976, p. 4-5)

La longueur d'un *qanât* est facteur des conditions physiques et climatiques de la région d'implantation et varie de quelques centaines de mètres jusqu'à des dizaines de kilomètres. Ḥâfeẓabru, géographe iranien du 15e siècle, relève qu'un *qanât* de Birjand au Xorâsân a une longueur de 600 kilomètres. Pour le curer, on descendait dans le puits-mère une grosse boule en pierre qui mettait un an (?) pour arriver à l'embouchure du *qanât* (Ḥâfeẓabru, p. 35 de l'introduction). Près de Gonâbâd, au Xorâsân, la profondeur du puits-mère d'un *qanât* était de 700 coudées (plus de 300 m) et sa longueur de 24 kilomètres (Nâṣer Xosrow, p. 260). Un des *qanâts* de Yazd couvre une longueur de 120 kilomètres et la profondeur de son puits-mère est égale à 116 mètres (Behniyâ, p. 17 et 24). Les *qanâts* de Qom, 616 en 1969, dont

---

moyens mécaniques, mais par simple gravitation, la galerie est légèrement inclinée de l'amont vers l'aval. L'expérience montre que la pente doit être en moyenne de 0,5%, ce qui permet l'écoulement tout en évitant un débit trop rapide qui creuserait le lit... Ainsi l'organe principal du qanât est la galerie. Les puits, qui la relient à la surface, sont des éléments secondaires, très utiles, mais qui ne jouent aucun rôle dans l'exploitation proprement dite. Le qanât n'est, finalement, rien d'autre qu'un forage horizontal »(Goblot, 1979, pp. 27-28).

4. Depuis Goblot qui rédigea son texte en 1973, l'origine technique et la chronologie de l'invention et de la diffusion du *qanât* sont controversées. À l'époque des mises au point de de Planhol (1992), des *qanâts* (ar. *falaj*) ont été découverts dans la Péninsule d'Oman. Ce système d'irrigation qui est la seule explication actuelle à l'extension de l'occupation humaine de cette région au 1er millénaire av. J.-C. reste à dater précisemment dans l'Age du Fer. En tout cas avant l'époque achéménide (Weisgerber, 1981, pp. 245-247 ; Boucharlat et Lombard, 1985, pp. 64-66). De récentes découvertes dans l'oasis d'al 'Ain ont transformé cette hypothèse en certitude.

5. Une ville sassanide, telle que Neyšâbur, au bord du désert, ne pouvait pas être construite sans l'eau des galeries souterraines. L'eau de cette grande ville, qui comptait 100 000 habitants au 12e siècle, fut entièrement approvisionnée par les *qanâts* (Bulliet, 1972, p. 10).

6. Les estimations sur la longueur totale et le nombre des *qanâts* sont très variées. Dans un récent ouvrage, Behniyâ regroupe toutes ces données, et tranche enfin pour un nombre total de 18 400 *qanâts* avec un débit de 7,5 milliards mètres cubes d'eau par an. Cette estimation eut lieu en 1980. (Behniyâ, pp. 11-16). Il faut simplement noter que l'usage des méthodes récentes d'adduction d'eau, les modernes pompes et barrages, se fait désormais au détriment des *qanâts*.

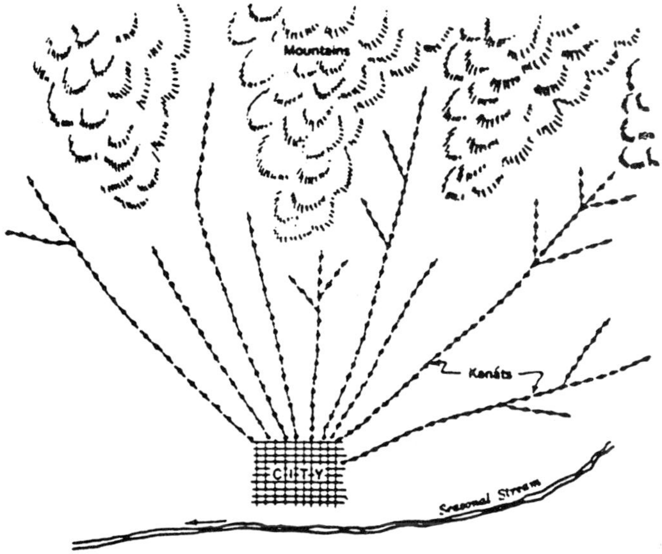

Figure 1 – Le système d'approvisionnement d'eau d'une ville par *qanât* (Butler).

une soixantaine à sec, ne sont jamais très longs : leur longueur varie entre 1 et 4 kilomètres avec un maximum de 10 kilomètres (Bazin, 1974, p. 35).

Il est évident que la construction et l'entretien d'un tel réseau, dont certaines ramifications atteignent des longueurs gigantesques, demandent la présence d'une équipe d'hydrauliciens, *âbšenâs*[7], et de puisatiers, dont le chef est le *moqanni.* Un traité de l'exploitation des eaux souterraines, composé par Karaji en 1017, nous fait comprendre comment un entrepreneur prenait en charge la construction d'un *qanât*. Son équipe, d'après ce qui se dégage de ce traité, était composée d'un *moqanni* et de puisatiers. Le commanditaire du *qanât* devait imposer à son entrepreneur certaines conditions pour que l'aqueduc devienne rentable. Une partie de ces exigences était d'ordre technique et l'entrepreneur, entre autres, devait s'assurer que le *qanât* suivait une ligne droite et que l'écart entre son lit et son plafond restait le même tout au long. L'autre partie de ces exigences relève de l'entretien du *qanât* :

> « Pour ce qui est du curage – et c'est à ce prix seulement qu'un aqueduc reste en bon état de fonctionnement – il faut qu'avant chaque curage l'hydronome[8] descende en personne dans la galerie, l'examine tout au long et écrive un rapport détaillé de

7. Certains de ces hydrauliciens étaient très connus et on leur attribuait des pouvoirs importants, parfois légendaires. Ainsi, Ṭâher-e âbšenâs arriva à deviner la présence d'un vase d'eau, caché sous la terre dans un désert aride (Ḥâfeẓabru, p. 121). Mais en règle générale c'est le *moqanni* qui s'occupe de découvrir les eaux cachées.

8. Maẓâheri traduit le *mohandes* par l'hydronome. Pour plus de détails voir son introduction à l'œuvre de Karaji .

ce qu'il y aurait à faire dans chacun des tronçons de galerie : s'il s'agit tout simplement d'enlever la vase ou s'il s'agit de déboucher.» (Karaji, p. 124)[9].

Là il devient clair que le maître de l'entreprise est, non pas l'entrepreneur, mais l'hydronome ou le *moqanni* car c'est lui qui a le dernier mot :

> « ... et lorsque le curage est fini, l'hydronome devra une seconde fois descendre dans l'aqueduc et examiner celui-ci d'un bout à l'autre, afin de vérifier si le travail a été bien exécuté, si l'aqueduc est bien net ; sinon, il lui appartiendra de décider d'une certaine réduction du salaire du puisatier ou du devis de l'entrepreneur, en raison du travail défectueux. Ne jamais perdre de vue ce point-là.» (*ibid.*).

Il y a plusieurs sortes de puisatier. Le *čarxkeš* s'occupe du treuil ou *čarx* ; le *dalvgir* vide le seau, *dàlv*, monté par le treuil ; le *kolangdâr* creuse la galerie, *kure*, à l'aide d'un pic, *kolang* ; le *gelband* remplit le seau de la terre creusée dans la galerie et le *lâšekeš* lui donne un seau vide et emporte celui qui est rempli jusqu'au fond du puits, *mil*, pour l'attacher à la corde du treuil (Behniyâ, pp. 46-7). Le *moqanni*, dépendant d'un système artisanal millénaire, a déjà pratiqué toutes ces tâches pour mériter sa qualité de maître d'œuvre.

Les galeries sont souterraines pour trouver l'eau des nappes phréatiques, de plus elles empêchent l'évaporation de l'eau dans les régions à climat sec. En sortant de ces galeries, les canaux de distribution de l'eau sont généralement protégés contre cette évaporation par des rideaux de peupliers, plantés de chaque côté de ces canaux. Il est clair que chaque goutte d'eau est chère et que la distribution d'un élément si vital demande des techniques particulièrement élaborées, que nous allons maintenant examiner.

LA DISTRIBUTION DES EAUX

Qu'il s'agisse de l'eau des *qanât*s ou de celle des rivières, la distribution est toujours d'une grande minutie, se fondant sur la notion de la durée de l'écoulement de l'eau. Rien d'étonnant dans ce cas qu'on ait parfois attribué à de grands penseurs et mathématiciens médiévaux des projets de distribution d'eau. Ainsi celle des *qanât*s d'Ardestân remonte selon une tradition locale au 13ᵉ siècle, lorsque le petit fils de Gengis Khân demanda au grand savant Naṣir al-Din Ṭusi d'en conduire la réalisation. À Neyriz, la conception du même type de projet est attribuée à Šeyx Bahâ'i, le mathématicien safavide. Le même Bahâ'i, selon les habitants d'Eṣfahân, élabora le plan de distribution des eaux du Zâyanderud (Lambton, 1953, p. 218).

À Harât, au début du 16ᵉ siècle, Abu Naṣr-e Heravi, l'auteur d'un ouvrage sur l'agriculture, fut désigné pour l'organisation et la distribution des cours d'eau de la ville. Deux siècles avant son engagement, un tel travail avait déjà été entrepris. Il le reprend et le détaille dans un traité, où il apparaît que le principe de distribution de

9. En Âzarbâyjân, le *moqanni* descend chaque mois dans le *qanât* et en fait l'état (Behniyâ, p. 100).

l'eau demande que le canal principal, *mâdarjuy*, soit ramifié en différents cours d'eau, *juy*, opération qui nécessite la construction de barrages, *band*, l'emploi d'outils de ramification et de répartition ainsi que des régulateurs de flux, *qolb*. Il faut aussi tout un personnel qui s'occupe de la distribution de l'eau, *sarqolbi*, de la maintenance des canaux, *mardjuy*, et des barrages, *bandbân* (Abu Naṣr-e Heravi, pp. 12-15 et 157-9).

À Eṣfahân, c'est presque le même système de ramification que nous observons, mais avec toutefois des différences. Un rouleau de manuscrits, *ṭumâr*, traduit et annoté par Lambton, nous apprend que la distribution des eaux de la rivière Zâyanderud fut élaborée dans les premières années du 16e siècle. Selon ce *ṭumâr*, plusieurs canaux, *mâdis*, bifurquent de cette rivière et se ramifient à leur tour en *lats*. On bloque un canal par une technique de barrage, *xoškband*, et lorsque l'on détruit le barrage pour permettre l'écoulement de l'eau, l'opération est un *bandkanân* (Lambton, 1953, p. 671-3). À l'aide de ce système, l'eau de la rivière se divise en 33 parts à travers 8 différents districts ou *boluks*. 105 *mâdis* se ramifient des deux côtés de la rivière, sur une longueur de 450 kilomètres (Bâstâni Pârizi, 1979, pp. 64-6).

Ce système de canalisation des eaux se trouvait dans d'autres villes : on le signale à Marv (Ibn Ḥawqal, p. 421), au 10e siècle à Qom (*Târix-e Qom*, p. 51-3) et à Boxârâ (Naršaxi, p. 45). À Zarafšân, en Transoxiane, il existait en Iran pré-islamique, et sous la domination arabe on réparait et curait les canaux endommagés (Sa'idi, p. 75), comme c'était aussi le cas à Marv et à Boxârâ. On peut aller jusqu'à mettre en évidence, à Dâmqân, la persistance d'un système de distribution depuis l'époque sassanide jusqu'à nos jours[10].

Une opération était nécessaire avant que l'eau fût répartie dans les canaux : il s'agissait de mesurer le volume qu'elle devait atteindre dans un bassin de retenue. Pour ce faire, on utilisait une sorte de règle en fer, appelée *mostaqe* à Qom (*Târix-e Qom*, p. 43). À Marv, l'instrument de mesure était le *âbsanj*, bâton gradué en bois qui, selon Barthold, servait à connaître la bonne ou la mauvaise saison (Montaẓami, p. 39). D'autres méthodes étaient encore plus simples et on pouvait prendre pour mesure ce que l'on appelait *nâvaqe* : la quantité d'eau qui atteint les genoux d'un homme lorsque celui-ci écarte les pieds d'une coudée, soit 50 cm (*Târix-e Qom*, p. 43).

Toutes ces opérations effectuées, les eaux canalisées devaient être distribuées entre les différents utilisateurs. Cela se faisait soit par le contrôle du flux, soit par la mesure du temps d'écoulement.

À Harât et à Marv, par exemple, le contrôle du flux était pratiqué. Le *qolb* de Harât était une rigole équipée de planches qui permettait la distribution des eaux au prorata de *haqqâbe*, la part de chaque consommateur (*haqqâbebar*). C'est à coup sûr à

10. Selon Abu Dulaf (10e s.), l'eau d'un barrage sassanide était divisée en 120 parts pour arroser 20 villages (Abu Dulaf, p. 82) ; la répartition n'a pas changé depuis (Ṣafinežâd, 1989, p. 255).

un tel système que Ibn Ḥawqal fait allusion lorsqu'il décrit la distribution de l'eau à Marv au 10e siècle :

> « Les points de distribution des eaux commencent au village de Z̲arq où se trouve le centre de répartition de l'eau de Marv : chaque quartier et chaque agglomération ont droit à une petite rigole, barrée par des planches de bois, pourvues de trous d'un diamètre déterminé, et l'on interdit à quiconque d'agrandir ou de diminuer le calibre de ces trous[11]. » (Ibn Ḥawqal, p. 421).

Le *Târix-e Qom* fait mention des mêmes planches, *vaz*, à Qom au 10e siècle. L'endroit de répartition de l'eau s'appelait *sarvaz* (*Târix-e Qom*, p. 33). À Kâšân, c'est le *maqsam*, le régulateur de flux, qui mesure la part de chaque consommateur[12] (Żarrâbi, p. 83).

Si l'on veut mesurer par contre le temps d'écoulement on emploie une autre technique. C'est ainsi qu'à Marv toujours et au 10e siècle, Kâteb Xvârazmi nous renseigne sur l'instrument de mesure de durée de l'écoulement de l'eau, ou *bast* : il s'agit d'une tasse dont le fond est percé d'un trou de la taille d'un grain d'orge. Si le récipient est dix fois plus grand que le *bast*, on parle alors d'un bol, *fenkâl* (Kâteb Xvârazmi, p. 69), ou plutôt de *fenjân*, forme arabisée de *pengâm* des Persans. Cet instrument, plus usité, s'appelle également *peng*, *fenjâne*, *piyâle* à Eṣfahân (Lambton, 1938, pp. 671-2), *tašt* à Yazd et Kermân (Maẓâheri, 1973, p. 4). Avec ce système, si l'on veut mesurer le temps nécessaire à l'irrigation d'un champ, il suffit de laisser flotter cette tasse sur un baquet, *taq̄âr*. L'eau entre peu à peu par le trou et lorsque la tasse coule, la mesure est pleine, et on recommence jusqu'à ce que la quantité d'eau convenue soit distribuée. Le temps que la tasse met à se remplir est fonction de sa capacité et des unités (multiple de *bast*) en usage. Selon Chardin, « la tasse met d'ordinaire entre 2 à 3 heures à s'enfoncer. » (Chardin, II, p. 73). À Kâšân, selon une histoire locale, ce temps est égal à 9 minutes et 7 secondes et la mesure s'appelle un *sarje*[13] (Żarrâbi, pp. 71-2).

Une autre méthode de calcul de la durée de l'écoulement de l'eau est employée par les agriculteurs de Jandaq, au centre de l'Iran. On y utilise une sorte de cadran solaire, construit assez simplement. Le *mirâb*, celui qui s'occupe de la distribution de l'eau, place un bâton de 1,5 m de long dans un trou de 12 cm en veillant à ce que le bâton soit bien droit. À gauche et à droite de ce bâton, il dispose six cailloux à des distances variées, de sorte que chaque intervalle soit égal à 45 minutes, soit 2,5

---

11. Pour une description plus détaillée de ces opérations, voir Miquel (pp. 140-1), qui traduit Moqaddasi.

12. À Ardestân (entre Kâšân et Eṣfahân), un tel système s'appelle *forzebandi*. Le volume total des eaux de cette ville est égal à 20 *forzes*, distribués dans 4 canaux de 3, 4, 6 et 7 *forzes*. À Tafreš (au sud de Sâve, dans le centre), l'eau est distribuée par *nâvdân*. L'eau d'un *qanât* se divise dans 3 canaux en 2, 3, et 4 *nâvdâns*. Le *nâvdân*, à son tour, se ramifie en *nâvs*, les petits canaux (Ṣafinežâd, 1988, p. 54).

13. À Kâšân un *ṭâq* d'eau était l'équivalent de 12 heures d'arrosage, soit 75 *sarje* et son loyer était près de 100 *tumâns* par an. À Râvand, toujours dans la même région, 64 *ṭâqs* d'eau coûtaient 6 500 *tumâns* en loyer et en taxe d'Etat (Żarrâbi, pp. 63 et 78).

jarre, une mesure d'eau. Les intervalles entre deux cailloux successifs sont variables et peuvent être schématisés de la façon suivante :

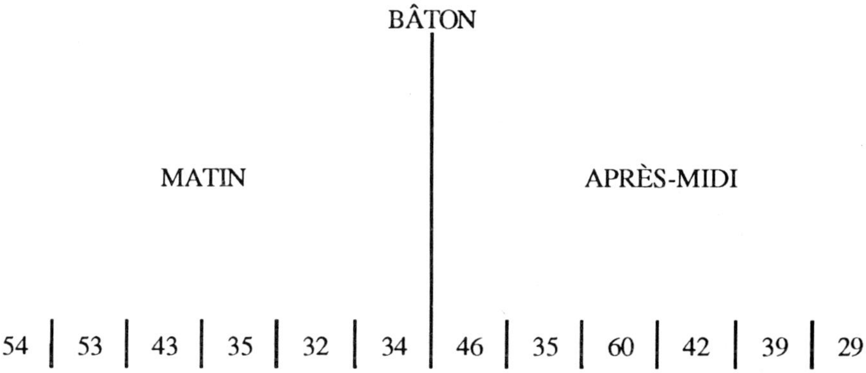

Le cadran solaire de Jandaq, les distances sont en cm.

La longueur totale de la ligne qui relie ces 12 cailloux est de 502 cm, soit 251 cm de chaque côté. Le matin, l'ombre du bâton se place sur le caillou le plus éloigné à l'ouest. À midi, l'ombre a sa longueur minimale, et ainsi de suite. Chaque laps de 45 minutes est suffisant pour l'irrigation de 1 250 m^2 de champ. On s'aperçoit vite du défaut du système : c'est qu'il ne peut pas fonctionner pendant la nuit ni les journées nuageuses. Dans ce cas, il faut appliquer la méthode précédente (Yaq̄mâʿi, p. 319).

Le temps d'écoulement de l'eau n'était pas toujours mesuré par ces méthodes. D'après le rouleau de manuscrits qui définissait la règle de distribution des eaux du Zâyanderud, ce temps, sur un certain *mâdi*, était calculé d'après la durée nécessaire à un moulin à farine pour produire un *man*, soit 3 kilogrammes, de farine (Lambton, 1938, p. 669). Ceci nous montre que la mesure du temps d'écoulement était fondée sur des méthodes approximatives et que la précision de calcul, vu la nature des applications, n'était pas nécessaire. Chaque journée (hydraulique) comprend un nombre bien précis d'unités de mesure du temps d'écoulement, qui varie selon la durée de l'unité utilisée. Chaque village reçoit sa part d'eau selon un temps de rotation d'eau, *dorgašt*, qui est variable, mais est en règle générale fixé à 12 journées (Ṣafinežâd, 1988, p. 54). Ainsi, chaque conduit de division d'eau regroupe autour de lui seulement et strictement autant de superficie qu'il peut irriguer une fois tous les 12 jours.

L'ÉTAT ET LES TRAVAUX HYDRAULIQUES

La diversité des méthodes de distribution et de mesure du temps d'écoulement dépend aussi des conditions géographiques et du taux de pluviosité de l'Iran. Comme le remarque Maẕâheri, « en Iran, à l'inverse de la Chine, c'est l'Est qui est sec et c'est l'Ouest (la Méditerranée) qui envoie vers le plateau persan ces nuages à pluie qui alimentent les glaciers du Zagros. » (Maẕâheri, 1973, p. 145). Ṣafinežâd, en considération de ce fait, retrace la ligne qui coupe l'Iran en deux zones : occidentale et orientale[14] (carte n°8). L'Iran occidental n'a pas beaucoup de problèmes d'eau, tandis que l'Iran oriental manque d'eau, alors qu'il a suffisamment de surface cultivable. De ce fait à l'est de l'Iran, différents systèmes d'irrigation, fondés sur une culture collective, ont été inventés pour économiser l'eau (Ṣafinežâd, 1989, pp. 21-22).

Cela rendait les paysans seuls maîtres de la distribution des eaux des rivières et des *qanâts* de leur village, et ils n'avaient pas besoin de l'aide de l'État. Contrairement à la thèse de Wittfogel, selon laquelle le contrôle étroit des eaux par l'État est à l'origine du "despotisme oriental", l'administration locale des sources d'eau en Iran, au niveau d'un village ou d'un groupe de villages, était hors de contrôle du pouvoir central. Néanmoins l'obtention de l'eau mobilisait parfois un grand nombre d'artisans et de fonctionnaires d'État dans certaines villes. Au dire d'Ibn Ḥawqal, « le surintendant de ce régime des eaux est un fonctionnaire autonome, dont l'autorité est plus grande que celle du préfet de police de Marv : il a sous ses ordres 10 000 ouvriers appointés, chacun d'eux étant chargé d'une tâche déterminée. » (Ibn Ḥawqal, p. 422). Un surintendant des eaux de rivière du 10e siècle, *mir-e rud*, habitait à Firâb, un village au bord de l'Oxus (*Ḥodud al-ʿâlam*, p. 113). Peut-être celui de Marv avait-il le même titre[15].

L'analyse d'un passage d'Hérodote[16] par Markwart démontre la pratique de ce système à Marv dès l'époque achéménide. Le satrape de la région contrôlait la distribution des eaux et les paysans étaient obligés de payer l'eau pour la maintenance des réseaux (Markwart, n° 7-8). Sous les Sassanides la taxe des propriétaires d'eau, la diminution et l'augmentation de cette taxe, ainsi que le transfert de la propriété des cours d'eau étaient consignés dans un registre, nommé *diwân-e kâst-apzud*[17] (Kâteb X^{v}ârazmi, p. 69). À l'époque de la domination arabe, et toujours à

14. Cette ligne de démarcation est assez approximative. Pour les détails il faut se référer à une carte de la pluviométrie de l'Iran, *cf.* Fischer, 1968.
15. Le système d'irrigation de Marv fut détruit par les Mongols au 13e siècle. On le répara en 1409 (Ḥâfeẕabru, p. 62).
16. III, 117.
17. Selon Maẕâheri, ce *diwân* ou « le registre par diminution (*kâst*) et par augmentation (*apzud*), avait pour tâche de marquer au jour le jour, sous le nom de chacun des intéressés, le nombre de "tasses" (*bast*) et de "douches" (*šarfa* soit 24 minutes de courant) de consommation d'eau. Or comme celle-ci coûtait cher, le colon, selon la quantité d'eau nécessaire, faisait diminuer ou augmenter sa consommation, en baissant ou haussant la ventelle qui le concernait, entendant payer son eau au prix juste » (Maẕâheri, 1973, p. 15).

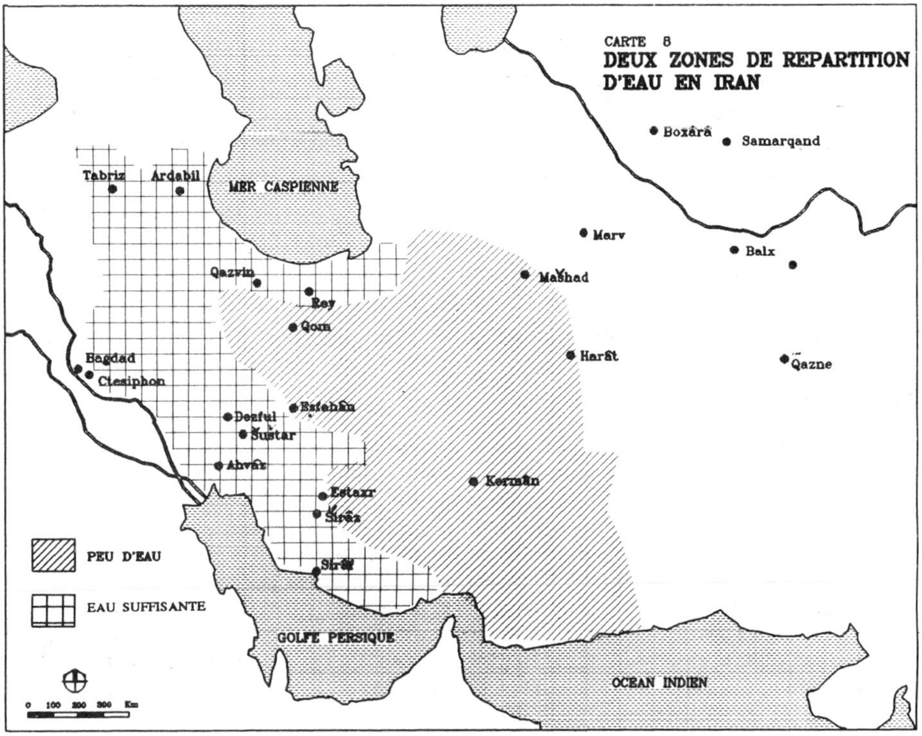

Carte n°8 – Deux zones de répartition d'eau en Iran
(carte schématique de la pluviosité).

Marv, ce registre devient *Diwân al-ma'* ou registre des eaux (*ibid.*). À l'époque safavide, selon un manuel d'administration, la gestion des *qanât*s et des moulins relève du ministre du département de *feyż-e aṯhar* (*Tazkerat al-Moluk*, p. 78).

Celui qui s'occupe de la distribution des eaux, sous l'égide de ces institutions étatique, est le *mirâb*, titre qu'on trouve aussi dans différents villages de l'Iran. Lorsque Ya'qub-e Leyṣ (mort en 878) voulut connaître la situation du Sistân, il demanda à son messager si les habitants de cette province se plaignaient du *mirâb* (*Târix-e Sistân*, p. 266). Le *Tazkerat al-Moluk* fait la liste des tâches du *mirâb* :

1 – nommer un inspecteur des canaux d'irrigation, *mâdisâlâr* ;

2 – nettoyer, *tanqiye*, les canaux et les ruisseaux ;

3 – distribuer l'eau en surplus de la rivière au prorata des parts, *haqqâbe*, de chaque région ;

4 – surveiller que chaque paysan reçoive sa part licite ;

5 – empêcher que le plus puissant ne profite de la part des faibles ; etc. (*ibid.*, p. 83).

Le revenu annuel du *mirâb* d'Eṣfahân est de 4 000 *tumâns*, soit 60 000 écus[18], nonobstant ce que l'on offre comme cadeau pour qu'il arrose les champs (Chardin, II, p. 73). Le *mirâb* des autres villes ne touchait, certes, pas un salaire si important, mais ses émoluments étaient variés et considérables. Le *mirâb* de Boxârâ en 1894, recevait « les bénéfices fournis par un moulin de l'État, ou bien, deux fois par an, au printemps et en automne » l'équivalent de 500 *tengas*, soit 30 000 centimes. Il recevait aussi « les produits du fermage d'un village et les produits de la vente de l'eau du canal Châhroud. » (Moser, p. 248).

L'administration des eaux par l'État pouvait donner prise à ce dernier pour un contrôle plus étroit du système technique et économique. Parallèlement, l'État s'engage dans la réalisation de grands travaux hydrauliques afin de développer l'agriculture dans les zones arides.

> « En 260 de notre ère, l'Empereur romain Valérien fut fait prisonnier par son adversaire iranien, le Sassanide Châpour Ier, avec une armée de 70 000 hommes, qui comportait naturellement son corps de génie, c'est à dire d'ingénieurs... Ayant étendu, à la suite de cette victoire, son Empire dans les plaines à l'ouest des Monts Zagros, le monarque perse fit construire par les prisonniers des routes impériales qui devaient traverser des rivières descendant des montagnes par trois immenses ponts, à Païpol, à Chouchtar et à Dezfoul, dont la longueur dépassait 500 mètres... Mais la collaboration des ingénieurs iraniens se manifesta par une modification capitale que l'on ne trouve nulle part dans les ouvrages similaires édifiés auparavant par des Romains : ces ponts devinrent des "ponts-barrages à vannes mobiles" permettant de diriger une partie importante du débit des rivières, par des canaux appropriés, vers les plaines situées en aval, et jusqu'alors impropres à l'agriculture, n'étant arrosées que par de très rares pluies très insuffisantes. » (Goblot, 1976, pp. 5-6).

Plus tard, des moulins ont été construits autour de ces barrages et ces lieux sont ainsi devenus des ensembles plurifonctionnels. Le pont-barrage de Šuštar est un bel exemple d'une telle entreprise. Au 10e siècle, le Band-e Amir, construit par ʿAżod al-Dowle (949-982), entre Širâz et Persépolis, assurait plusieurs fonctions et d'autres roues hydrauliques étaient installées à côté des moulins (Moqaddasi, p. 444). Le même roi prit en charge la restauration des travaux hydrauliques à Ahvâz et selon l'historien Ibn Meskaweih (10e siècle), il répara et construisit aussi à Bagdad et au Fârs (Ibn Meskaweih, VI, pp. 69-70). Au 14e siècle, Rašid al-Din Fażl-Allâh Hamedâni dépensa 700 000 *dinârs* pour la restauration du Band-e Qeyṣar, le "barrage de César", situé à Šuštar au Xuzestân (Petruchevsky, p. 167) dont le nom laisse supposer qu'il fut un de ceux que les prisonniers romains avaient dû construire dans la même province à l'époque sassanide.

Toutefois, nous ne savons pas si l'édification ou la restauration de ces complexes hydrauliques étaient dues au travail forcé des prisonniers, comme sous Šâpur Ier, ou si les habitants des régions considérées y participaient. Quelques renseignements nous sont donnés en ce qui concerne le creusement des canaux d'eau,

---

18. Son revenu surpasse ceux des autres fonctionnaires de l'État, d'après le classement établi par Minorsky dans ses commentaires du *Tażkerat al-Moluk*, p. 154.

pour lequel les Ilkhânides pratiquaient le travail obligatoire, mais payé. Une lettre de Rašid al-Din Fażl-Allâh Hamedâni à ses hommes nous apprend qu'il fallut mobiliser 20 000 personnes pour la construction d'un canal de 160 kilomètres de long. Rašid al-Din conseille de payer les ouvriers au jour par jour afin qu'ils soient satisfaits de sa politique (Petruchevsky, p. 166).

Les Ilkhânides (1256-1336) étaient des Mongols sédentarisés et tous ces travaux eurent lieu un siècle après les premières invasions mongoles en Iran au début du 13e siècle. En effet, « les Mongols, venant de régions de prairies et de forêts bien arrosées, comprenaient mal l'intérêt » des réseaux d'eau et ainsi « la conquête de l'Iran par Gengis Khân fut accompagnée de la destruction de nombreux qanâts[19]. » (Goblot, 1976, p. 6). Leurs successeurs ilkhanides, qui ignoraient le système des eaux souterraines mais voulaient néanmoins remettre en état les zones dévastées, « pour utiliser au mieux la faible quantité des eaux courantes visibles, firent exécuter tout un programme de barrages, sur le modèle de certains édifiés avant leur venue, comme par exemple, le Band-e Amir. » (*ibid.*). « Tous les barrages mongols bien connus, comme leurs prédécesseurs..., étaient des barrages-poids. Ils sont en moëllons de calcaire compact, bien dressés sur les parements, des blocs irréguliers étant noyés dans le mortier dans la partie centrale de la maçonnerie. » (*ibid.*). Mais le même Goblot que nous citons découvrit en 1956, à 25 kilomètres au sud de Qom, un barrage-voûte[20] « inconnu des autorités et des voyageurs, le barrage de Kebar, dont les caractéristiques mongoles étaient très nettes, aussi bien dans l'ouvrage lui-même que dans les réservoirs, *âbanbâr*, situés en aval et qui était jusqu'ici attribué au grand ingénieur que fut François Zola, le père de l'écrivain, aux environs de 1840. Cet ouvrage de 55 mètres de long, 26 mètres de haut, et de 32 mètres de rayon de courbure, présente des caractéristiques très modernes dans leur conception, étant donné l'époque à laquelle il a été édifié. ». L'examen des débris de poteries met la date de la construction du barrage vers la fin du 13e et le début du 14e siècles. Selon l'estimation de Goblot, sa construction a duré 4 ou 5 ans[21] (*ibid.*, p. 7).

« La découverte de ce barrage-voûte en a entraîné d'autres auxquels on n'avait pas porté attention auparavant. ». Ainsi, l'un d'eux fut repris en sous-œuvre sous Šâh 'Abbâs Ier (1587-1628) à Ṭabas au Xorâsân, bien que de manière incomplète (*ibid.*). C'est que les Safavides étaient plutôt des constructeurs de ponts-barrages.

19. Outre les *qanâts*, tout le réseau de distribution des eaux fut endommagé par les Mongols. Ḥâfeẓabru, nous donne à ce sujet l'exemple de Marv (Ḥâfeẓabru, p. 62).

20. « Un barrage-voûte reporte la majeure partie de la poussée sur les rives par des effets d'arc. La stabilité de ce genre d'ouvrages diffère essentiellement de celle du barrage-poids, laquelle résulte d'une certaine inégalité entre la poussée de l'eau, variable, et le poids qui est immuable. Ici, au contraire, les réactions d'appui croissent en raison directe de la poussée de l'eau. Plus elle augmente, plus fortement elle applique l'ouvrage contre le sol » (Goblot, 1967, p. 121).

21. Le plus ancien exemple de barrage-voûte se trouve « dans les montagnes des Alpilles, qui avoisinent le site de Glanum, près de la ville actuelle de Saint-Rémy-de-Provence, et destiné, évidemment, à l'alimentation de cette ville romaine ». Ainsi « plus d'un millénaire s'est écoulé entre la petite ébauche de Glanum, et l'ouvrage beaucoup plus important et plus complet de Kebar, en Iran ». (Goblot, 1967, p. 113 et 122).

« Un très bel exemplaire de ces pont-barrages iraniens, est le célèbre "Pont Khâdjou", un des plus beaux monuments d'Ispahan, datant du milieu du 17e siècle, sur le modèle de ses prédécesseurs du 3e. » (Goblot, 1976, p. 6).

La construction de ces barrages et la maintenance des installations hydrauliques ne furent possible que par l'intermédiaire de l'État. Lorsque ʿAżod al-Dowle décréta la construction d'un barrage sur le Nahravân avant la crue saisonnière, le responsable du projet, par crainte des espions du roi, n'osait même pas quitter le lieu de son travail pour aller chez lui, alors qu'il habitait pourtant tout près (Ibn Meskaweih, VI, pp. 69-70). Outre cette surveillance permanente, la construction d'un barrage nécessitait une grosse dépense et la maintenance des machines qu'on y installait demandait un personnel disponible 24 heures sur 24 (*ibid.*).

Lorsque faisaient défaut les moyens colossaux ainsi déployés, rien d'étonnant à ce que ces constructions se délabrent et deviennent hors d'usage, résultat de la fragilité d'un système dépendant trop étroitement du pouvoir central. Graat Van Roggen dans sa "notice sur les anciens travaux hydrauliques en Susiane" relève une telle situation :

> « L'art hydraulique actuel (fin 19e siècle), dans cette partie de la Perse, comme dans les autres provinces persanes, s'est réduit aux plus primitifs éléments ; il est tellement en décadence que les habitants préfèrent abandonner de riches terrains de culture, plutôt que de se livrer au travail, assez difficile il est vrai, de la construction de nouveaux canaux. Du reste, ils ne sauraient plus comment s'y prendre, la pratique leur manque absolument. La signification même de plusieurs des monuments hydrauliques, laissés par leurs ancêtres, leur est inconnue. » (Graat Van Roggen, p. 207).

Cet état de fait résultait du marasme économique et social de l'Iran à la fin des Safavides et après leur chute sous les coups des Afghans (1722 -1732). Nous avons déjà relevé que l'arrivée des Mongols mit hors de service le réseau des eaux souterraines et qu'il fallut presque un siècle avant que les nouveaux dirigeants commencent à chercher des solutions pour remédier au manque d'eau.

Ce n'étaient pas seulement les installations, mais aussi la méthode de distribution des eaux qui pouvait péricliter. Nous avons déjà vu que Naṣir al-Din Ṭusi s'occupa de rétablir cette méthode dans certaines régions touchées par l'invasion des Mongols. Le même phénomène se produisit sous les Arabes et les obligea à réfléchir sur l'aspect juridique de la distribution des eaux tel que le pratiquait les Sassanides. Un historien du 11e siècle, Gardizi, nous renseigne par le biais de sources plus anciennes :

> « Après le séisme de 838/9 qui détruisit le Farġâne (la haute vallée du Syr-Daria), à Nichâbour, à la cour d'Abd-allâh ibn Tâhir (828-845), les disputes et les chicanes à propos des aqueducs souterrains tournèrent à l'aigre. L'émir 'Abd-allâh ne savait que répondre aux propriétaires des *kâriz* (aqueducs souterrains), car dans les ouvrages de droit musulman et dans les traditions mahométanes de l'époque on ne trouvait encore aucun article de loi traitant d'aqueducs souterrains. De guerre lasse et ne sachant que répondre aux plaignants, l'Emir eut recours à tous les *faqihs* (juristes) de la Parthyène (Khorâsân) et même à quelques-uns de la Médie (Iraq-Perse et Iraq-

> Chaldée) ; finalement, en collationnant les opinions de tous ces juristes, on constitua un livre des lois islamiques (*ahkâm*) concernant les *kâriz* et on l'appela *ketâb-e qinâ* auquel on donna force de loi. Ce code existe encore aujourd'hui (11e siècle) et c'est à lui que les cadis se réfèrent pour trancher les différends au sujet des aqueducs. » (Maẓâheri, 1973, p. 153).

C'est dire que tous les conquérants de l'Iran, un jour ou l'autre, furent obligés de céder devant les impératifs d'un système dont les secrets n'étaient connus que des Iraniens, et ceci pour finir par obtenir ce qui en Occident est aussi banal que l'air.

DEUXIÈME PARTIE

LES MACHINES

Qu'est-ce qu'une machine?

Question apparemment simple mais en réalité suffisamment complexe pour avoir suscité des réponses contradictoires et des débats. Sans prétendre apporter de nouvelles vues sur la question, nous tenterons néanmoins de nous arrêter à une définition qui puisse convenir au pays et à l'époque de notre étude, c'est-à-dire à l'Iran "médiéval".

Si l'on se réfère au "premier grand morphologiste des machines", Reuleaux, nous devons constater qu'en 1877, une machine est pour lui « un assemblage de corps résistants, disposés de manière à obliger les forces mécaniques naturelles à agir, en donnant lieu à des mouvements déterminés » (Reuleaux, p. 37). Définition classique, mais contestée en 1950 par Mumford qui reproche à Reuleaux de laisser de côté « la grande catégorie de celles qui sont actionnées par la force humaine » (Mumford, p. 19), interprétant le terme "forces mécaniques naturelles" employé par Reuleaux dans le sens de forces non humaines. Mumford propose alors sa propre définition des machines : « des complexes d'agents non organiques ayant pour but de convertir l'énergie, d'accomplir un travail, d'accroître les capacités mécaniques ou sensorielles du corps humain, ou de réduire à un ordre et une régularité mesurables les phénomènes de la vie » (*ibid.*, p. 20).

En 1954, Usher reprend Reuleaux et constate qu'il insiste plutôt sur les parties individuelles d'une machine que sur la suite des mécanismes : ainsi, pour lui, un tournevis est aussi une machine (Usher, p. 117). Or, il faut noter qu'au Moyen Age, la période qui nous intéresse, les mécanismes isolés des machines n'étaient pas connus des savants, et c'est ce que souligne Reuleaux :

> « Dans les premiers temps, chaque machine était considérée comme un tout, composé de parties qui lui étaient propres. À de rares exceptions près, les yeux de l'esprit ne distinguaient pas encore, dans les machines, les groupes de pièces que nous désignons aujourd'hui sous le nom de mécanismes. Un moulin était un moulin, un bocard était un bocard, et pas autre chose. C'est pour cette raison que, dans les plus anciens traités, chaque machine se trouve décrite entièrement, du commencement jusqu'à la fin .» (Reuleaux, p. 11).

En l'absence de connaissance des mécanismes, une part non négligeable de hasard intervenait dans la construction des machines :

> « Nous ne devons pas perdre de vue que jusqu'à ce jour, le développement général de la machine s'est produit, dans une certaine mesure, sans qu'on en ait eu

nettement conscience ; c'est là ce qui imprime à l'ancien mode de production des machines un caractère tout particulier, qui ne permet pas de s'en faire une idée bien précise .» (Reuleaux, p. 253).

En un mot, on peut dire que, durant le Moyen Age, le savoir-faire l'emportait sur le savoir scientifique.

Ces caractéristiques des machines médiévales s'appliquent aussi au premier machinisme iranien. C'est probablement pour les raisons évoquées par Reuleaux que nous ne retrouvons pas dans le vocabulaire technique et traditionnel persan le mot qui peut désigner une machine. Le mot d'origine grecque, *manjanun* ou mécanique, qui pouvait éventuellement nommer les machines, n'a jamais été utilisé dans ce sens. Le mot *čarx,* qui aujourd'hui s'applique à toute sorte de roue, avait un sens bien restreint dans le passé et désignait le rouet des appareils mécaniques. De ce fait, dans certains cas, comme dans celui du moulin à vent au Sistân, il désigne l'ensemble d'une machine. Mais ce mot non plus n'avait pas un usage étendu et précis. À notre avis c'est seulement Ḥâfeẓ-e Eṣfahâni qui tente de pallier cette carence lexicale. En fait, il utilise le mot *jovâz* comme un équivalent de machine dans plusieurs cas. Son huilerie mécanique, son appareil de lissage du papier, son dispositif de fabrication de l'encre etc., sont tous désignés par *jovâz*. En fait, Ḥâfeẓ-e Eṣfahâni, parallèlement à ses inventions mécaniques, essaie d'élargir et de renouveler la terminologie technique persane dans tous les sens. Mais ces nouveaux mots comme ces nouvelles machines n'ont eu qu'une courte vie.

Ḥâfeẓ-e Eṣfahâni était l'homme des machines mécaniques. Il voulait réduire la part de l'énergie organique dans le patrimoine énergétique de l'Iran, allant à l'encontre de la tradition courante qui consistait à recourir au travail des esclaves domestiques comme remplaçant des machines hydrauliques. Mais avant que nous retraçions l'histoire du premier machinsime iranien, décrivons brièvement le rôle des esclaves domestiques dans la vie technique. En ce qui concerne le système technique iranien, la part de l'énergie humaine se manifeste de plusieurs façons : il faut tantôt attendre la capture de prisonniers étrangers pour pallier les défaillances locales et faire avancer un projet ; tantôt c'est le travail forcé des autochtones qui aide à la réalisation des grands travaux ou des caprices des tyrans. Enfin, là où existe la liberté de travail, règne un circuit ininterrompu de maintenance, de réparation et de répétition des mêmes tâches.

Il ne faut cependant pas penser que le besoin accru d'énergie humaine entraîna un recours plus intense au travail des esclaves. Bien que l'esclavage ait depuis toujours été pratiqué en Iran, il se limitait au cadre du travail domestique ou administratif : le *Qâbusnâme,* rédigé en 1064 ou 1069, nous fait part de la multitude d'esclaves en Iran médiéval. Selon leur origine, ils étaient occupés aux travaux domestiques, comme la cuisine ou le gardiennage, ou bien ils remplissaient des fonctions à la cour, musiciens ou trésoriers (Woshmgir, p. 23).

Le seul exemple de grande exploitation rurale fondée sur le travail servile apparaît sous les Abbassides dans les provinces méridionales de l'Iran et de l'Iraq, en Basse-Mésopotamie, et déboucha dans la deuxième moitié du 9e siècle sur la révolte des esclaves zang, amenés de la côte orientale de l'Afrique pour la mise en culture des marécages[1]. Au cours de cette révolte, les installations hydrauliques d'Ahvâz furent endommagées, et ne furent réparées qu'à la fin du même siècle par 'Ażod al-Dowle. Nous verrons plus loin que la même ville d'Ahvâz perdit aussi ses sucreries et plantations de canne à sucre dans cette révolte.

Le trait le plus saillant du système esclavagiste iranien relève donc du morcellement et de l'éparpillement d'une forme de l'énergie dans les unités de production privées, à savoir les maisons des notables, où elle est utilisée aussi pour la mouture, le décorticage des grains, ou bien l'extraction de l'huile. De ce fait, les propriétaires d'esclaves étaient plus indépendants sur un marché où ils n'utilisaient qu'en partie les machines éotechniques.

Ces machines, pour être construites et donc produire, non seulement doivent franchir les obstacles dressés par le manque d'eau, de bois et de moyens de communications, mais doivent aussi arriver à remplacer l'homme auprès des notables qui ont tous, par ailleurs, les moyens de mettre en œuvre une industrie basée sur l'énergie hydraulique. Dans un premier temps nous étudierons les machines, en commençant par celles qui procurent de l'eau, et ensuite nous chercherons à définir davantage les traits du système technique iranien.

---

1. L'étude la plus complète sur ce sujet est faite par A. Popovic. Il démontre bien que cette révolte fut déjà précédée par plusieurs autres, qui toutes échouèrent.

CHAPITRE VI

LES APPAREILS D'ÉLÉVATION DE L'EAU

Les définitions de Mumford et de Reuleaux que nous avons analysées précédemment nous ont permis de parvenir à la conclusion qu'on construisait bien des machines au Moyen Age, en se basant sur les acquis d'un certain savoir-faire. Parmi ces machines, nous citerons en premier lieu les appareils d'élévation d'eau qui sont alimentés par toutes les formes d'énergie. Ces appareils sont de plusieurs types dont le plus simple est un seau (*dalv*) attaché à une corde, qui, une fois rempli d'eau au fond du puits, sera remonté soit à la main soit à l'aide d'un treuil. Les appareils plus compliqués sont nombreux et Kâteb Xᵛârazmi nous donne une liste de certains d'entre eux, en usage au 10ᵉ siècle : on arrose les hautes terres avec des machines telles que *dulâb*, *dâliye*, *q̄arrâfe*, *zornuq*, *nâʿura*, et *manjanun* (Kâteb Xᵛârazmi, p. 70, Wiedemann, p. 276). Kâteb Xᵛârazmi ne décrit pas ces machines, mais d'autres sources médiévales nous permettent de connaître leurs caractéristiques.

Le *dulâb* (*dul*, seau et *âb*, l'eau) désigne en persan une roue destinée à la remontée d'eau [1]. Plus spécifique est le *q̄arrâfe* qui selon Maẓâheri s'applique à un levier à seau (Maẓâheri, 1973, p. 54), et dans ce cas doit ressembler au fameux *šaduf*, le balancier, par ailleurs absent de la liste de Kâteb Xᵛârazmi.

Selon l'auteur anonyme de *Ketâb al-Ḥâvi*[2] le *dâliye* est aussi un type de levier à seau dont le balancier s'appelle le *zornuq*, cité par Kâteb Xᵛârazmi comme une autre machine.

1. Le *čarxâb*, qui ne figure pas dans cette liste, est aussi un mot composé (*čarx* signifie la roue). Cet appareil avait une utilisation plus générale et son nom pourrait avoir été employé pour désigner une roue quelconque mais son emploi, contrairement au *dulâb*, est plutôt limité à l'Iran.
2. Rédigé vraisemblablement au cours du second quart du 11ᵉ siècle sous les derniers Buyides, à la veille de la conquête seljukide. La partie qui concerne les machines hydrauliques est traduite par Cahen et accompagnée du texte arabe.

« Les plus grandes *dâliyeh* sont celles du Fârs et de Kufa. Dans celles du Fârs, le balancier (*zornuq* dans le texte arabe, p. 118) mesure 24 coudées (11,5m); dans celles de Kufa, 20 (9,6m) et 30 (14,4m) si on compte en plus la poutrelle. Sur celle du Fârs montent 5 hommes, sur celle de Kufa 6, qui se tiennent au sommet du balancier de manière à le faire descendre et monter, et le puiseur se tient à côté du seau, qu'il abaisse, remplit et vide: on irrigue ainsi journellement de 6 à 8 *jarib* (9 à 12 ha).» (*Ketâb al-Ḥâvi*, p. 130).

Ces appareils, tous mus par l'énergie humaine, ne sont pas dépourvus de roue élévatrice et représentent différents types de balancier ou *šaduf.* Comme nous le signale le *Ketâb al-Ḥâvi*, les grands balanciers étaient connus au Fârs. Au Xuzestân, ils étaient utilisés, au 10ᵉ siècle, avec des dimensions variables (Sa'idi, p. 77), et un manuscrit anonyme d'Oxford[3], en annexe aux *Pneumatiques de Philon de Byzance*, nous donne une description d'un balancier qui était en usage à Eṣfahân (Carra de Vaux, p. 199). Tout ceci nous amène à constater que les balanciers, appareils issus de l'Antiquité, étaient toujours utilisés en Iran médiéval.

Quant au *manjanun*, il s'agit d'un nom générique qui à l'origine ne désignait que la mécanique grecque (Kâteb Xᵛârazmi, p. 235) et pourrait donc s'appliquer à la machine en général.

La *nâ'ura* enfin, la fameuse noria, est munie d'une roue élévatrice. Elle sera étudiée lorsque nous aborderons la question de la "roue persane", sujet de nombre de controverses et de recherches sur son origine, ainsi que sur son mode de fonctionnement.

Kâteb Xᵛârazmi, qui dénombre les appareils hydrauliques en usage à Marv et en Transoxiane, ne connaissait pas l'emploi de l'énergie éolienne dans l'irrigation, type d'énergie qui n'était employé qu'au Sistân pour l'arrosage (*Târix-e Sistân*, p. 12), et sur lequel nous n'avons aucun détail. Les voyageurs, comme nous le verrons, décrivent le moulin à vent de cette province sans nous laisser la moindre description technique des machines élévatrices d'eau mues par le vent.

Absent aussi de la liste de Kâteb Xᵛârazmi est le *gâvčâh*, appareil plus répandu en Iran central et méridional et qui a fait l'objet de peu d'études, bien que plusieurs voyageurs l'aient décrit depuis l'Antiquité.

LE *GÂVČÂH*

C'est Plutarque le premier qui constate que l'arrosage des jardins du roi de Perse à Suse est fait par des bœufs et «par un appareil muni de roues que l'on tourne comme une poulie. Chaque taureau ne soulève que 100 seaux par jour, et dès que ce chiffre est atteint, aucun effort ne peut le forcer à en ajouter un[4].» (Ewbank, p. 573).

3. Ce manuscrit n'est pas daté. Selon Carra de Vaux, il doit être postérieur à l'an 1354 (Carra de Vaux, p. 5).
4. Plutarque, *Moralia*, 974e et Ctesias de Cnide, *Persica* frag. 34a (Oleson, pp. 39-40).

Il s'agit donc d'un appareil à poulies qui fait remonter un seau tiré par des bœufs. La corde qui fait tourner la poulie doit être attachée d'un côté à un poids qui est le seau, puis tirée par une force qui est le bœuf lorsqu'elle passe par la jante de la poulie. 2 000 ans plus tard, ce mécanisme et cette disposition technique sont décrits par un autre voyageur d'Occident d'une façon assez complète :

> « Outre l'eau des fleuves et des canaux, ils [les Persans] ont celle des puits presque par tout le Royaume. On en tire l'eau, avec des bœufs, dans de gros seaux de cuir, qui tiennent d'ordinaire le poids de deux cents à deux cent cinquante livres. Ce seau a une gorge en bas de deux à trois pieds de long et de demi pied de diamètre, qu'une corde repliée vers le haut du puits tient toujours élevée, pour empêcher l'eau de sortir par le bout. Le bœuf tire ce seau par une grosse corde, qui tourne sur une roue pleine de trois pieds de diamètre, attachée au haut du puits comme une poulie, et l'amène à un bassin joignant, où il se vide par cette gorge, et d'où l'eau est distribuée ensuite dans les terres. Il faut observer, qu'afin que le bœuf tire plus aisément, on le fait tirer de haut en bas en une descente de quelque 30 degrés sous l'horizon, le jardinier s'asseyant sur la corde, ce qui le soulage lui-même dans son travail, et soulage également le bœuf; de manière que cet art, tout rustique qu'il paraît, est commode et de peu de dépense, ne requérant qu'un homme seul pour en faire l'usage. » (Chardin, II, p. 73).

Le Manuscrit Persan 727 de la Bibliothèque Nationale de Paris, copié au 16e siècle, décrit ce puits à poulie d'une façon moins complète que Chardin, mais il insiste sur quelques détails. On apprend que chacun des deux supports de la roue érigés de chaque côté du puits, atteint une hauteur d'environ 3 mètres[5]. Une planche en bois est posée sur chaque support dont le milieu est creux. L'arbre qui traverse la roue est une poutre aux extrémités de laquelle sont ajoutées deux barres en fer, *mil*, qui sont placées dans les cavités desdits supports. La corde qui joint le seau à la bête de somme peut être en cuir, et le seau peut contenir 60 litres d'eau.

Engelbert Kämpfer nous laisse un dessin des activités agricoles d'un village iranien au 17e siècle (Kämpfer, p. 208) : on y voit trois *gâvčâh*s en train de remonter l'eau de trois puits différents pour arroser les champs (Pl. IV). Ces appareils sont à une seule poulie, mais ceux à deux ou plusieurs poulies ont été aussi en pratique. Stack qui visita l'Iran vers la fin du siècle dernier, remarque qu'à Lâr, au sud de l'Iran, « les puits ont normalement 2 et quelquefois 3 poulies sur le même axe, et 2 ou 3 paires de bœufs travaillent ensemble. » (Stack, I, p. 144). Dans une autre ville de la même région, Bidšahr, 4 bœufs sont attachés à chaque roue, mais le nombre de poulies de chaque roue n'est pas précisé (Stack, II, p. 259). Peut-être est-ce le même type d'appareil que nous décrit Plutarque.

Wulff fait une estimation du volume d'eau remonté par une double poulie ; selon lui la capacité d'un seau est de 15 gallons, soit 60 litres (Wulff, p. 258). Celle qu'évaluait Chardin était de 200 à 250 livres, soit 100 à 125 litres. Selon

5. Ces supports, selon Ḥâfeẓ-e Eṣfahâni, sont construits sans l'emploi d'un liant qui pourrait être dissous au contact de l'eau et amener ainsi la destruction de l'édifice (Ḥâfeẓ-e Eṣfahâni, p. 159).

Wulff, pour un paysan, 250 aller-retours journaliers[6] paraissent suffisants et ainsi avec 7 500 gallons (250 x 2 x 15) on peut facilement arroser en rotation les jardins maraîchers.

La disposition de la poulie pouvait prendre d'autres formes. D'Allemagne donne le schéma d'un *gâvčâh* en Iran central, dont la poulie se trouve à côté de la bouche du puits (d'Allemagne, I, p. 53). Elle est installée verticalement dans une sorte de cage, et le bœuf en montant ou en descendant embobine ou débobine la corde, dont l'autre extrémité est attachée à un seau (fig. 2). Cette machine était toujours en fonction en Susiane, la région de référence de Plutarque, lors de la mission de Graat Van Roggen au début de ce siècle. Mais elle remontait alors au niveau du champ l'eau d'un canal. Le nom de l'appareil s'était transformé en *čâhâb*, terme qui conserve néanmoins la notion de puits, *čâh*, probablement parce qu'il fut à l'origine destiné à remonter l'eau du puits.

Figure 2 – Un procédé d'irrigation en Iran central. (d'Allemagne).

Graat Van Roggen accompagne son texte de deux dessins, avec une barre d'échelle, que nous reproduisons intégralement (fig. 3) :

> « Une construction en maçonnerie (M), bâtie au bord de l'eau, sert de point d'appui à deux rouleaux (R) et (r) sur lesquels glissent deux cordes (C) et (c), dont une extrémité est tirée par un bœuf. À l'autre bout de la corde (C) est suspendue un sac en cuir (S), tandis que l'autre corde supporte l'embouchure d'un tuyau en cuir (t) qui termine le sac. Quand le bœuf descend, en partant du point plus élevé de la pente, près de l'égout (e), il tire sur les deux cordes dans le sens de la flèche, et fait remonter le sac rempli d'eau. Le tuyau remonte en même temps et l'embouchure en

6. Le nombre d'aller-retours cité par Wulff est bien supérieur à celui donné par Plutarque, soit qu'en l'espace de 26 siècles une amélioration technique se soit produite, soit que la descente fût inexistante à l'époque de Plutarque, soit tout simplement que les seaux aient été plus grands.

> reste plus élevé que la partie supérieure du sac, ce qui empêche l'écoulement du contenu du sac. Quand ce tuyau est arrivé à la hauteur du rouleau (r), le sac se trouve encore en dessous de ce rouleau, et tandis que celui-ci monte jusqu'au rouleau (R), le tuyau est tiré dans l'égout (e). L'eau s'écoule dans cet égout qui la conduit dans les champs à arroser, et, en quelques secondes, l'appareil est prêt à redescendre. Après la vidange du sac, le bœuf remonte la pente, ce qui fait descendre le sac jusqu'au niveau de l'eau, où il se remplit de nouveau, et le même jeu se répète. On trouve des *châh-âb* doubles, triples et quadruples, selon qu'on fait usage de deux, trois ou quatre bœufs. » (Graat Van Roggen, pp. 181-2) .

Le mécanisme de fonctionnement de ce système, à quelques détails près, ressemble à celui du *gâvčâh*, mais son rendement, selon les calculs de Graat Van Roggen, est bien supérieur à celui du *gâvčâh*. Or, cela nous semble impossible car il s'agit bien du même système : suivant les calculs de Graat Van Roggen « avec ces appareils (*čâhâb*) on peut remonter de 18 000 à 20 000 litres d'eau par heure et par bœuf. » (*ibid.*). L'évaluation de Wulff d'un double *gâvčâh* est de 7 500 gallons, soit 30 000 litres par jour et 15 000 litres par bœuf ; pour une journée de 8 heures on peut donc estimer le volume d'eau remonté par bœuf et par heure à 2 000 litres.

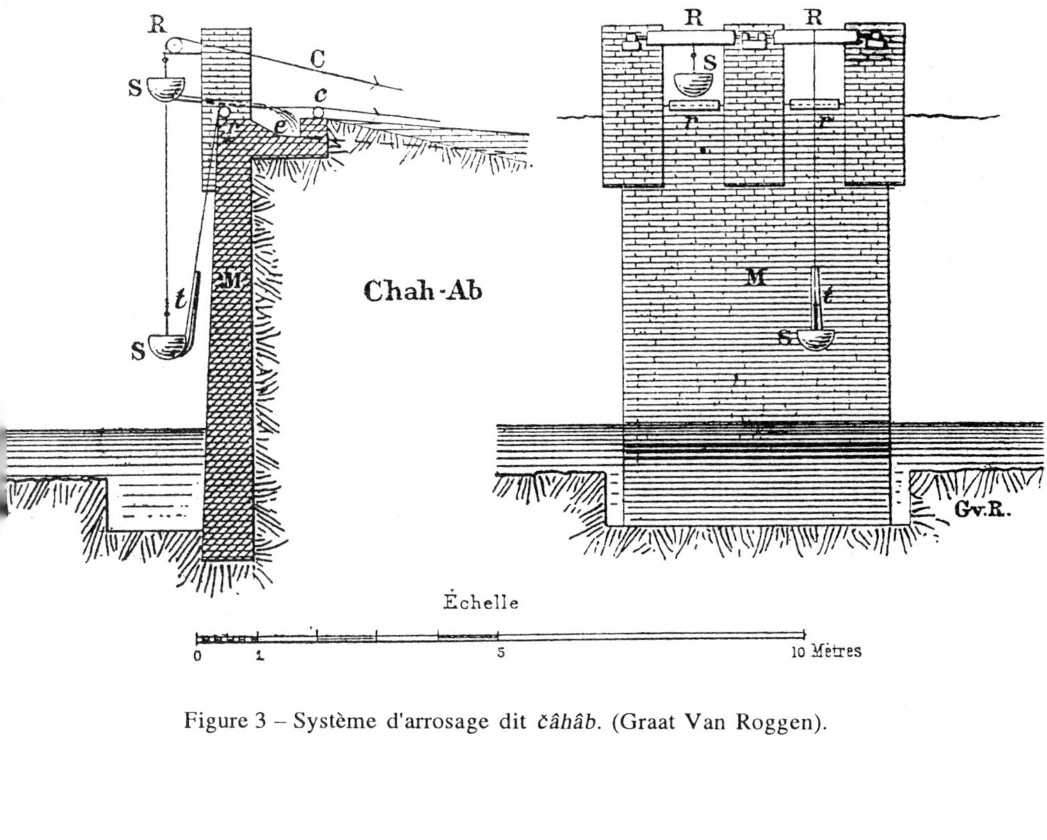

Figure 3 – Système d'arrosage dit *čâhâb*. (Graat Van Roggen).

En conséquence le rendement d'un *čâhâb* est 10 fois plus important que celui du *gâvčâh*. Graat Van Roggen a dû se tromper de chiffres, car pour remonter un tel volume par heure et par bœuf, chaque animal a besoin de 180 à 200 aller-retours par heure, si on prend un seau d'une grande capacité de 100 litres[7]. La performance est physiquement impossible et il nous semble plus raisonnable d'estimer le rendement à une moyenne de 5 000 litres par heure et par bœuf.

L'utilisation du *gâvčâh* ne se limite pas aux villages et à l'arrosage des champs et des jardins. D'après Reżâ Eṣfahâni, on l'utilise en 1870 dans « tous les bains, mosquées et écoles, ainsi que pour l'arrosage des jardins à l'intérieur des grandes maisons et des jardins en général au moment d'une pénurie d'eau. » (Reżâ Eṣfahâni, p. 55).

Tâbeš décrit cette installation, destinée à l'approvisionnement de l'eau d'un bain public construit vers la fin de 17e siècle à Eṣfahân. L'appareil remonte l'eau jusqu'au toit du bain pour remplir le réservoir d'eau. Deux personnes y travaillent et on doit être vigilant pour ne pas laisser l'animal tomber dans le puits (Tâbeš, p. 662).

Lors de la restauration de la Mosquée du Vendredi à Eṣfahân, E. Galdieri et son groupe découvrirent, tout à fait par hasard, le dessin d'un *gâvčâh* caché sous des couches oxydées de peinture sur une petite coupole (Galdieri, pp. 56-8). En comparant ce dessin avec l'agencement d'une série de pièces dans la même partie de la mosquée, il devint clair que ces pièces constituaient elles-mêmes un *gâvčâh*, avec le lieu de passage des bœufs, *gâvrâh*, incliné à 18 degrés, ainsi que les bassins et la citerne ou *âbanbâr* (*ibid.*, pp. 58-9). La construction de cette partie de la mosquée peut remonter au 9e-10e siècles (*ibid.*). Ce système servait à l'approvisionnement d'eau pour l'ablution des pèlerins et selon Galdieri, il diffère de ceux des champs sur deux points : d'abord il n'est pas à ciel ouvert, ce qui à notre avis fait apparaître un genre rarissime de *gâvčâh*, ensuite, vu la largeur du passage, 2,10 mètres, il est évident qu'il a été prévu pour le passage d'un seul animal[8] (*ibid.*).

Le *čâhâb* est d'un usage fréquent dans d'autres pays que la Perse, et on le trouve dans l'Arabistan (Graat Van Roggen, p. 180), tandis que le *gâvčâh* – *môt* en indien – est attesté par Mukriji aux Indes : les *môts* simple ou double y étaient toujours en usage au début de ce siècle, et on en trouve même qui sont dépourvus d'un système automatique de versement d'eau, ce qui exige le travail constant d'une personne supplémentaire pour l'accomplissement de cette tâche (Mukriji, p. 120 et 122). Que l'appareil dépeint par Plutarque ait été de ce dernier genre, voilà qui n'est pas sûr ; mais il est certain que, depuis, l'utilisation de cet ensemble technique s'est répandue, au moins en Perse, du village à la ville.

---

7. Un *môt* indien, tiré par deux bœufs, ne fait que 90 trajets par heure pour soulever un seau de 100 litres (Mukriji, p. 121).
8. La description de Chardin et le dessin de Kämpfer attestent que l'usage d'un passage réservé pour un seul agent existait aussi dans les champs : on ne peut donc, comme Galdieri, inférer de ce passage qu'il s'agit d'un critère de distinction entre des appareils à ciel ouvert ou couvert.

LA ROUE PERSANE

L'autre appareil qui servait à la remontée de l'eau était "la roue persane", objet de nombre de polémiques, tantôt sur son origine, tantôt sur son nom et son mode de fonctionnement. Un article de B. Laufer "The Noria and the Persian Wheel" rejette toutes les tentatives des égyptologues et assyriologues pour trouver une origine non-iranienne à cette machine actuellement utilisée dans les pays qui les intéressent (Laufer, 1933, p. 241). Le fait qu'au 3e siècle de notre ère, le moulin à eau fut construit par Tu Yu en Chine sur un modèle venu d'Asie occidentale et qu'une noria fut érigée en même temps par Ma Kun dans le même pays, conduit Laufer à conclure que ces deux événements ne se produisirent pas par miracle, mais que ces deux ingénieurs puisèrent leurs idées dans des plans préexistants importés de quelque part en Asie centrale, la Sogdiane de préférence, c'est-à-dire le nord-est du monde iranien (*ibid.*, pp. 247-48). Toutefois, un autre éminent sinologue, J. Needham, remet en question la conclusion de Laufer et attribue à l'Inde l'origine de la noria (Needham, 1954-74, IV, pp. 360-61). Needham critique à juste titre Laufer sur son manque de précision dans les distinctions établies entre les différentes roues hydrauliques destinées à la remontée de l'eau. En fait, la source de ce flottement sur l'origine de la roue persane ou de la noria vient d'une confusion entre deux appareils d'élévation de l'eau, l'un actionné par un agent, l'autre mû par le courant d'eau, et tous deux appelés "roue persane" ou "noria" par plusieurs chercheurs. De plus, la première catégorie d'appareils regroupe, par une autre confusion, deux types de machines, l'une munie d'une corde sans fin à laquelle sont attachés des vases (*saqiya*) ; l'autre qui a ses récipients fixés autour de sa circonférence. Needham est conscient de cette dernière distinction, que néglige Laufer mais la première lui échappe : il ne différencie guère l'énergie animale ou humaine de l'énergie hydraulique, et de la sorte la noria, quelle que soit sa force motrice, devient une invention indienne, dont la diffusion fut accomplie, dans le monde hellénistique au 1er siècle avant notre ère, et en Chine au 2e siècle ap. J.-C. (Needham, 1954-74, IV, pp. 361-62).

Notons pour notre part que cette roue, mue par l'énergie hydraulique, n'est jamais citée, quelque taille qu'elle puisse avoir, parmi les exemples que relève Laufer sur l'Inde (Laufer, 1933, p. 231, 243 et 244), ni dans l'article succinct de A. K. Coomaraswamy qui traite la question de "la roue persane" (Coomaraswamy, p. 283-84)[9], pas plus que dans l'œuvre de Jaubert de Passa consacrée à l'arrosage dans le monde antique et qui relève aussi le cas des Indes d'après les voyageurs européens du début du 19e siècle (Jaubert de Passa I, p. 238-39). On ne la trouve pas non plus parmi les citations de Needham. Le seul exemple que Laufer découvre dans la littérature sanskrite ne mentionne aucunement l'énergie hydraulique comme force mouvant la roue : « Sa main droite tourna un rosaire, comme une roue

9. D'après Coomaraswamy, cette roue persane est bien connue dans le nord des Indes et ses représentations dans les dessins de l'Inde moghole sont fréquents (Coomaraswamy, pp. 283-84).

persane[10] munie d'augets, qui remonte l'eau du puits de joyeuses émotions.» (Laufer, 1933, p. 244, cite *Harsha-Charita* de Bana). Or, il faut songer que la roue qui élève l'eau stagnante et immobile d'un puits ne peut être tournée que par une énergie non-hydraulique: la rotation de la roue qui inspire ce verset n'était donc possible qu'à l'aide d'un animal ou d'un homme.

De plus, ce verset de *Harsha-Charita* évoque un mécanisme qui ressemble en fait à celui des *saqiya*s. En effet, tourner dans la main "un rosaire comme un dispositif pourvu d'augets", relève plutôt de l'analogie qui existe entre le rosaire et la corde sans fin utilisée dans les *saqiya*s, que d'une ressemblance avec les augets fixés sur la périphérie d'une roue hydraulique.

Un ouvrage de Schioler sur les appareils d'élévation d'eau romain et islamique donne une définition totalement nouvelle et arbitraire de la noria: selon que l'arbre de transformation du mouvement, dans une machine à corde sans fin, est court ou long, cette machine serait une noria ou une *saqiya* (Schioler, p. 12-13, fig. 2, 3, 4). En réalité, quelle que soit la longueur de l'arbre, l'appareil reste toujours une *saqiya*. En effet, alors que Schioler classifie tous les appareils d'élévation d'eau en deux grands groupes, selon qu'ils sont ou non munis d'un système d'engrenage (*ibid.*, p. 11), il oublie que dans ce deuxième groupe existent des appareils qui, dépourvus de corde sans fin, ont à leur périphérie des augets fixes. Ces machines, de ce point de vue, ressemblent à celles du premier groupe, à ceci près que la force motrice est produite par l'énergie animale au lieu de celle de l'eau ou de l'homme.

Oleson, dans un ouvrage assez récent, ne classe pas non plus ces machines selon la source d'énergie qui les fait mouvoir. Sa classification distingue deux grandes catégories: les roues munies d'une corde sans fin (*pot-wheel*) et celles qui en sont dépourvues. Dans ce dernier cas, tantôt on attache les godets directement à la roue (attachement ouvert), tantôt on divise la roue en compartiments (attachement fermé). Les machines de ces deux catégories peuvent être munies d'un système qu'Oleson appelle *saqiya gear*, engrenage de type *saqiya*. En fait, pour Oleson, la machine dite *saqiya* n'existe pas, et il parle plutôt d'engrenage de type *saqiya* (Oleson, pp. 9-12).

Quant à nous, nous préférons intégrer dans notre principe de classification la notion de l'énergie appliquée aux roues hydrauliques. Nous aboutissons ainsi à trois catégories de machines à remonter l'eau, dotées d'une roue élévatrice:

a) Les machines qui, mues par l'énergie hydraulique, n'ont aucun système d'engrenage et sont dépourvues de corde sans fin comme moyen de fixation des récipients d'eau.

---

10. Il n'est pas évident que le texte sanskrit ait utilisé le terme "roue persane" pour désigner cet appareil. En attendant d'avoir accès au texte original, on opte pour une traduction arbitraire de Laufer, qui nomme "roue persane" toutes les roues hydrauliques, sans distinction. La *saqiya* dans de nombreux cas est appelée par les Européens qui visitaient les Indes "la roue persane", vocable souvent suivi du nom indigène, *rahet* : cette machine est décrite, en détail, par un officier anglais en 1808 : « On emploie, dans les environs de Pataita (au Pandjab), la roue persane. J'ignore l'origine de cette dénomination ; ici où elle est d'un usage général, les habitants, qui s'en regardent comme les inventeurs, lui donnent le nom de *rahet* » (Cité par Jaubert de Passa, I, p. 238-39).

b) Les machines mues par l'énergie animale, qui ont un système d'engrenage et sont dépourvues de cette corde sans fin.

c) Les machines mues par l'énergie animale, qui ont un système d'engrenage et sont munies d'une corde sans fin comme moyen de fixation des vases d'eau.

Ces catégories peuvent être schématisées de la façon suivante :

Fixation des godets / Énergie	Roue à godets	Chaîne à godets
Hydraulique	Noria (A)	
Organique	Dulâb (B)	Saqiya (C)

Le terme *saqiya*, qui à l'origine signifiait "le conduit d'eau", désigna plus tard l'ensemble de l'appareil, dont nous constatons qu'il ne figure pas dans la liste des machines citée par Kâteb X^{v}ârazmi. Selon le *Ketâb al-Ḥâvi*, la noria est une "machine de bois tournante", et le *dulâb* est analogue à celle-ci, "avec la différence que la noria tourne plus vite". En fait, la noria tourne plus vite parce qu'elle est mise en mouvement par la force du courant d'eau. Le *Ketâb al-Ḥâvi*, qui donne le rendement du *dulâb*, évoque le fait qu'il peut être mû par un seul ou plusieurs bœufs. Par contre, en ce qui concerne le rendement de la noria, en aucun cas la question d'une quelconque force motrice animale n'est soulevée.

Ainsi la noria équivaut à notre première catégorie, la *saqiya* à la troisième, et pour la deuxième on utilise le terme générique *dulâb*.

La noria

Tout ceci néanmoins ne résout pas le problème posé par la dénomination "roue persane", qui s'applique à plusieurs engins, tantôt la *saqiya*, tantôt la noria de type syrien, tantôt la roue que nous avons classée en *b*. À plusieurs reprises, Laufer attire notre attention sur cette dénomination unique, quels que soient l'auteur ou le texte. (Laufer, *ibid.*, p. 238 et 240).

Autre énigme : celle de l'origine du terme, qui ne se trouve que sous la plume des voyageurs européens. Laufer en relève la plus ancienne attestation au 17e siècle, sans que l'on sache quand le mot fut forgé – peut-être tardivement – ni s'il était d'usage en Perse même. À l'examen, il apparaît qu'un de ces systèmes était appelé en Iran même *dulâb-e rumi* , "la roue romaine". Dans son histoire de Šuštar, Seyyed ʿAbd-Allâh Šuštari (1700-1759) cite une machine d'élévation de l'eau parmi les nouveautés que les prisonniers romains introduisirent à Šuštar au 3e siècle de notre ère : « le *dulâb-e rumi* remonte l'eau très facilement du périgée de la terre à l'apogée du ciel et il est actuellement en usage. » (ʿAbd-Allâh Šuštari, p. 8).

Vers 1800, un autre Šuštari, ʿAbd al-Laṭif Šuštari, rédige aussi une histoire de sa ville natale, qu'il intitule *Toḥfat al-ʿâlam*, et il y décrit plus clairement cet appareil, toujours considéré comme une importation romaine :

> « Le *dulâb-e rumi* ou *čarxâb*, sans l'aide de l'homme ni d'un autre agent, élève très facilement l'eau du bas de la terre au sommet du ciel. Pendant ma jeunesse quelques-unes de ces roues fonctionnaient toujours dans les jardins au bord du Korkor. Maintenant j'ai entendu qu'elles sont délabrées et ont disparu. » (ʿAbd al Laṭif Šuštari, folio 24B).

À travers ce bref passage, nous obtenons les informations suivantes :

— Le *dulâb-e rumi* est un appareil à élever l'eau qui utilise comme force motrice le courant de l'eau.

— Les roues mues par l'homme ou un agent étaient connues à cette époque en Susiane. De plus, l'auteur du second passage accorde une sorte d'infériorité technologique à ces deux types de roue par rapport à celle qui est mue par l'eau : le fait que cet appareil fasse l'économie de l'énergie humaine ou animale lui paraît un avantage non négligeable.

— Le *dulâb-e rumi* fut construit par les prisonniers romains au sud-ouest de l'Iran au 3e siècle de notre ère et il s'agissait alors d'une nouveauté ; selon toute probabilité, cette machine hydraulique a donc bien eu une origine romaine en Iran.

— Les termes poétiques qui donnent les dimensions de cette roue (du périgée à l'apogée) permettent de penser qu'elle était remarquable par sa grande taille.

— Cette roue porte deux noms différents : *dulâb-e rumi* ou *čarxâb*. Mais le fait qu'on l'ait qualifiée de romaine montre bien qu'à cette époque, d'autres types de roue (*dulâb* ou *čarx*) étaient connus en Perse et que c'est pour distinguer la nouvelle des anciennes ou d'une ancienne, qu'on lui attribua une épithète d'origine. La raison en était peut-être que la nouvelle roue était justement d'une taille considérable, par rapport à celles qui étaient déjà employées lors de son apparition en Iran, et qu'en plus elle était mue par un courant d'eau, et non pas par une traction animale ou humaine.

— Les derniers exemplaires de ces roues disparurent en Susiane au 18e siècle et en l'espace d'une cinquantaine d'années : c'est que la maintenance d'une telle roue, même de dimensions plus modestes, exigeait beaucoup de dépenses[11]. Nous avons déjà montré que la construction de ces roues se faisait toujours sous l'égide d'une autorité puissante, car la réalisation d'un tel appareil dépassait les faibles moyens des individus. C'est ainsi que les roues de Šuštar ne fonctionnaient plus au début du 18e siècle, alors que la situation économique de l'Iran était catastrophique.

C'est de toute évidence une telle roue que le géographe persan Mostowfi observa au 14e siècle à Dezful, une autre ville de la Susiane, et qu'il décrit comme un

---

11. Voir l'exemple que nous en donnons au chapitre suivant.

grand *dulâb* qui remonte l'eau d'une cinquantaine de coudées, soit 25 mètres, à partir d'un canal creusé dans les roches proches de la rivière : cette roue approvisionnait la ville en eau (Mostowfi, p. 132). On retrouve la même description, à quelques détails près, sous la plume de Yâqut, le seul géographe arabe qui ait visité cette ville (Yâqut p. 231).

Le fait que Mostowfi n'ait pas attribué cette machine aux Romains peut être expliqué par l'existence d'une tradition propre à la Susiane, que les histoires locales n'enregistrent peut-être pour la première fois qu'au 18e siècle. Dans l'ignorance de l'origine de la roue, Mostowfi se contente de la décrire, en raison de sa taille impressionnante qu'il ne retrouve – pas plus que Yâqut – dans aucune autre contrée de l'Iran.

Cette machine semble donc n'avoir existé qu'en Susiane. Toutefois, nous en trouvons une au Fârs, mentionnée par le géographe arabe Moqaddasi au 10e siècle : il cite tout d'abord des machines (*davâlib* pluriel arabe de *dulâb* persan) mues par le courant d'eau et installées au bord des fleuves d'Ahvâz, une autre ville de la Susiane. Connues sous le nom de *navâʿir*, pluriel de *nâʿura*, soit la fameuse noria, (Moqaddasi, p. 411, Wiedemann, 1906, p. 287), ces roues hydrauliques fonctionnaient toujours au 9e siècle en Susiane, et nous avons vu qu'ʿAżod al-Dowle les répara au siècle suivant. Ce sont peut-être ces réparations qui lui suggérèrent de réaliser des travaux hydrauliques semblables non loin de sa capitale de Širâz au Fârs. En effet, Moqaddasi remarque que sur le Band-e Amir on installa 10 *dulâb*s « comme ceux de Susiane pour remonter l'eau plus haut et sous chaque machine un moulin à eau fut érigé. » (Moqaddasi, p. 444, Wiedemann, 1906, pp. 288-89). Il s'agit là, hors de la Susiane, du premier exemple en Perse d'une roue mue par un courant d'eau.

Par leur taille, seules les norias de Ḥama en Syrie sont comparables à ces immenses roues hydrauliques de la Susiane et du Fârs : la plus grande roue à Ḥama, construite par Ibn ʿAbd al-Q̄ani al-Ḥanafi (1168-1251), atteint un diamètre de 25 mètres (70 pieds) (Needham, 1954-74, IV, p. 360). Ce sont aussi ces roues de Ḥama que les lexicographes arabes désignent comme noria, roue élévatoire que l'eau fait tourner (Colin, p. 41). Cela va de pair avec notre classification des roues hydrauliques, et confirme que la noria, comme le remarque Moqaddasi à propos des roues hydrauliques de la Susiane et du Fârs, était mue par l'eau.

C'est toujours en Syrie, à Apamée, qu'une mosaïque du 2e siècle de notre ère révéla une noria (*ibid.*) dont on ne sait si elle copiait une roue mue par l'eau, l'homme ou un autre agent. Par contre, Vitruve décrivit vers l'an 30 avant notre ère une machine qui peut fonctionner avec l'énergie humaine ou la force hydraulique :

> « Il faut faire autour de l'essieu une roue assez grande pour atteindre à la hauteur où l'on veut élever l'eau, et autour de la circonférence de la roue attacher des augets de bois enduits de poix et de cire ; on fait tourner cette roue par des hommes qui marchent dedans, et, par ce moyen les augets remplis d'eau seront élevés jusqu'au réservoir placé en haut, où ils verseront eux-mêmes, en se retournant, l'eau qu'ils contiennent, ayant alors leur ouverture tournée par le bas. » (Vitruve, X. IV).

Un peu plus loin notre auteur montre que la même roue peut être installée au bord d'une rivière et être mue par l'eau (X. V). Par contre, il ne mentionne pas la façon dont on attache les augets à la périphérie de la roue : ceux-ci peuvent être tantôt fixés, tantôt suspendus à la roue. Dans le deuxième cas, le récipient qui est normalement en bois reste vertical le long de son parcours ascendant et ne perd pas d'eau. À la fin de ce parcours, tout en haut, les vases se heurtent à une barre fixe et se vident dans la conduite d'eau (Ewbank, p. 115).

Un récit de voyage en Chine écrit par J. Barrow en 1804 relève cette différence en ces termes : « les roues hydrauliques actuellement en pratique en Syrie diffèrent de celles de Chine en ayant les augets suspendus à la circonférence au lieu des tubes fixes. » (Laufer, 1933, p. 246). Apparemment, c'est la technique syrienne qui se trouvait en Iran. Wiedemann cite un autre manuscrit de Moqaddasi, selon lequel les roues susmentionnées de Širâz furent équipées de caisses ou cases en bois (Wiedemann, p. 289) ; ce qui peut nous laisser supposer qu'elles étaient suspendues autour de la roue. Et comme la roue de Širâz fut calquée sur celle de la Susiane, on peut penser que cette dernière était munie d'un tel système. Ainsi, les ressemblances entre les roues syriennes et iraniennes renforcent l'affirmation de nos historiens de Šuštar, selon laquelle les grandes roues hydrauliques de la Perse eurent une origine romaine[12].

Le *dulâb*

Retournons en Sogdiane où l'hypothèse de Laufer classe plus clairement les roues hydrauliques. Malheureusement Laufer ne nous donne aucun exemple concret d'emploi de ces roues hydrauliques dans le pays où, selon sa thèse, "la roue persane" prit naissance : c'est que le type exact des roues employées en Sogdiane durant l'Antiquité et le Moyen Age est absent de nos documents qui se contentent de mentionner les appareils. Au 10e siècle, l'auteur anonyme du *Ḥodud al-ʿâlam* constate qu'à Bazde en Transoxiane l'eau était tirée des puits par un *dulâb* (*Ḥodud al-ʿâlam*, p. 114). Quatre cents ans plus tard, Ibn Baṭṭuṭa remarque les machines hydrauliques de Samarqand, ville principale de la Sogdiane, sans préciser le mécanisme de leur fonctionnement : « Samarqand est bâtie sur le bord d'une rivière nommée rivière des Foulons[13], et couverte de machines hydrauliques qui arrosent des jardins. » (Ibn Baṭṭuṭa, IV, p. 294). Ce n'est qu'au début de ce siècle que Schwarz et Moser nous laissent un témoignage sur les roues hydrauliques du Turkestan et de l'Asie Centrale. Schwarz en dépeint une, mise en rotation par l'eau d'un canal. De petite taille, cette roue a un diamètre de 6 mètres et à sa circonférence sont attachés des pots en terre (Laufer, 1933, p. 242).

---

12. Il est difficile d'imaginer que la noria, née aux Indes, ait traversé l'Iran et atteint le monde hellénistique, sans y laisser de trace. En fait, il est plausible que le *dulâb-e rumi* ait en Iran une origine hellénistique.
13. Ibn Baṭṭuṭa semble avoir confondu deux rivières : celle qui passe à Samarqand s'appelle Zarafšân, tandis que la rivière des Foulons est celle de Naxšab, une autre ville de Sogdiane.

L'usage de ces roues était toutefois assez rare dans ces régions, en raison des réparations fréquentes qu'elles nécessitaient, et surtout de l'abondance de l'eau (*ibid.*)[14]. Par contre, Schwarz constate la présence du même système chez les Kirghizes, mais mû par l'énergie animale, ce qui s'explique par la grande quantité de bêtes de somme qu'ils possèdent (Laufer, *ibid.*, p. 242). Cet appareil, appelé "cigir" en turc, est bien décrit par Moser :

> « Il se compose essentiellement d'une roue en bois, de 3 à 4 mètres de diamètre, tournant dans un plan vertical au dessus d'un puisard de façon à ce que la circonférence de la roue plonge, en bas de sa rotation, au dessous du niveau de l'eau. Sur le pourtour de la circonférence sont fixés, à des intervalles convenables, des cruchons de poterie ou de bois évidé, obliquement au rayon de la roue, de façon qu'ils s'emplissent dans le puisard, puis se déversent à la hauteur voulue dans un canal récepteur. À l'aide d'un engrenage à roues dentées en bois, le *tchigir* (*cigir*) est mis en mouvement par un cheval, un chameau, un bœuf, un âne ou quelquefois plusieurs de ces bêtes de somme disparates accouplées ensemble. Cet appareil peut élever de 4 à 5 mètres cubes d'eau à l'heure.» (Moser, p. 266, Laufer, *ibid.*, p. 242-43).

C'est cette machine, telle qu'elle est décrite par Moser, qui est appelée "la roue persane" par les habitants de Boxârâ (*ibid.*). Nous tenons ici le seul exemple où les habitants même d'une région d'Iran désignent une machine élévatoire d'eau par le terme de "roue persane". Ce qu'il y a de curieux, c'est que les Sogdiens soient les inventeurs de cette désignation. En effet, si "la roue persane" était une invention sogdienne, c'est à dire persane, comme le propose Laufer, il n'y aurait aucune raison pour que les habitants de cette région attribuent à un appareil, conçu et construit par eux-mêmes, le nom de leur pays. Il est donc probable que les habitants de Boxârâ rencontrés par Moser n'étaient pas de souche proprement iranienne et que pour eux cette machine avait gardé le nom qu'ils lui avaient donné lorsqu'ils avaient conquis ces contrées de l'Iran à la chute de l'empire sassanide.

Si l'on ne trouve nulle trace de la roue hydraulique entre le Turkestan et Širâz, par contre le *dulâb* apparaît en Iran central. Dans son ouvrage sur Eṣfahân, Reżâ Eṣfahâni décrit ainsi la mise en œuvre de cette roue au 19e siècle (Eṣfahâni, 1988) :

> « On construit le puits en carré à l'endroit où la surface de l'eau ne se trouve qu'à 2 ou 3 mètres du sol. On installe sur ce puits une roue de telle sorte qu'elle pénètre de moitié dans l'eau du puits. On y installe les mécanismes [système d'engrenage] et

14. L'usage de cette roue mue par l'énergie hydraulique n'a pas été très fréquent, en Turkestan ainsi que dans l'Asie Centrale, ce qui est décelable par ce passage de Moser : « Il convient de signaler encore un système élévatoire de l'eau, inauguré par le général Annenkoff, et qui peut rendre de très grands services, alors que le niveau de l'eau des aryks est sujet à des oscillations relativement étendues. Ce système adopté déjà au Canada, se compose de deux pontons flottants donnant appui à l'axe d'une roue hydraulique médiane. Cette roue est à palettes et à auges. Elle est mise en mouvement par la force du courant, et les auges, s'emplissant au bas de leur course, viennent se déverser au point culminant. La différence du niveau atteint est donc variable avec le diamètre de la roue » (Moser, p. 268)

les bêtes de somme, comme le bœuf ou le chameau, qui font mouvoir la roue. Ainsi beaucoup d'eau coule sur la surface du sol. Cette machine s'appelle *čarxâb.*» (Reżâ Eṣfahâni, pp. 55-6).

Cet appareil est conforme à la description de Moser, et l'auteur persan de cette histoire l'appelle du nom générique *čarxâb* qui était courant en Iran[15]. C'est la même roue qu'observe Silva y Figueroa, en 1617, dans la citadelle de Lâr, au sud de l'Iran. Il remarque « qu'un bœuf [la] fait tourner » et que « l'on en tire facilement autant d'eau qu'il en faut pour abreuver toute la garnison. » (Silva y Figueroa, p. 74). On peut la comparer avec celle que mentionne Idrisi, au 12e siècle, lorsqu'il parle de "manèges mus par des chameaux" à Qom, au centre de l'Iran.

Un autre modèle de ce même *dulâb* a été signalé par J. Fryer, qui voyageait en Inde et en Iran de 1672 à 1681. Mais au lieu de récipients en terre, on accroche des sacs de cuir à la périphérie de la roue (Laufer, 1933, p. 243). Cette roue qu'il aperçut d'abord en Inde sur son chemin vers l'Iran, Fryer la nomma "roue indienne".

Le diamètre de cette roue d'irrigation nous est donné par Reżâ Eṣfahâni et Moser : il varie entre 3 à 4 mètres, ce qui paraît logique, car il ne serait pas efficace de construire une immense roue sur un immense puits. Ce dispositif, qui ne permet pas de remonter l'eau située à une grande profondeur, doit donc être installée sur des puits d'une profondeur assez faible, ou au bord des rivières. Dans les autres cas, l'emploi du *gâvčâh* est obligatoire. Si l'on songe que les rivières de l'Iran ne sont ni pérennes ni profondes, on comprend que l'usage du *gâvčâh* l'emporte sur celui du *dulâb* au centre de l'Iran.

En tout cas, la construction et la maintenance des roues hydrauliques engendrèrent le métier de *dulâbi* à Šuštar. Car dans le marasme économique que subit cette ville au 18e siècle, ʿAbd al-Laṭif Šuštari donne l'exemple d'un "*dulâbi* qui pleure de tous ses membres" (p. 105), à cause de la profondeur de sa misère. Jadis, lors de la prospérité et de l'abondance des *dulâbs*, il vivait probablement autrement.

La *saqiya*

Tout autre est l'appareil d'élévation d'eau que Mukriji nous décrit au 19e siècle au nord des Indes : muni d'une corde sans fin et mû par la main et les pieds d'un paysan (Mukriji p. 127), il semble bien que ce soit celui que mentionne *Harsha-Charita* (*cf. supra*), à une époque où il venait sans doute d'être introduit aux Indes *via* l'Iran.

Cet appareil, qui à notre avis est l'ancêtre de la *saqiya* mue par un agent, était oublié en Iran car il réapparut dans quelques textes techniques comme une machine originaire de Sind. Carra de Vaux, dans son glossaire des mots techniques des

15. A Jolfâ, le quartier des Arméniens d'Eṣfahân, J. Dieulafoy trouve la même roue hydraulique : « La roue d'une grossière machine élévatoire tourne en gémissant sur son arbre de couche et vient déverser, à la tête des rigoles d'irrigation, l'eau contenue dans les godets de bois dont elle est entourée. Quatre superbes bœufs attelés à un manège mettent en mouvement cet appareil aussi bruyant que primitif. » (Dieulafoy, 1989, p. 249).

Pneumatiques de Philon de Byzance, sous le mot *dulâb*, en fait la description sous l'entrée *dulâb-e sandi*: "la roue du Sind , qui est une roue à godets" (Carra de Vaux, p. 207). L'ouvrage où se trouve ce glossaire est une traduction arabe de l'œuvre de Philon, et Carra de Vaux en fait remonter la date au début de l'essor que prirent les sciences sous le calife Ma'mun (786-833) (*ibid.*, p. 6). Malheureusement l'appareil en question, ce "*dulâb-e sandi*", n'est pas mentionné dans le texte et nous ne savons pas d'où Carra de Vaux tient sa référence, et donc à quoi ressemblait vraiment ce *dulâb*.

C'est dans l'ouvrage d'al-Jazzari sur les appareils mécaniques que nous trouvons la trace et aussi la description de cette roue du Sind, sous la description d'une machine élévatrice d'eau, qui ressemble en plus sophistiqué à la *saqiya* (al-Jazzari, p. 182). Le dessin et la description d'al-Jazzari nous rapportent à la roue décrite par Mukriji en Inde du nord ou bien au Sind: les godets disposés sur une corde sans fin versent l'eau dans un conduit fixé au milieu de la roue[16]. Or, c'est à Diyârbekir, dans l'est de la Turquie, région diamétralement opposée au Sind, qu'al-Jazzari finit son œuvre. De toute évidence, il ne connaissait cette roue que sous le nom qu'il utilise. Mais cette dénomination est étrange, car il suffit que l'on adapte le *dulâb-e sandi* à des roues dentées pour obtenir la *saqiya*, inventée en Égypte au 3e siècle de notre ère[17]. Une hypothèse probable est que la roue du Sind, première version de la *saqiya*, cessa d'être employée à l'ouest du Sind, remplacée par le système d'engrenage qui facilitait les tâches, et qu'ainsi à l'époque d'al-Jazzari, au 12e siècle, cette roue n'était en usage qu'aux Indes.

La roue du Sind et la *saqiya* ne sont pas citées dans les sources persanes: en effet, la "roue persane", la *saqiya* et le *dulâb-e rumi* y sont confondus sous le nom générique de *dulâb*. Toutefois, on trouve dans un manuel d'astrologie, *Tang-e Lowšâ*, qui date probablement de l'époque sassanide ou des premiers siècles de l'islamisation de l'Iran, le dessin d'un *dulâb* (*Tang-e Lowšâ*, p. 206) qui n'est que la représentation d'une *saqiya* (fig. 4). La copie de ce manuel fut faite au 17e siècle à partir d'une traduction persane réalisée au 11e ou au 12e siècle sur la base d'une version arabe, elle-même probablement traduite du pahlavi. La version persane offre l'avantage d'être accompagnée de dessins. Si elle est vraiment datée du 11e ou du 12e siècle, nous pouvons en déduire que la *saqiya* était connue en Iran avant l'arrivée des Mongols au 13e siècle. Sinon, il faut savoir que la *saqiya* a atteint la Chine assez tardivement, au 14e siècle (Needham, 1954-74, IV, p. 354), et que sa représentation graphique en Inde est uniquement disponible dans les miniatures mogholes des Indes.

---

16. Hill dans ses notes sur ce chapitre du livre d'al-Jazzari, dépeint bien cette roue en l'accompagnant d'un dessin (p. 265).
17. Selon Needham et d'autres chercheurs de terrain, cet appareil a une origine hellénistique et arabe et fut probablement une invention alexandrine (Needham, 1954-74, IV, p. 362). Mais c'est réellement d'après le travail de dépouillement que Schioler effectua sur les papyrus égyptiens qu'on sort du domaine des hypothèses et qu'on arrive à dater l'utilisation de cette machine en Egypte. Selon Schioler on peut remonter jusqu'à l'an 250 de notre ère, où un charpentier, selon un de ces papyrus, installa un nouveau système d'engrenage et un nouvel arbre et inventa la *saqiya*. Par ailleurs on est sûr de son usage en 440 (Schioler, p. 127).

Selon Mukriji, la *saqiya* d'Égypte est trop compliquée pour le paysan ordinaire du Bengale, tandis que celui de Bombay l'utilise couramment (Mukriji, p. 128) ; donc au nord des Indes, là où la roue de Sind était connue, elle fut mieux adaptée. Peut-on en conclure que la *saqiya* en Inde comme en Chine connut une introduction assez tardive et post-mongole ? N'est-ce pas au réseau de communication des Mongols que cet appareil dût sa place dans ces deux pays ? Il n'est donc pas non plus illogique de penser que cette machine arriva en Iran dans les mêmes siècles.

L'USAGE DES MACHINES HYDRAULIQUES

La machine hydraulique tient moins de place que les *qanâts* dans l'économie de l'eau en Iran: elle n'assure pas l'irrigation ni ne remplit d'usage industriel, mais sert plutôt à l'arrosage des jardins et des cultures maraîchères, où la superficie cultivée n'est pas importante. En cas d'étiage ou de sécheresse, elle peut en outre se révéler utile, au moins dans les villes ou les villages qui ont d'autres ressources en eau.

Le rendement de tous ces appareils est variable: celui du *gâvčâh* a été évalué entre 2 000 et 5 000 litres par heure et par bœuf, selon qu'il remonte l'eau d'un puits ou d'une rivière. La noria « lorsque la roue en est complète, compte 80 godets, dont chacun porte 15 *raṭl* (7,650 litres) d'eau, soit au total 1200 *raṭl* (612 litres). Elle arrose par heure, le jour comme la nuit, 1 *jarib* (1,47 ha), soit 24 *jarib* par jour (35 ha)... Le *dulâb*, s'il est manœuvré par un seul bœuf, arrose journellement 10 *jarib*... Le *jarib* exige 300 000 *raṭl* (153 000 litres) d'eau.» (*Ketâb al-Ḥâvi*, p. 130). Quoique le rendement de la noria et du *dulâb* soient notablement supérieurs à celui du *gâvčâh*, la simplicité du mécanisme de ce dernier le rend plus commode à utiliser et à maintenir, et de ce fait, il est resté en usage même jusqu'à nos jours.

En ce qui concerne les taxes imposées sur ces machines, elles frappaient tous les systèmes de distribution d'eau. On en trouve mention dans des textes anciens, qui évoquent l'attitude que les juristes musulmans devaient adopter face au système d'impôts des Sassanides dont ils dépendaient encore fortement. Abu Yusof (731-798), dans son *Livre de l'impôt foncier* essaye de résoudre les questions liées à la présence de ces roues, questions importantes car l'impôt foncier était aussi calculé en fonction de la source d'eau utilisée: Abu Yusof interdit de changer quelque chose au fonctionnement des roues hydrauliques de peur de fausser les calculs déjà faits:

> « Quant aux roues hydrauliques installées sur l'Euphrate et servant à l'irrigation des terres, quand elles sont anciennes, et indispensables à l'irrigation et non-remplaçables par un autre procédé, j'estime qu'il ne faut rien y changer, à cause du tort qui en résulterait pour le *kharâdj* (impôt) et les contribuables.» (Abu Yusof, p. 142).

Figure 4 – La saqiya (11e ou 12e siècle) (*Tang-e Lowšâ*).

Nous verrons également que l'eau des *qanât*s était taxée différemment de celle des rivières, et différemment encore de celle obtenue par les machines hydrauliques. Plus tard, Vaṣṣâf (14ᵉ siècle) nous informe que les machines hydrauliques elles-mêmes étaient taxées sous les Mongols, coutume qui s'est maintenue jusqu'au 19ᵉ siècle si l'on en croit Fasâ'i qui écrivait à cette époque. Nous reviendrons sur cette question dans la partie qui concerne les moulins car, en réalité, le même type d'imposition était pratiqué sur toutes les machines en Iran, mais nos documents sur les roues hydrauliques sont peu nombreux.

Le *gâvčâh* aussi était taxé. Dans la province du Fârs cet impôt s'appelait *sarčarxi*. Stack en décrivant certaines villes du Fârs au milieu du 19ᵉ siècle constate que chaque *gâvčâh* paye 8 *tumân*s, soit 16 francs, à l'État et affirme que les puits sont privés même dans les villages qui appartiennent à l'État (Stack, II, p. 259). C'est le seul témoignage qui nous fasse part du montant de l'impôt sur ces machines.

CHAPITRE VII

LES MOULINS

Tout comme les appareils d'élévation d'eau, les moulins sont présents dans le paysage technique de l'Iran depuis l'Antiquité jusqu'à nos jours. Tout comme eux encore, ils s'alimentent à des sources d'énergie variées que les plus simples transforment en un travail qui prend la forme d'un mouvement continu et circulaire dans le plan horizontal. Ce travail, à l'aide d'autres corps résistants, l'arbre à cames et la bielle-manivelle par exemple, peut être converti en un mouvement rectiligne discontinu dans le plan vertical, ou bien en un mouvement rectiligne continu dans le plan vertical ou horizontal. Ce transfert de mouvement n'est pas spécifique aux moulins et on le trouve dans d'autres machines, comme le tour de potier.

En ce qui concerne la classification de ces machines, elle doit pour être claire s'effectuer en fonction du produit fini, et cela est d'autant plus impératif que le système à cames et la bielle-manivelle intégrés dans le moulin élargissent le champ d'utilisation de cet ensemble technique. Il y a néanmoins des confusions, et à côté du moulin à eau ou à vent, où la distinction se fait selon le type de l'énergie utilisée, on trouve le moulin à papier ou à huile, connoté d'après le type de produit fini ; le "moulin à farine" ne permet pas d'identifier l'énergie employée, pas plus que le "moulin à eau" ne laisse deviner sa finalité.

C'est surtout autour du moulin à eau que s'est cristallisée la multiplicité des fonctions, tout comme, en Europe occidentale médiévale, elle le fit autour du moulin à fer, ou "l'usine à fer" (Jacomy, p. 171), ensemble technique mû par l'énergie hydraulique dont la fonction était multiple (soufflage et martelage mécanique), et qui comprenait les activités afférentes à la production du fer. Ces fonctions, nous allons les étudier après avoir recherché l'origine du moulin à eau.

LES ORIGINES

Une recherche étymologique est ici des plus significatives, car elle établit indubitablement la prépondérance du moulin à eau en Iran : le mot persan qui désigne le moulin en général, *âsiyâ*, n'est qu'un dérivé phonétique du terme *âsiyâb*, "moulin à eau", mot composé formé de *âs*, "meule" et *âb*, "eau". *Âs*, s'ajoutant au début ou à la fin du mot qui définissait le type d'énergie, désignait le type de moulin. Ainsi *âsbâd* est le moulin à vent, *xarâs* le moulin tiré par un âne, et *dastâs* le moulin à main. Mais au fur et à mesure que le moulin à eau l'emporte sur les autres types de moulins, l'élément *âs* est remplacé par *âsiyâ* ou *âsiyâb* pour donner des mots composés comme *dastâsiyâ* ou moulin à main, *čarxâsiyâ* ou moulin à vent, *âsiyâb-e gâvi* ou moulin mû par un bœuf et même *âbâsiyâb*, qui contient deux fois le mot *âb*, pour le moulin à eau (*Borhân-e Qâṭe'* sous le mot *âs*[1] et *âsiyâ* ; Bolukbaši, pp. 371-2).

En Iran occidental, chez les nomades Lor, on relève encore de nos jours une désignation semblable pour un moulin primitif, un des premiers types de broyeur à bras. Il comprend deux pierres, dont l'une ressemble à une meule un peu creuse, et l'autre, cylindrique, se déplace sur la meule et broie les grains. Cet appareil s'appelle *bardhar*, terme composé de *bard*, pierre, et de *har*, équivalent de *âs*[2] (*ibid.*, et Digard, p. 188). Un autre mot composé, que nous restitue Yâqut dans le récit de son voyage effectué au 13e siècle, révèle que *har* aurait eu les mêmes fonctions grammaticales dans le passé que le mot *âs* : passant par Abhar en Âzarbâyjân, Yâqut en parle en ces termes : « C'est une ville située entre Qazvin, Zandjân et Hamadân, du côté des montagnes. Les Persans la nomment Abhar et prétendent que ce nom vient de *âb*, eau, et de *har*, meule, c'est à dire l'eau de moulin. » (Yâqut, p. 11). L'étymologie persane que relève notre auteur est exacte, mais non le sens : *abhar* ne peut être que le synonyme de *âsâb*, désignant comme ce dernier le moulin à eau et non pas "l'eau de moulin". Il n'est pas impossible que *har* se soit trouvé dans d'autres mots composés de la famille de moulin, comme son homologue *âs*, mais dont nous n'aurions plus la trace. Rien n'interdit de penser qu'il était usité en Iran occidental, puisque Abhar et le territoire des Lor qui utilisent *bardhar* sont situés dans cette partie de l'Iran[3]. Au contraire *âs* pourrait avoir pris forme en Iran oriental, comme en témoigne son existence en sanskrit. Quoi qu'il en soit, *âs* l'emporta sur *har*, et ce dernier tomba presque dans l'oubli.

Quant à la composition du mot, nous pouvons remarquer que *har* ou *âs* s'ajoute toujours à un autre mot qui définit le type d'énergie employée, ce qui conduit à une classification des moulins selon ce dernier critère. Par contre, et à la

1. Mo'in dans ses annotations du *Borhân-e Qâṭe'* ajoute que l'équivalent de *âs* en sanskrit est *âsan*, et que dans l'Avesta *âsmân* et *âsan* signifient la meule.
2. Digard transcrit ce mot comme *bardar* et donne une autre application de *ar* ou *har* dans *čalar*, mortier avec pilon (Digard, p. 188).
3. On désigne aussi dans le centre de l'Iran, à Nâ'in, le moulin par *ar*, une autre forme de *har*. Le *araču*, composé de *ar* et *ču* (petit) désigne un petit moulin à main. Voir Sotude sous ces deux mots.

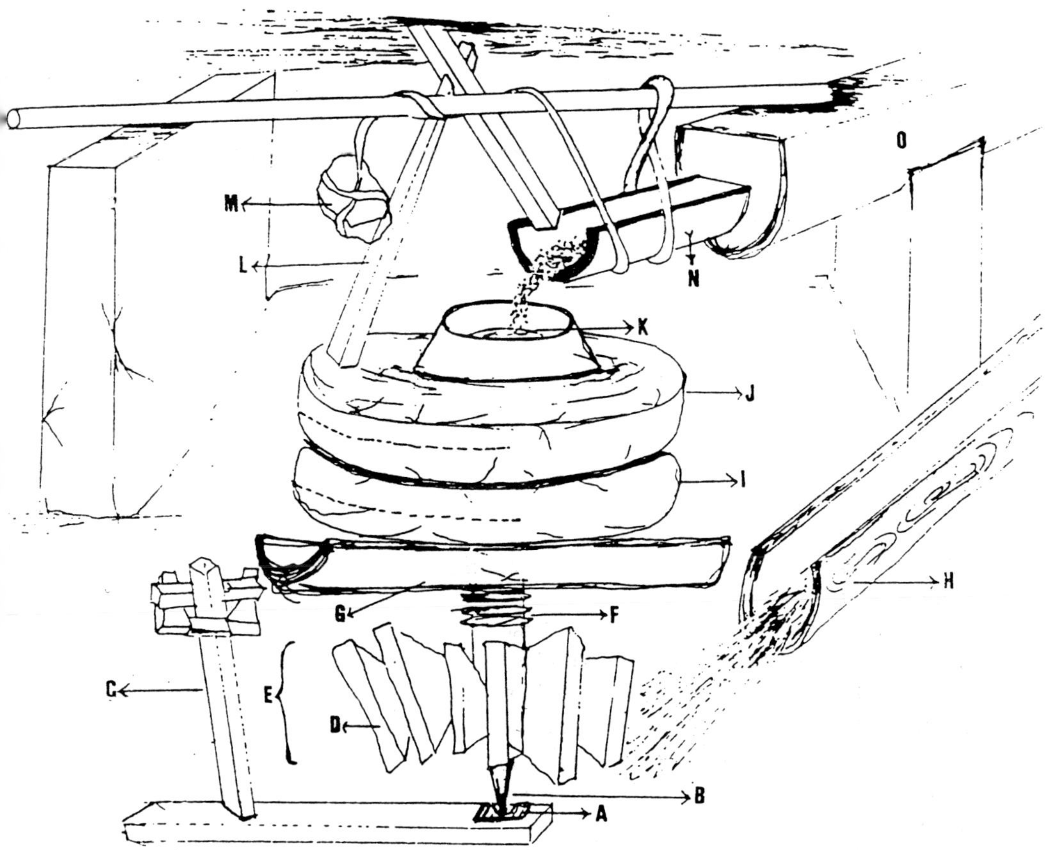

A – *pâxune* : Appui sur lequel l'arbre de rotation repose.
B – *bonmix* : Extrémité en fer de l'arbre.
C – *pâs* : Levier de la meule.
D – *par* : aube. E – *čarxâb, čarx* : turbine.
F – *tir, qotb, mâsun* : arbre en bois, à l'intérieur duquel le fer de moulin (*mil*) est fixé. Le *mil* en passant par la meule gisante se fixe à la meule tournante à l'aide d'un dispositif en fer (*tanburak, tanure*).
G – *ârdnâ* : Dispositif pour collecter la farine ; il ne se trouve pas dans tous les moulins et on ramasse alors la farine sur une nappe, placée autour de la meule.
H – *nâv* : jet d'eau.
I – *sang-e zir* : meule gisante.
J – *sang-e ru* : meule tournante.
K – *galu* : œillet.
L, M – *lek lek* : claquet et battant de trémie.
N – *nâvdân* : auget.
O – *dul* : trémie.

Figure 5 – Moulin à eau de type *nâv* (*âsiyâb-e nâvi*) (Jahângiri).

différence de l'Occident, il n'existe aucune classification selon le genre du produit fini, ce qui est peut-être dû à la faible application du moulin à eau dans l'industrie. Par ailleurs, le vrai usage de l'énergie hydraulique était la mouture des grains alimentaires, et ceci à un tel degré que les mots *âsiyâ* ou *âsiyâb* indiquaient, tout bonnement, le moulin à farine[4]. Cependant, comme il existe en Iran plusieurs types de moulin à farine, et que le mot *âsiyâb* tout court est loin d'indiquer le type du moulin, il est parfois difficile, voire impossible, de définir la sorte de moulin en pratique dans tel ou tel district, sauf si elle est précisée, ce qui est rarissime.

Trois types de moulins à eau sont connus des Iraniens : *âsiyâb-e nâvi* ou *nâvdâne* (fig. 5 et Pl. V), *âsiyâb-e tanure* ou *parri* (figs. 7 et 8), *âsiyâb-e čarxi* ou *šibi* (fig. 6). Les deux premiers ont une roue horizontale et le mouvement de la roue est directement communiqué à la meule supérieure qui, à son tour, tourne sur une deuxième meule fixe. Le troisième est muni d'une roue verticale et a donc besoin d'un système d'engrenage pour le transfert du mouvement qui fait tourner la meule. On l'appelle vitruvien en Occident, d'après Vitruve, architecte romain du 1er siècle av. J.-C., tandis que les deux premiers, sans la moindre distinction de genre, sont définis par leurs roues horizontales et classés comme moulin "norois" ou "nordique"[5].

Même Wulff, qui connaît bien l'Iran, ne met pas l'accent sur les différences entre ces deux premiers moulins (Wulff, p. 280), alors que l'*âsiyâb-e tanure* pourrait être un développement tardif de l'*âsiyâb-e nâvi*. Dans les deux cas, la roue horizontale est mise en mouvement par la puissance d'un jet d'eau, mais tandis que dans le moulin *nâvi* (fig. 5 et Pl. V), le jet d'eau est procuré par un simple conduit *nâv*, entre la source d'eau et le rouet, dans le moulin *tanure*, il est obtenu par la pression d'une colonne d'eau, *tanure* (fig. 7 et 8).

Le *nâv* en général est un tronc évidé et évasé. L'extrémité la plus large est posée en amont du cours d'eau, et l'ouverture étroite conduit l'eau, par dessous le moulin, sur le rouet. Le volume de l'eau détermine, selon Ḥâfeẓ-e Eṣfahâni, la longueur du *nâv* et la hauteur de son appui. Si l'eau est en abondance, c'est-à-dire si la largeur du canal d'eau est de 2 m et sa profondeur entre 0,75 m et 1 m, la longueur du *nâv* doit être de 2 m et la hauteur de son appui de 1 m. Dans ce cas,

4. En France les termes employés pour désigner ces moulins varient suivant les régions. Pour le moulin à foulon, « on peut les répartir en deux grands groupes. Dans le Nord, on emploie le plus souvent le simple terme de foulon et tous ses dérivés. Dans le Forez, on rencontre aussi mallei, issu sans doute de maillets, et ganz, qui pourrait venir de l'allemand (walzen). Dans le midi, le nom le plus fréquent est battoir et tous ses dérivés. Dans le Dauphiné, on emploie aussi le terme de paroir... Les moulins à chanvre sont du même type que les moulins foulons. La ressemblance était même si reconnue entre les deux instruments qu'on leur appliquait souvent le même nom : "battoirs" ou "paroirs", en Dauphiné, par exemple, concernant indifféremment des foulons ou des moulins à chanvre »(Gille, 1951, p. 10). Par contre pour le moulin à fer et le moulin à papier, Gille ne précise pas leurs noms. Voir Bautier (pp. 569-605) pour les exemples et l'étymologie des moulins hydrauliques dans différentes régions de la France.

5. Le fait que les nordiques avaient introduit ce type de moulin là où ils passaient, de la Suède à l'Irlande, mena les chercheurs anglais du 19e siècle à le désigner comme le moulin nordique (Stork & Teaque, p. 97).

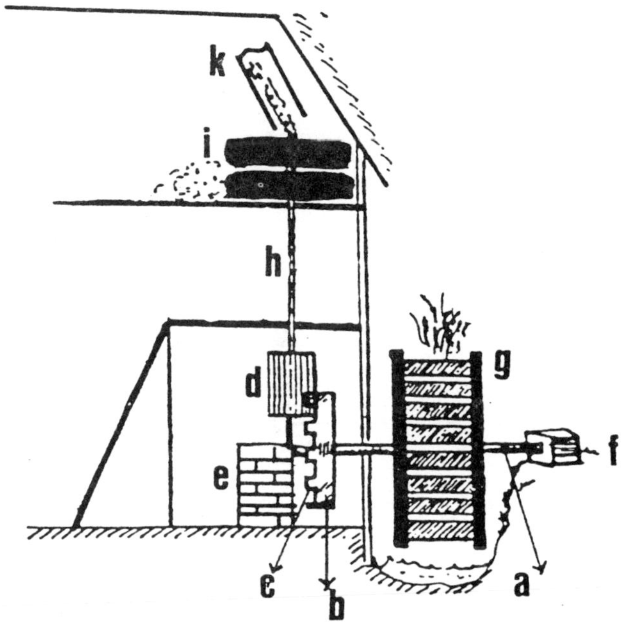

a – *sar-e mil* (arbre horizontal). **b** – *parre* (roue dentée en bois). **c** – *dande* (dent de la roue). **d** – *gardnâ* (pignon à lanterne en bois). **e** – *pâxune* (support). **f** – *sang* (support). **g** – *par-e âsiyâb* (turbine). **h** – *mil* (axe vertical). **i** – *čarxâsiyâ* (meules). **k** – *dul* (trémie).

Figure 6 – *Âsiyâb-e čarxi* (moulin vitruvien. Dessin de l'auteur).

l'extrémité la plus large du *nâv* est de 1,75 m et l'autre orifice doit être de 0,75 m. Si l'eau est peu abondante, la longueur du *nâv* ainsi que la hauteur de son appui doivent être plus importantes (Ḥâfeẓ-e Eṣfahâni, pp. 101-2).

Les dimensions de ce *nâv*, telles que Ḥâfeẓ-e Eṣfahâni les calcule, le fait ressembler au *tanure* (*ibid.*). Mais dans d'autres sources le *tanure* est un puits en forme d'entonnoir, bâti en maçonnerie, et qui atteint parfois une hauteur de 10 m. Sa bouche large est de 3 à 4 m et se place au niveau du toit du moulin. L'autre orifice, qui a un diamètre de 1 à 1,5 m, est joint à un conduit d'eau, construit de tuyaux en terre, *tanbuše*, qui mène l'eau avec force vers le rouet et sous les meules (Wulff, p. 280 ; Bolukbâši, p. 373). Ce type de moulin – contrairement aux autres types de moulins à eau qui profitent uniquement de l'énergie cinétique des cours d'eau et des chutes – se sert efficacement d'une énergie potentielle, la colonne d'eau, pour mouvoir la roue. Il est à noter que les mêmes moulins se trouvent en Israël et en Palestine, où le moulin avec *tanure* n'est que le moulin avec un *arubah*. (Avitsur, 1960, p. VIII).

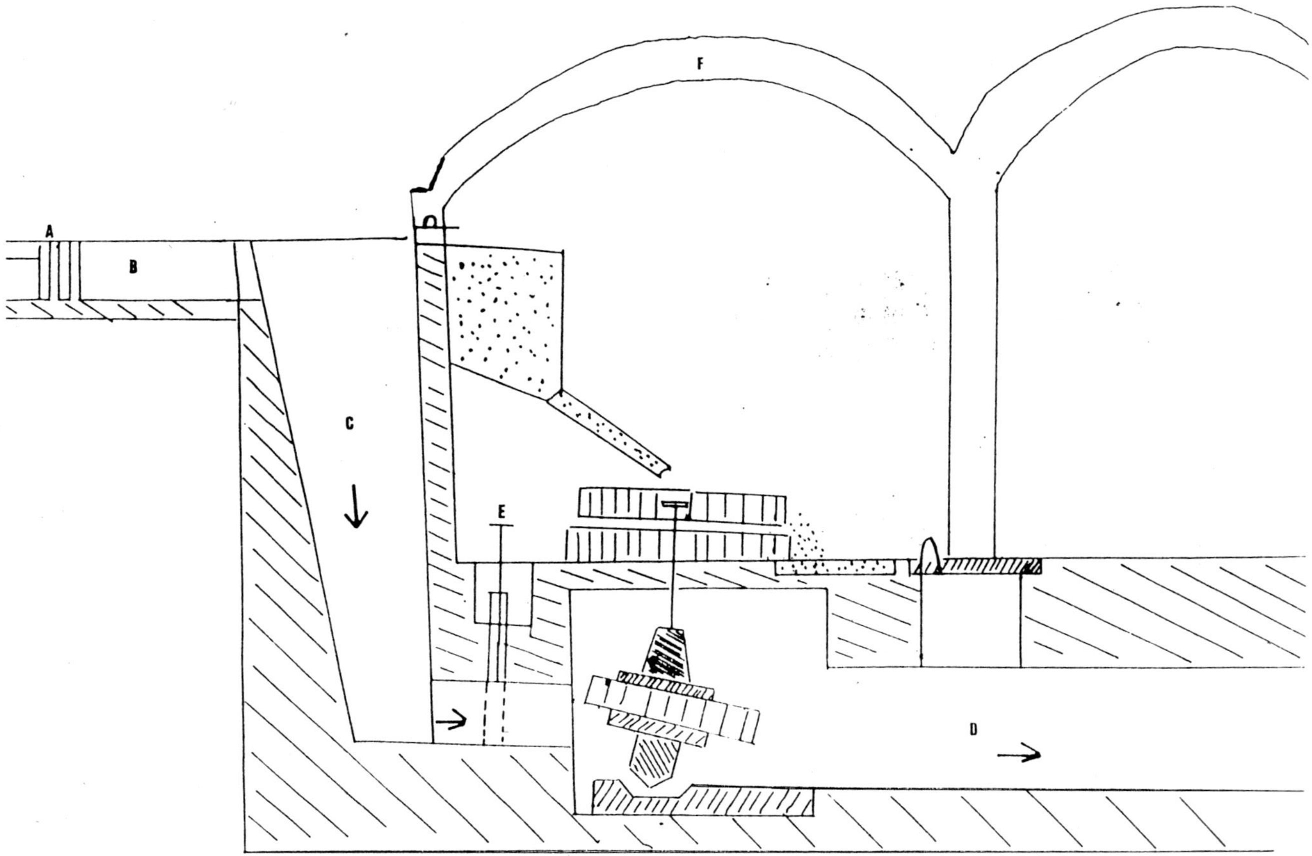

Les différentes parties de ce moulin ressemblent à celles d'*âsiyâb-e nâvi* et portent les mêmes noms. Au contraire, le dispositif d'approvisionnement de l'eau (*tanure*) est particulier.

Figure 7 – *Âsiyâb-e tanure* (moulin à eau de type *tanure*) (Rezâ, Kouros & Šuštari).

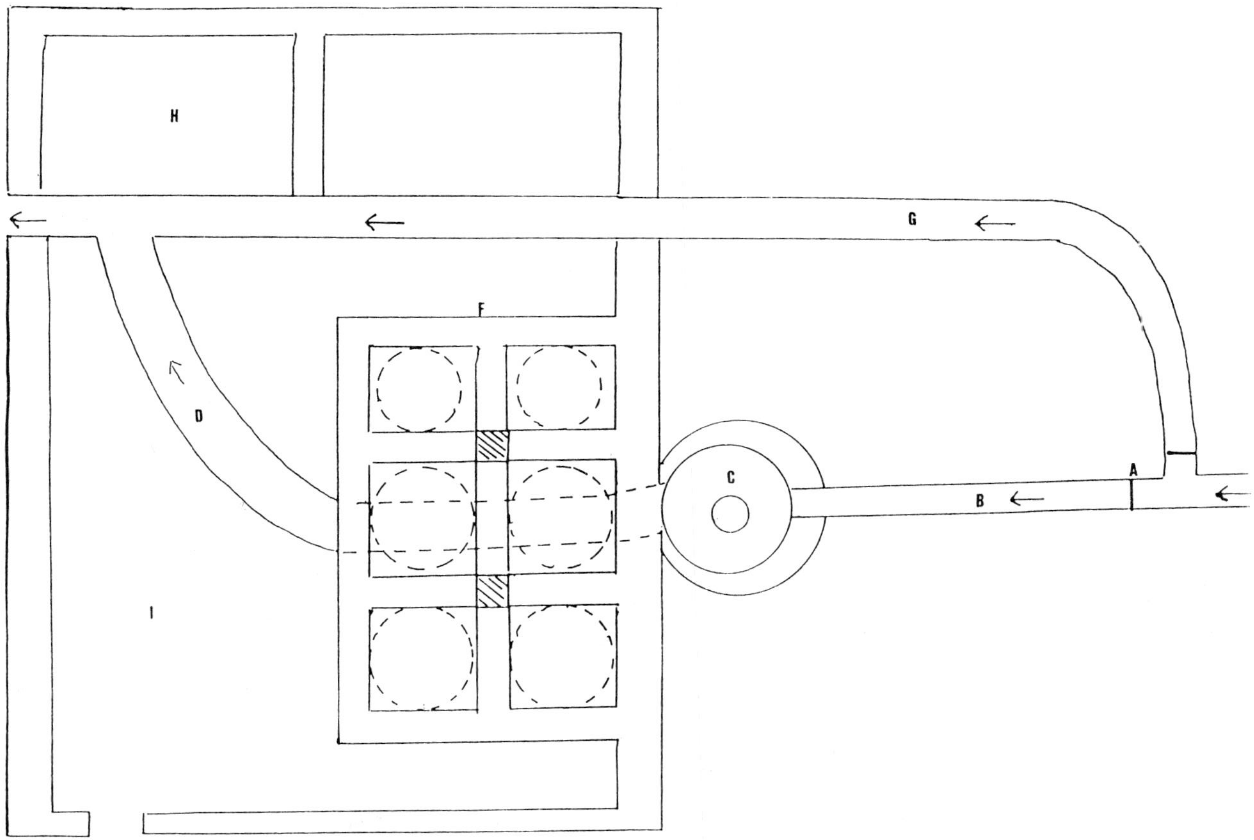

A – *taxteband* (barrage, permet la déviation de l'eau dans le chenal G). **B** – *sarâb* (bief). **C** – *tanure* (tour d'eau). **D** – *harzâb* (sortie de l'eau). **E** – *taxte-ye âb band* (dispositif permettant d'arrêter l'eau). **F** – voûte. **G** – chenal de déviation de l'eau. **H** – étable. **I** – cour.

Figure 8 – *Âsiyâb-e tanure* (moulin à eau de type *tanure*), le circuit de l'eau (Rezâ, Kouros & Šuštari).

Ce système est donc bien un acquis technique qui permet d'utiliser comme force motrice les faibles courants d'eau. Il met à profit les *qanâts* iraniens, qui trouvent de la sorte l'occasion d'être utilisés comme source d'énergie hydraulique, parallèlement[6] à leur rôle principal qui est l'irrigation. Cela est aussi vrai des ruisseaux de faible débit qui relient artificiellement les rivières et les fleuves. Quant à *âsiyâb-e nâvi*, il est plus adapté aux régions montagneuses, comme l'Âzarbâyjân, là où la chute d'eau et le dénivellement favorisent son usage[7].

Si l'on remonte à l'origine de ce moulin à roue horizontale, on constate qu'il était aisément réalisable dans ses premières versions, alors que ni *nâv* ni *tanure* ne contribuaient à la production de l'énergie. La roue, selon l'exemple qu'en donne Avitsur (*ibid.*), pouvait être posée en plein cours d'eau, si celui-ci était suffisamment resserré pour que son flux prenne assez d'élan pour faire tourner la roue.

Nous arrivons à la conclusion que le moulin à eau muni d'un rouet horizontal (fig. 9) eut son propre développement et donc sa propre chronologie. Il nous semble erroné de comparer la date de l'apparition de ce type de moulin avec celle du moulin vitruvien, sans tenir compte de cette chronologie. En effet, selon Avitsur, le moulin de type *tanure* ou *arubah* apparut, au plus tôt, au 4e siècle de notre ère dans le bassin oriental de la Méditerranée (*ibid.*, p. XV), c'est-à-dire quatre siècles après la naissance du moulin à eau. Pour ce dernier, on s'accorde généralement à en situer la première apparition dans le même Bassin méditerranéen, un peu moins d'un siècle avant la naissance du Christ (Bloch, p. 541, Gille, 1951, p. 2). Les faits qui forment le fondement de cette hypothèse sont regroupés et analysés de la meilleure façon par Bloch :

> « Un moulin à eau figurait vers l'an 18 av. J.-C., à Cabire, dans le Pont, parmi les dépendances du palais naguère élevé par Mithridate. Sans doute était-il contemporain de l'ensemble des constructions. Ce serait, en ce cas, le plus ancien exemple exactement daté : de 120 à 63 avant la naissance du Christ[8]. Une épigramme grecque, que l'on s'accorde à attribuer à l'époque d'Auguste, met en scène les nymphes broyeuses de grains : les expressions dont elle use supposent visiblement que les divinités des ondes subissaient cet esclavage depuis peu[9]. Parmi les Latins, Vitruve, vers le même temps, décrit en détail l'appareil[10] ; Pline, un peu plus tard, signale des roues de moulin sur les rivières de l'Italie[11]. Dans quelque obscurité que ces témoignages, comme à l'ordinaire, laissent l'acte de naissance de l'invention, du moins la densité de leur groupement chronologique ne saurait-elle être l'effet du hasard. Tout nous ramène à une période étroitement limitée, le dernier

---

6. Dans certains cas, on installe le moulin directement dans le *qanât*. *Cf.* Pâpoli Yazdi à ce sujet.
7. Une étude détaillée de ce type de moulin en Ecosse se trouve dans G. Goudie qui nous donne aussi le schéma et les dimensions de la roue d'un moulin persan, que nous reproduisons ici (fig. 9).
8. Strabon, XII, 556.
9. « Retenez vos mains, longtemps familières avec la meule, ô filles qui naguère broyiez le grain. À vous, désormais, les longs sommeils, dédaigneux des chants dont les coqs saluent le point du jour. Car ce qui fut votre tâche, Demèter l'a commandé aux Nymphes » (Bloch, p. 546). In : *Anthologie palatine*, IX, 418. L'épigramme est généralement attribuée à Antipatros de Thessalonique.
10. Vitruve, X, 257.
11. Pline, XVIII, 23.

siècle avant l'ère chrétienne, et, comme berceau, selon toute apparence, à l'Orient méditerranéen. » (Bloch, p. 539).

Selon Bloch, le moulin à eau fut introduit de la Grèce en Italie, et Vitruve ne connaissait « encore la nouvelle machine, que sous son nom grec : *hydraletes.* » (*ibid.*). De plus « il traite le moulin parmi les machines à puiser l'eau : plan singulier, dont il est tentant de demander l'explication à une réminiscence historique. Plus précisément, la description suit la marche que voici : roue à godets, actionnée simplement à pied d'homme ; roue à godets encore, mais qui cette fois pourvue d'aubes, emprunte son mouvement à la rivière ; roue de moulin enfin. Cet ordre pourrait bien reproduire la filiation des trois appareils. » (*ibid.*, p. 541).

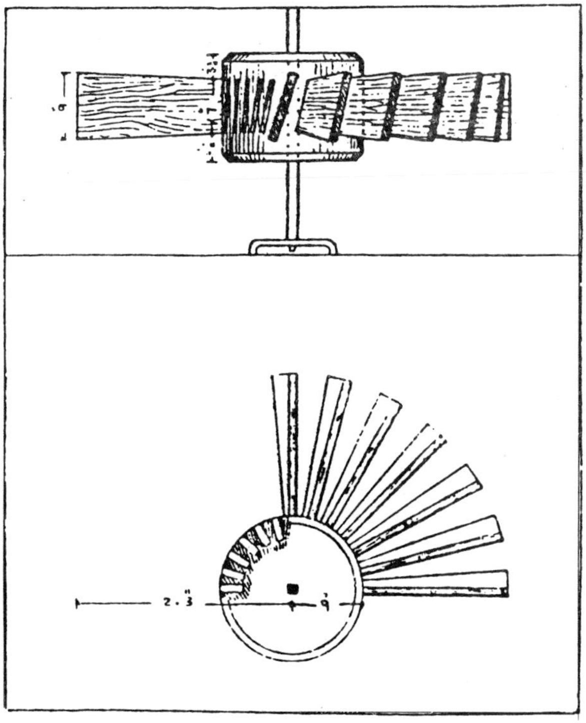

Figure 9 – La roue du moulin à eau. (Goudie).

Si la lignée du moulin à eau remonte aux roues hydrauliques, ce qu'évoque hypothétiquement Bloch, la roue de ce moulin ne pouvait être que verticale, comme ces roues. Or, concevoir une roue horizontale, suivant un modèle vertical, demande un grand effort d'esprit et de l'imagination technique. La distinction entre ces deux dispositions différentes de la roue d'un moulin manque dans l'analyse de Bloch :

Vitruve décrit un moulin, doté d'une roue verticale, et Pline confirme cette description lorsque, parlant d'une machine qui pourrait être un moulin, il précise que la rivière en constitue la source d'énergie ; en effet c'est souvent la roue verticale qui bénéficie de la puissance d'une rivière. Ces deux exemples, en outre, se limitent à l'ouest méditerranéen et non pas à l'est, supposé être le berceau du moulin à eau.

En fait, la roue horizontale fut plus fréquente dans le bassin oriental de la Méditerranée, comme le prouve le développement de moulin de type *tanure*, à partir des autres types de moulin à roue horizontale. Pendant tout le Moyen Age, ce sont plutôt les exemples de ces moulins qui sont signalés en Orient en général, et en Iran en particulier.

Cette horizontalité de la roue – reliant directement la meule à la roue qui capte l'énergie naturelle, et la transfère sans aucune interface d'un jeu d'engrenage – se manifeste encore dans le moulin à vent iranien, *âsiyâb-e bâdi*. La naissance de ce moulin eut lieu en Iran oriental, Xorâsân et Sistân. La tradition veut que le futur assassin du calife ʿOmar (634-644 ap. J.-C.), un esclave iranien, Abu Lo'lo', ait prétendu avoir les connaissances nécessaires à la construction d'un moulin à vent. En réalité, un témoignage précis remonte au début du 11e siècle, sous la plume de l'auteur inconnu de *Târix-e Sistân* (*Târix-e Sistân*, p. 12).

Les moulins à eau et à vent sont construits à deux étages. Dans le moulin à eau, le rouet est installé au premier étage (*zirxâne*) et les meules au deuxième (*xâne*) (Pl. VI), tandis que c'est l'inverse pour le moulin à vent. Toutefois, un auteur du 13e siècle, Dimašqi (1256-1326), décrivant un moulin à vent (*dulâb*) donne une disposition analogue à celle du moulin à eau (Dimašqi, p. 246). On peut en inférer que le modèle du moulin à vent, dans ses premières versions, était directement inspiré du moulin à eau, muni d'un axe de rotation vertical : la roue devenait horizontale. À l'inverse, en Occident, le moulin à vent conserva la roue verticale du moulin à eau en usage dans ces régions. Toutefois, si l'on admet le raisonnement de Needham qui attribue une origine unique à l'invention, il est possible d'en déduire que ce ne furent pas les machines elles-mêmes qui traversèrent le Bassin méditerranéen, mais bien plutôt l'idée d'utiliser l'eau et plus tard le vent comme force motrice.

Quoi qu'il en soit, on ne détient aucune certitude sur la disposition de la roue du moulin à eau lors de sa première apparition et il reste difficile de répondre à la question de B. Gille : « les roues de ces premiers moulins étaient-elles verticales ou horizontales ? » (Gille, 1951, p. 2). Une chose est certaine : on sait que l'apparition du moulin vitruvien précède celle du moulin de type *tanure*, et la question posée doit donc préciser sur quel type de moulin à eau à roue horizontale elle porte.

L'introduction du moulin à eau en Iran reste obscure. Quelques indices semblent indiquer qu'il y pénétra *via* le Pont : à Suse, J. de Morgan, dans une de ses fouilles, trouve deux meules de moulin et des conduites d'eau (Morgan, 1900-1902, p. 66). « La présence de quelques monnaies des derniers souverains arsacides montre que ces lieux furent encore habités au début de notre ère, vers la fin du IIe siècle. » (*ibid.*). Or, les rois du Pont, anciens vassaux de l'empire achéménide, indépendants et hellénisés depuis la conquête de l'Iran par Alexandre le Grand, étaient aussi arsacides ou parthes. Peut-on tirer une conclusion de ces minces éléments ?

L'entreprise est assez risquée. Toutefois, une tradition rapporte qu'au 4e siècle, sous le règne de Constantin, un Iranien hellénisé, Metrodorus, introduisit le moulin à eau en Inde (Forbes, 1954-58, II, p. 93)[12], ce qui prouve bien qu'on connaissait la technique de construction du moulin à eau (peut-être de type vitruvien) de l'Iran sassanide. Deux siècles plus tard, le code sassanide que nous examinerons un peu plus loin légifère sur le droit d'utilisation des canaux souterrains par un moulin à eau. Ces moulins étaient probablement de type *tanure*, car comme nous l'avons constaté, l'eau d'un *qanât* n'a souvent pas assez de puissance pour faire tourner la meule. Par ailleurs, nous avons la preuve que les Sassanides connaissaient le moulin de type *tanure* : dans les fouilles menées par Neely en 1969 dans la plaine de Dehlorân, au nord-ouest de Xuzestân, fut découvert un moulin de ce genre, érigé sur un canal (Neely, p. 33-34). Les Sassanides connaissaient donc les trois types de moulin à eau qui furent en usage en Iran pendant tout le Moyen Age[13]. Leur législation se préoccupa de l'exploitation des moulins dans l'empire, ce qui est à rapporter à l'essor de ces machines dans le curriculum industriel de l'Iran préislamique.

LE NOMBRE ET LA RÉPARTITION DES MOULINS

Il est assez difficile d'esquisser, faute de données suffisantes, le rôle que le moulin a joué en Iran, si l'on excepte son usage commun, qui était la production de la farine. Même pour le moulin à farine, les statistiques sur son nombre ou ses différents types, selon la disponibilité des ressources énergétiques, sont rares et sporadiques. Le seul moyen pour obtenir un aperçu quantitatif des moulins au Moyen Age reste donc de faire des extrapolations à partir des données connues.

Le nombre total des moulins à eau en Iran n'est évoqué qu'une seule fois, au début du 19e siècle, lorsque Sir J. Malcolm, dans son *Histoire de Perse*, énumère les différentes manières dont la cavalerie persane de cette époque se constituait :

> « ... j'ai trouvé dans un manuscrit qu'en Perse le propriétaire d'un moulin à eau était obligé de fournir pour le service public, un homme monté et équipé. Je ne suis pas sûr que cet usage existe encore ; mais il y a encore six ans qu'il était compté par un seigneur persan en grande place comme une des ressources du pays. Il est donc probable que l'obligation est reconnue pour légale, et que, lorsque le cavalier n'est pas requis, le propriétaire du moulin donne au gouvernement une somme d'argent. Il

12. Malheureusement Forbes ne précise pas ses sources.
13. Il n'est pas sûr que les Sassanides aient connu ou adapté les autres systèmes, comme l'arbre à cames, qui élargissaient le domaine des applications d'un moulin à d'autres finalités que la mouture, et qui étaient connus des Iraniens au Moyen Age.

est à remarquer qu'un usage pareil à celui-ci a lieu dans plusieurs endroits de la Turquie. » (Malcolm, IV, p 263).

Malcolm ne mentionne pas le nombre de cavaliers ainsi équipés, ni la somme d'argent versée au gouvernement par les propriétaires de moulins. Mais son compatriote, J. Morier, en visite en Iran à la même époque, complète sa version : « M. Bruce m'informa qu'il existe toujours une coutume en Perse, applicable en cas d'urgence, d'acquérir pour chaque meule – dont la roue tourne par l'eau – un homme et un cheval équipés pour la guerre. On fait appel ainsi à 100 000 hommes. » (Morier, 1812, p. 240). Il est fort probable que Malcolm et Morier se réfèrent au même manuscrit dont la trace nous échappe.

Mais y avait-t-il vraiment 100 000 moulins à eau en Iran, comme le note Morier ? Les observations que Bâstâni Pârizi effectua dans sa ville natale, Pâriz dans le Kermân, lui permettent d'estimer que chaque groupe de 5 villages a besoin en moyenne de deux moulins : 50 000 villages en totalisaient certainement plus de 20 000 (Bâstâni Pârizi, 1985, p. 271). Après avoir ajouté que ce chiffre peut être encore plus élevé dans les villages proches des villes, Bastâni Pârizi rectifie ses calculs en donnant l'exemple d'un petit village[14] de 2 000 habitants, Emâme, qui possède deux moulins, et il tranche en prenant ce dernier chiffre comme le plus fiable pour la plupart des villages de l'Iran[15] (*ibid.*, p. 272).

Chardin évaluait à 60 000 le nombre des villages de Perse dans la deuxième moitié du 17ᵉ siècle et à 40 millions (sic) d'habitants la population du pays (Chardin II, p. 5). Si on applique à cette époque la règle de Bâstâni Pârizi, on obtiendrait le chiffre de 120 000 moulins, et si on considère que certains villages, comme dans le cas de Pâriz, possédaient moins de moulins, le chiffre avancé par Morier ne paraît pas exagéré pour le 17ᵉ siècle[16]. Or, il faut tenir compte que l'Iran du 17ᵉ était bien plus vaste et peuplé que celui du 19ᵉ siècle, où la population ne dépassait pas 10 millions d'habitants (ʿIsavi, 1971, p. 162)[17], et que par ailleurs les formes d'énergie modernes y étaient inconnues : le chiffre de Morier semble donc surestimé, s'appuyant sur un manuscrit d'une époque antérieure à sa visite en Iran[18].

14. L'évaluation démographique de l'Iran actuel estime un village à plus de 5 000 habitants.

15. Dans d'autres pays on observe la même fluctuation du nombre des moulins d'un village à l'autre. Selon les recherches d'Avitsur en Israël et en Palestine, on utilise un couple de meules dans les villages de 350 à 2 000 habitants (Avitsur, 1960, p. XIII).

16. A titre de comparaison, on peut noter que dans la France du 17ᵉ siècle, d'après Vauban, 80 000 moulins à eau fonctionnaient (*Les moulins*..., p. 9), pour une population d'environ 20 millions d'habitants (Soboul, p. 142).

17. La chute de l'empire safavide, la guerre civile, les invasions des Ottomans, des Russes et des Afghans eurent comme conséquence une diminution de la population urbaine. La population de Eṣfahân, qui atteignait 600 000 habitants lors de la visite de Chardin, fut réduite à quelques dizaines de milliers au 18ᵉ siècle. Celle de Tabriz tomba de 550 000 habitants à 30 000. En règle générale, selon quelques chercheurs soviétiques, les villes principales de l'Iran, comme Širâz, Eṣfahân, Yazd, Qazvin et Tabriz, perdirent les deux tiers de leurs habitants (ʿIsavi, 1971, p. 161-62).

18. Rota dans *La vita del Sofy* publié en 1508 à Venise raconte que l'armée de Šâh Esmâʿil (1502-1524), après la conquête de Harât, comprenait 100 000 cavaliers avec l'armure complète pour l'homme et le cheval (cité par Scheffer dans ses notes sur le récit de voyage de R. du Mans,

Quoi qu'il en soit du nombre des moulins, il est indiscutable que le moulin à eau fut jusqu'au 20e siècle la seule machine d'usage courant en Iran : le chancelier et grand réformateur de la deuxième moitié du 19e siècle, Amir Kabir, désireux d'améliorer l'industrie textile en Iran, décida d'importer des machines d'Irlande, car, d'après ses informations, c'était là seulement que la force motrice de cette industrie était l'eau et non la vapeur (Âdamiyat, p. 390). Or, toutes les villes iraniennes à cette époque dépendaient de l'énergie hydraulique produite par les moulins à eau. La turbine ou la vapeur demandaient des soins et des techniques qui étaient absents.

Eṣfahân, au milieu du 19e siècle, possédait, déduction faite des moulins à bras individuels, 68 moulins, et la région de Eṣfahân dans son entier en comptait 1 797 (Režâ Eṣfahâni, p. 55). Il est malheureusement difficile de déterminer l'étendue ou la population de cette région, mais ce qui importe est le fait que le moulin à eau est passé du village à la ville, qui en est maintenant tout à fait dépendante. Kâšân, au centre de l'Iran, a aussi ses propres moulins ; en 1703, le voyageur hollandais De Bruyn visita la ville et y compta 120 moulins pour 3 000 maisons (De Bruyn, IV, p. 67). Širâz, au contraire, peut-être parce qu'elle n'a pas de rivière comme Esfahân, fait appel à sa banlieue pour sa farine quotidienne.

> « Chaque jour 70 mulets transportent du blé de Chirâz vers les moulins à eau, installés aux alentours de la ville. Ces mulets font deux déplacements par jour, un le matin, l'autre durant l'après-midi. Chaque mulet transporte 60 *mans* (180 kilogrammes) de blé par trajet, ce qui fait au total 8 400 *mans* de blé transportés de la ville. » (Morier, 1818, p. 111-2).

En ce qui concerne les époques antérieures au 17e, voire au 16e siècle, on s'aperçoit que le moulin à eau était toujours un facteur indispensable de l'économie : on en donne le nombre, chaque fois que l'on veut démontrer la prospérité d'une ville. C'est ainsi que Ibn Baṭṭuṭa décrit Mašhad au 14e siècle comme « une grande et vaste ville, abondante en fruits, en eaux et en moulins. » (Ibn Baṭṭuṭa, II, p. 312). De la même façon, Chardin montre la grandeur de Rey aux époques antérieures à sa visite en Iran en nous traduisant un passage d'une géographie persane.

> « [Elle] porte, que du temps du Calife Mehdy-Davanick[19], qui vivait au 9e siècle du Christianisme, la ville de Ray était divisée en quartiers, dont chacun avait 46 rues, chaque rue 400 maisons, et 10 mosquées. Qu'il y avait de plus dans la ville 6 400 collèges, 16 600 bains, 15 000 tours de mosquées, 12 000 moulins, 1 700 canaux, 13 000 caravansérails. » (Chardin, I, p. 208).

Même si cette description de Rey est empreinte de légende, elle met en rapport direct la prospérité et le nombre de moulins. La géographie de Mostowfi, *Nozhat al-*

---

pp. 272-274). Rien ne dit si le roi eut recours aux meuniers pour équiper son armée, mais le chiffre peut nous ouvrir une piste de recherche.

19. Davâniq selon Ibn Esfandiyâr était le surnom du Calife Manṣur (8e siècle) (Ibn Esfandiyâr, p. 169), le prédécesseur du Mehdi.

Qolub, décrit la ville de Harât avec les mêmes traits : « Et au temps des rois ghurides[20], Herât avait 12 000 boutiques prospères, 6 000 bains[21], caravansérails et moulins. » (Mostowfi, p. 187).

À l'époque de la visite d'Ibn Rusteh, au 10e siècle, les cantons de cette même ville comprenaient « villages, petits et grands. Parmi les premiers, on compte 47 hameaux peuplés de 10 à 20 âmes, où l'on dénombre 324 moulins. » (Ibn Rusteh, p. 20).

Malheureusement Ibn Rusteh ne précise pas dans combien de villages étaient répartis ces 324 moulins, pas plus que Mostowfi n'indique si ses chiffres couvrent la seule ville de Harât ou la ville et ses environs. Il est ainsi difficile, voire impossible, de déduire de leurs estimations l'ampleur de l'utilisation et de la construction des moulins dans ces premiers siècles qui suivent la conquête arabe de la Perse, ainsi que le nombre de moulins qu'un village possédait dans cette période.

Au 10e siècle, à Qom, on énumère 51 moulins à eau dont 39 en activité (*Târix-e Qom*, pp. 52-3). La date de la construction de deux de ces moulins remonte à la fin du 9e siècle, date de la rédaction de la version originale du *Târix-e Qom* (*ibid.*). Par contre, certains moulins portent des noms qui montrent leur origine sassanide, car ils ne sont pas encore arabisés ; Qom, ville de l'époque islamique, construite à partir de villages pré-islamiques, s'offrait donc de nouveaux moulins au fur et à mesure qu'elle s'agrandissait, ce qui montre bien l'importance du moulin à eau comme source de production de l'énergie dans la vie quotidienne au Moyen Age.

Cette importance se saisit d'autant mieux si l'on évalue la pénétration de cet ensemble technique dans les zones les plus écartées et les moins équipées en ressources hydrauliques. Ibn Ḥawqal, qui traversa au 10e siècle l'aride désert central de l'Iran, décrit un village de vingt maisons où l'eau courante fait tourner un petit moulin (Ibn Ḥawqal, p. 145) : la seule présence de l'eau fait naître un moulin.

Dans les autres régions, là où l'eau est en abondance et les conditions matérielles et géographiques appropriées, les moulins sont érigés en grand nombre et s'alimentent tous à la file à la même source d'eau. La plus ancienne géographie persane, *Ḥodud al-ʿâlam*, décrit une semblable agglomération de moulins au 10e siècle dans la province de Kermân : « Jiroft est une ville qui mesure un demi *farsang* (6 km) sur un demi *farsang*. Elle est assez florissante et agréable. On y trouve une rivière assez rapide et rugissante, dont l'eau est en telle abondance qu'elle fait tourner 60 moulins. » (*Ḥodud al-ʿâlam*, p. 124). Les chiffres sont, comme toujours, sujets à caution, car à la même époque Istaxri n'y dénombre que 20 moulins (Istaxri, p. 79) et Ibn Ḥawqal 50 (Ibn Ḥawqal, pp. 305-6). À Neyšâbur, 40 moulins sont installés sur le versant d'une montagne, à 2 *farsang*s de la ville.

---

20. Les Ghurides : nom d'une dynastie iranienne orientale qui jouit d'un pouvoir indépendant au 6e/12e siècle, dans la région de Q̄ur, qui constitue maintenant l'Afghanistan (*EI*).

21. Selon une estimation de Bâstâni Pârizi on peut compter un moulin par bain (Bâstâni Pârizi 1, p. 311), et donc on évalue à 2 000 le nombre des moulins de Harât entre le 10e et le 12e siècle. À Kâšân, comme nous l'avons vu, il y avait 120 bains et autant de moulins au 17e siècle, ce qui peut vérifier dans une certaine mesure l'estimation de Bâstâni Pârizi.

L'eau est d'une telle rapidité que, le temps de coudre un sac de farine, un *xarvâr* de blé (300 kg) est moulu (Mostowfi, p. 182). À l'époque safavide, à Fin (près de Kâšân), « on trouve une maison royale, avec une fontaine faite, à ce qu'on dit, sous le règne de Solaymân (1667-1694), dont l'eau sort d'une haute montagne et est conduite à Kâshân par 27 moulins, construits sous le règne d'Abbâs (1571-1629). » (De Bruyn, IV, pp. 67-8). Sur la même conduite d'eau, dont le nom, Soleymâniye, est probablement dérivé de Soleymân, tournent 36 moulins au 19e siècle (Żarrâbi, p. 54).

Les regroupements de ce genre s'installent, de préférence, près des villes dont la population a une consommation élevée de farine. Un tel système ne nécessite pas forcément la présence d'un cours d'eau rapide et déclive et profite parfois de la masse d'eau retenue derrière un barrage : en est un remarquable exemple l'utilisation qui fut faite des ponts de Šuštar, construits au 4e siècle de notre ère. Bien que Bâstâni Pârizi, suivant en cela les recherches de A. Eqtedâri, avance l'hypothèse que les 16 moulins de Šuštar seraient d'origine sassanide et auraient servi au 4e siècle de modèles aux moulins en cascade d'Arles (Bâstâni Pârizi, 1985, p. 303)[22], il semble toutefois que les moulins aient été postérieurs au pont : Graat Van Roggen, dont nous avons déjà évoqué la mission scientifique en Perse au début du siècle, écrit ceci :

> « Le pont de Shushtar compte actuellement 28 arches du côté sud de la rivière et 7 arches du côté nord ; la portion disparue dans le lit du fleuve correspond à 5 arches. En tout, le pont doit avoir eu au moins 40 arches, et probablement plus. Il existe, en effet, une construction massive entre la dernière arche du côté nord et l'espace vide ; elle est percée de quelques tunnels et d'une arche en partie fermée par de la maçonnerie. Ces passages traversent la construction pour donner issue à l'eau de plusieurs moulins dont on voit les restes en aval du pont. Probablement cette construction a remplacé un certain nombre d'arches, et je base cette supposition sur le fait que cette maçonnerie est en briques, tandis que la construction originelle était en blocs de grès. Cela prouve encore que le pont a été complètement modifié en cet endroit pour le service des moulins. Le but du barrage a été sacrifié et le pont mis en danger par suite de l'augmentation de la surface opposée à l'effort des eaux pendant les crues. » (Graat Van Roggen, p. 10).

Ces moulins, tout comme ceux qui furent établis sur un autre barrage de Šuštar, Band-e Gargar, ont été construits à l'époque islamique (*ibid.*, p. 16). Au 10e siècle, 'Ażod al-Dowle érigea sur la rivière Kor, à une trentaine de kilomètres à l'est de sa capitale, Širâz, le même genre de complexe multifonctionnel (Band-e Amir) comprenant pont, barrage, roues hydrauliques et moulins. Ces moulins ont été décrits par Forṣat-e Širâzi (1855-1921) :

22. Au Proche Orient, les moulins en cascade existaient, mais leur nombre était assez limité, deux ou trois au maximum. Toutefois, des noms de localité comme, en Israël, Sheva' Tahanot (7 moulins), ou Esser Tahanot (10 moulins), supposent un nombre plus élevé de moulins. Selon Avitsur, ce système fut sans doute mis en fonction au 5e-6e siècle de notre ère, donc un ou deux siècles après l'introduction du moulin de type *tanure* (Avitsur, 1960, pp. X-XIV).

« Ces prodigieux moulins possèdent chacun 2, 3, 4 paires de meules, ou même plus, et celles-ci sont mues par une ou plusieurs sources d'eau. Parmi eux, il y a en un avec 7 paires de meules. Elles ne sont pas situées en ligne droite, mais en rond. L'eau de la rivière entre dans le moulin de telle façon qu'elle puisse faire mouvoir toutes les meules. Elle passe sur les roues au-dessous des meules puis quitte ce bâtiment rond et tombe après avoir été divisée. » (cité dans Bâstâni Pârizi, 1985, p. 449, Bolukbaši, p. 374).

Ici, non seulement les moulins sont construits en série, mais de surcroît plusieurs meules sont placées sous chaque toit. Cette innovation technique, de toute évidence médiévale et post-sassanide, est représentée aux époques postérieures (Bâstâni Pârizi, *ibid.*). Chardin en remarque un exemple à Eṣfahân dont l'unique roue faisait tourner 4 meules (Chardin, III, p. 72) ; Dimašqi en visite un autre à deux meules au 13ᵉ siècle, à Marand, dans l'Âzarbâyjân iranien. Il complète sa description par un dessin, le premier dans son genre en ce qui concerne les moulins à eau en Iran médiéval (fig. 10). On y voit ce qui fait la spécificité de ce moulin : premièrement, c'est la meule inférieure qui est mouvante et la meule supérieure gisante ; deuxièmement, le mouvement des roues est un mouvement perpétuel, car l'eau, dont la quantité reste immuable, est remontée d'un bassin par un mécanisme d'aspiration avant de tomber sur les rouets (Dimašqi, p. 187-8). Là-dessus, notre géographe, incapable de trouver l'entrée de la source d'eau dans le bassin, se laisse porter par son imagination et se convainc d'avoir affaire à un exemple de mouvement perpétuel ! Paradoxalement, le même type de moulin fonctionnait déjà en Chine, lors de la visite de Dimašqi en Iran. Une histoire imaginaire, racontée au 13ᵉ siècle par l'auteur anonyme de *Haft Kešvar*, raconte qu'Avicenne, le grand philosophe persan, fut envoyé en Chine par le roi de son époque pour y découvrir le mécanisme de fonctionnement d'un moulin actionné par un mouvement perpétuel. Un bassin d'eau se vide dans un deuxième qui se déverse à son tour dans le premier, créant un mouvement incessant qui fait tourner le moulin sans arrêt. La légende assure qu'Avicenne ne découvrit pas le secret... (*Haft Kešvar*, p. 53).

Nous pouvons interrompre ici notre exposé par une constatation : les voyageurs, sur les témoignages de qui nous nous appuyons, ne décrivent les moulins que lorsque une particularité y est attachée et rend de la sorte le récit plus intéressant. Le moulin étant au Moyen Age suffisamment répandu pour faire figure de lieu commun, il faut vraiment qu'il présente un intérêt exceptionnel pour apparaître dans un récit. C'est ainsi que les moulins à traction animale sont rarement mentionnés, mais que plusieurs voyageurs remarquent, à Saraxs, les trois moulins à farine mus par des chameaux lorsque l'eau fait défaut (Yâqut, p. 308 ; Idrisi, I, p. 451 ; Ibn Ḥawqal, II, p. 430).

Cela dit, il faut savoir que les moulins mus par les animaux fonctionnaient couramment. Le *Tang-e Lowšâ*, le manuel d'astrologie que nous avons déjà cité, reproduit le dessin d'un moulin à traction animale, *xarâs* (*Tang-e Lowšâ*, p. 104).

A – La forme du plafond du réservoir d'eau.
B – Trémie pour le blé.
C – Ce moulin à eau est la merveille des merveilles.
D – Disposition des conduits d'eau sur les rouets.
E – Colonne.
F – L'eau qui monte le long de la conduite d'eau vient de l'eau stagnante du réservoir, fait tourner le rouet et retourne au réservoir (mouvement perpétuel).
G – Disposition de l'eau stagnante qui s'élève dans la conduite d'eau et tombe sur le rouet.

Figure 10 – Moulin double de Marand, "mouvement perpétuel" (13e siècle). (Dimašqi).

Ce dessin est la seule représentation picturale de ce type de moulin qui nous reste du Moyen Age (fig. 11). Ce moulin est toutefois d'un modèle singulier, ce qui explique peut-être qu'on l'ait représenté : la trémie semble aussi faire fonction de meule courante, fixée sur une meule conique ou gisante. Celle-ci ressemble à un entonnoir tandis que la trémie a la forme d'un entonnoir inversé. Les deux meules sont installées sur une auge circulaire, que la meule gisante ne recouvre pas entièrement, laissant la place pour recueillir la farine moulue. Tel qu'il se présente, ce moulin est différent des moulins à traction animale du 16ᵉ siècle, brièvement décrits dans notre Manuscrit Persan 727 et dont la disposition se rapprochait beaucoup plus de celle des moulins à eau traditionnels que de ce *xarâs* médiéval. Ce dernier se situe plutôt dans la lignée des moulins romains de type sablier – bien que ce soit un sablier convexe et non pas concave – et, de ce fait, sa découverte démontre l'étendue de leur pénétration.

Au 19ᵉ siècle, on employait toujours trois sortes de moulin, outre ceux mûs par l'énergie hydraulique : les moulins à traction animale, à main ou à pied. Pourtant leur utilisation était limitée, au moins dans les grandes villes, ainsi que nous en informe Taḥvildâr, dans sa géographie d'Eṣfahân :

> « [Eṣfahân] a beaucoup de moulins qui tournent soit par l'eau, soit par un chameau ou mulet, soit à la main ou au pied. D'abord les moulins à eau : plusieurs canaux et ruisseaux se ramifient à partir de la rivière et traversent les quartiers de la ville en grande quantité. Les moulins fonctionnent tout le temps. Mais pendant les 4 mois où l'eau est distribuée en alternance, les moulins tournent seulement lorsqu'il y a de l'eau. Les moulins à traction animale ont été exploités depuis toujours pendant ces 3 à 4 mois, au moment de l'étiage ou de la sécheresse estivale. L'utilisation des moulins à main et à pied tient à ce que, dans le passé, les habitants de cette ville ont subi des troubles dûs à la montée des prix et aux sièges. Donc la plupart des maisons sont équipées de ce genre de moulin afin de pouvoir moudre chez soi lors des émeutes. » (cité dans Bâstâni Pârizi, 1985, p. 402)[23].

Le moulin à pied, selon Reżâ Eṣfahâni, un contemporain de ce géographe, est, par la taille et le taux de production intermédiaire entre le moulin à bras et le moulin mû par un agent (Reżâ Eṣfahâni, pp. 54-5). Le mécanisme et les rouages de ce moulin, que nous trouvons pour la première fois dans ces deux sources du 19ᵉ siècle, nous demeurent inconnus, tandis que nous savons que le moulin mû par un agent usait d'un système d'engrenage qui faisait faire à la meule huit à dix tours pour chaque tour que faisait l'animal (*ibid.*). Il se pourrait bien que le moulin à pied ait profité d'un tel mécanisme, en utilisant le travail d'un esclave domestique.

Un autre type de moulin, mû par l'énergie humaine, était en usage dans le Fârs au 19ᵉ siècle.

---

23. Chardin aussi précise qu'à Eṣfahân il n'y avait point de moulins à vent et que les moulins en Perse « sont à eau, ou à bras, ou tirés par les animaux » (Chardin, III, p. 67).

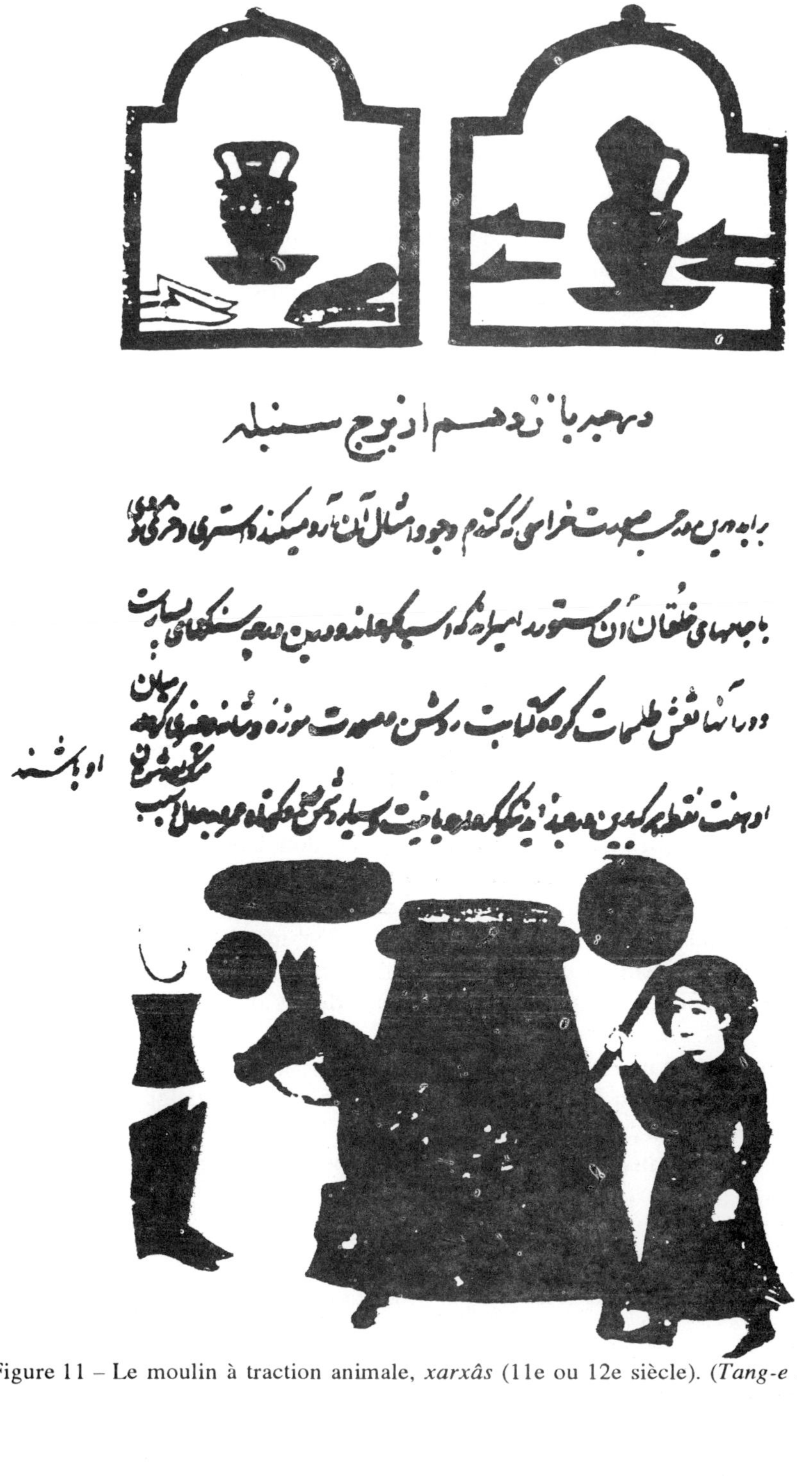

Figure 11 – Le moulin à traction animale, *xarxâs* (11e ou 12e siècle). (*Tang-e Lowšâ*).

> « Cet instrument, qui rappelle par ses formes les moulins romains, est composé de meules coniques emboîtées l'une dans l'autre. Le grincement des pierres, intolérable à des oreilles européennes, paraît sans doute fort harmonieux aux "Illiates" (les nomades) et n'empêche pas en tout cas les oisifs et les jolis cœurs de se grouper et de faire la roue autour des belles meunières de la tribu. » (Dieulafoy, 1990a, p.120).

Ces nomades préservaient probablement une tradition millénaire (le moulin est du type sablier que l'on a retrouvé sous les cendres de Pompéi) et n'utilisaient jamais la force animale pour la mouture du grain. En effet, selon Moritz, le moulin de type sablier était utilisé avant le moulin mû par l'énergie animale (Moritz, p. 59).

Quoi qu'il en soit, le moulin mû par l'énergie musculaire a un rendement si faible qu'il se contente de pallier les déficiences du moulin à eau, comme le remarque notre géographe d'Eṣfahân. Toutefois, il n'y a pas toujours de rapport de cause à effet entre l'abondance de l'eau et l'absence de ce type de moulin (ou l'inverse) : au début du 12e siècle, les habitants de Xollâr, ville de la province du Fârs, n'ayant pas assez d'eau à leur disposition, faisaient tout simplement moudre leur grain dans un autre village (Ibn Balxi, p. 144), alors que leur ville était le centre de production de meules du Fârs (*ibid.*). Tout cela réduit le nombre de moulins actionnés par l'énergie organique, et en même temps explique leur absence dans les sources qui sont à notre disposition.

Il nous reste à parler du moulin à vent, installation beaucoup plus rare car elle était d'une utilisation limitée à l'Iran oriental – Sistân et sud du Xorâsân – là où le vent pouvait faire tourner les ailes[24]. Nous en trouvons de ce fait mention dans de nombreuses sources, mais il n'est pas toujours bien décrit par ses admirateurs.

Le moulin à vent possède 8 ailes (*parre*) dont chacune se fixe, à l'aide de quelques bâtons (*bâzu*), à l'arbre de rotation (fig. 12) dont la longueur est de plus de six mètres. Une des extrémités de cet arbre (*tirpol*) est fixée par un clou (*mix*) dans la meule tournante qui se trouve à l'étage en dessous. L'autre extrémité de l'arbre entre dans la cavité (*kalusi*) d'un pilon (*xarpol*) de 5 m, installé sur deux murs bâtis sur le *sâyešgâh*, la chambre à moudre. Ces deux murs joints à un troisième ne laissent qu'une seule entrée au vent (*darvâze-ye bâd*) (Yaḥyâ'i, pp. 236-9, Wulff, pp. 286-7).

Le nombre total de ces moulins ne nous est pas parvenu, et c'est seulement à la fin du 19e siècle et au début du 20e que les moulins de quelques villages et contrées ont été chiffrés. Hedin, voyageant dans le désert entre le Sistân et le Xorâsân, arrive à un village, nommé Meygon, qui possède 8 moulins à vent, dont 5

24. Pendant l'été, le vent "des 120 jours", (*ṣad-o bist ruze*) souffle du nord, des steppes de Qizil-Qum au Turkménistan, vers le sud, le Sistân (Wulff, p. 284, Maẓâheri, 1951, p. 278). De Mašhad et Harât, au Xorâsân, jusqu'à l'Inde, les voyageurs rencontraient des moulins à vent qui possédaient huit ailes horizontales (*ibid.*). Selon Idrisi (12e siècle), au Sistân « les vents violents y soufflent avec une telle continuité, que, pour moudre le grain, on y a construit des moulins mûs par cette force » (Idrisi, I, p. 443). (Voir aussi Iṣṭaxri, p. 10, Yâqut, p. 110. Wiedemann, pp. 218-9, regroupe toutes les citations à ce sujet).

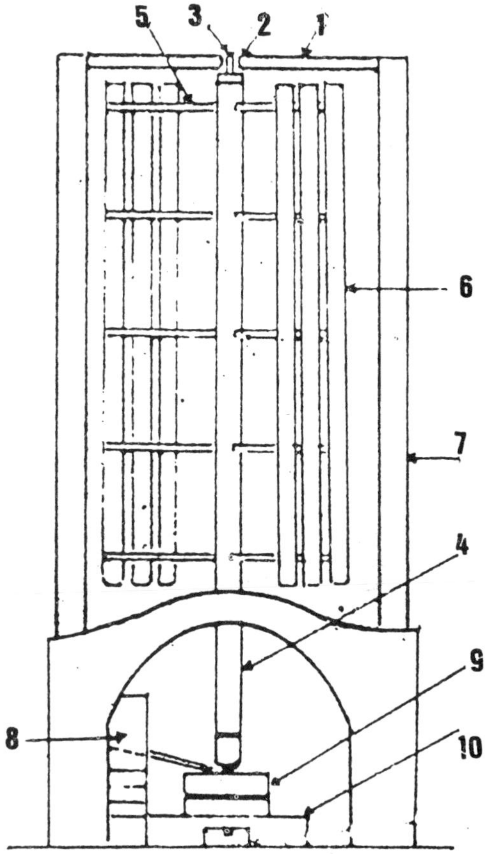

1 – *xarpol* : pilon
2 – *kalusi* : cavité
3 – *qalandarak* : pivot
4 – *tirpol* : arbre
5 – *bâzu* : bâton
6 – *parre* : aile
7 – *sâyešgâh* : lieu de la mouture
8 – *dul* : trémie
9 – *čarxâsiyâ* : meules
10 – *tâvare* : support en maçonnerie

Figure 12 – Moulin à vent au Sistân. (Yaḥyâ'i).

hors d'usage (Hedin, II, p. 147). À Meygon n'habitent que 80 familles, et comme le montre Bâstâni Pârizi, tant de moulins indiquent peut-être que le village moud le grain pour les villages des alentours (Bâstâni Pârizi, 1985, p. 339, n.1). Ceci est aussi vrai de Neh, où Hedin compte 400 maisons, 30 boutiques dans le bazar et 75 moulins à vent (Hedin, II, p. 152). Yate y énumère 500 maisons et une longue rangée de 50 moulins à vent (Yate, p. 72). À quelques kilomètres de Neh, il en trouve une douzaine, à Ṭabas[25] une rangée de 30 ou 40, à Xavâf un nombre qu'il ne précise pas (*ibid.*, pp. 73, 126 et 131).

25. Ferdinand confond ce village, au nord-est de Neh et près de la frontière actuelle entre l'Iran et l'Afghanistan, avec la ville qui porte le même nom, située à la lisière du désert central et conclut que les moulins à vent étaient répandus, vers l'ouest, jusqu'à cette ville (Ferdinand, p. 73). Voir la carte des moulins à vent pour la situation géographique de Ṭabas.

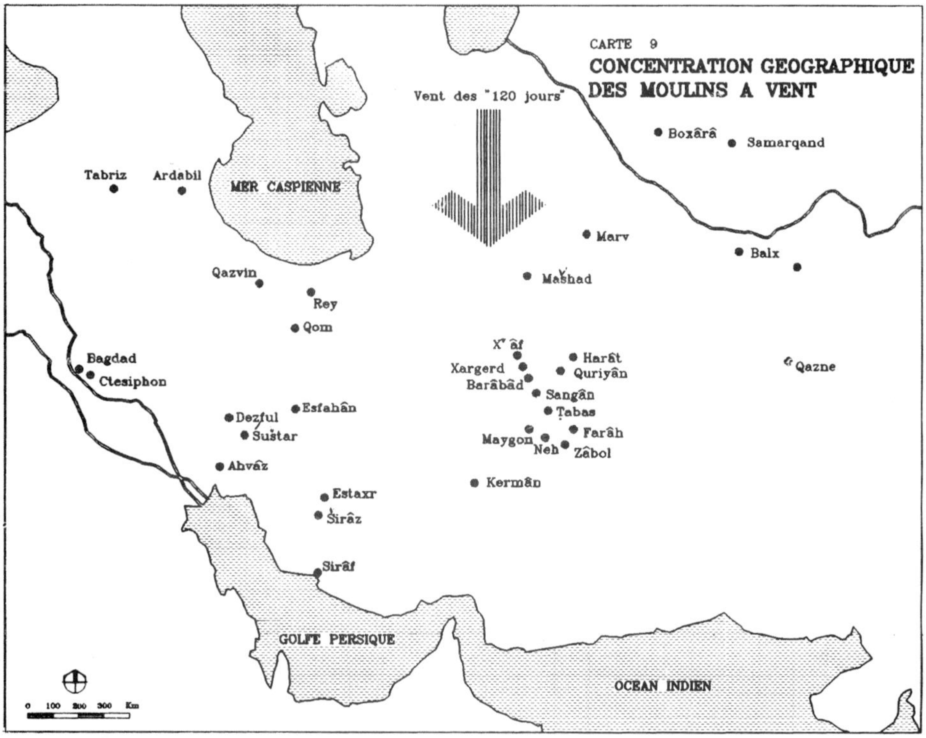

Carte n°9 - Concentration géographique des moulins à vent.

Actuellement, plusieurs villages possèdent encore des moulins à vent vieux de plusieurs siècles: à Xavâf il existe 22 moulins à vent alignés sur deux rangées de 11, à Xargerd il y en a 13, à Lâj 3, à Barâbâd 18, dans les autres villages encore (Bâstâni Pârizi, 1985, p. 340). À Zâbol, au Sistân, 3 moulins à vent sont maintenant hors d'usage (Ferdinand, p. 73). En Afghanistan, à Q̄uriyân, à l'ouest de Harât, 13 moulins à vent sont décrits par Ferdinand et ceux qu'il remarque aux alentours de Farâh sont toujours en activité (*ibid.*, p. 72 et 74).

Ces informations sont reproduites sur la carte n°9 qui nous montre tous ces moulins regroupés dans une zone partagée entre l'Iran et l'Afghanistan. En fait, un "couloir du vent", d'une largeur d'une centaine de kilomètres et venant du nord de l'Iran fut à l'origine de la construction de ces moulins dans cette zone, et là seulement.

Évaluer le nombre de moulins à vent actifs en Iran, suivant les données dispersées que nous possédons, est certes difficile, mais nous pouvons toutefois arriver à une approximation: il semble que leur nombre n'ait pas dépassé plusieurs centaines, ce qui se justifie par le fait que la région du désert où se trouvent les moulins à vent est assez peu peuplée.

Que le moulin à vent n'ait jamais quitté cette région de l'Iran nous conduit à la conclusion paradoxale que la part du moulin à vent dans le patrimoine énergétique de l'Iran est très limitée par rapport à celle du moulin à eau et que ce dernier dépasse en nombre et en fonction le premier. Et cela, dans un pays où l'eau est chichement dispensée...

L'ÉCONOMIE DES MOULINS

La construction des moulins à eau sur les canaux d'irrigation et les *qanâts* démontre que l'eau de ces voies d'eau artificiellement construites était utilisée comme source d'énergie, avant de perdre sa force dans les champs. Dès l'époque sassanide les moulins à eau s'étaient édifiés sur ce genre de cours d'eau, devenant parfois encombrants pour le propriétaire de l'eau. Cela imposa des solutions d'ordre juridique au pouvoir législatif sassanide. Ainsi, le corpus juridique de cette époque, le *Matikan-e Hazar Datastan*, incorpore aussi des lois qui résolvent les litiges soulevés par le moulin à eau avec le propriétaire de l'eau ou du terrain. Par exemple :

> « Quand quelqu'un, en accord avec celui qui possède un canal souterrain *katas*[26], construit un moulin à eau, *âsâp*, le long du canal, et que la structure du moulin, *dâr ô darakht*, obstrue le courant d'eau, *âpvârih*, où qu'il se trouve, le propriétaire du canal ne peut pas arrêter l'eau nécessaire pour que le moulin soit mû ; mais légalement, il peut éloigner autant qu'il est nécessaire tout ce qui appartient à la fondation du moulin et qui se trouve dans le cours d'eau. » (*Matikan*, § XLII, X+126).

Il s'agit ici bien sûr du propriétaire du canal souterrain ou *katas*. Comme la construction de ces canaux demande des investissements considérables, il est normal que le propriétaire puisse jouir de son droit de propriété. Le cas de conflit évoqué par le *Matikan* est donc assez précis puisqu'il met en cause celui qui, avec le consentement du propriétaire d'un *qanât*, construit un moulin sur le chenal issu du *qanât*. Ailleurs, le *Matikan* affirme que « quand un moulin à eau est construit sur le cours d'eau de quelqu'un et sur le terrain de quelqu'un d'autre, et qu'il est en fonction, le droit du propriétaire de ce cours d'eau ne disparaît pas. » (*Matikan*, § XLII, X+125). Plus question ici de consentement entre les différentes propriétés, et celui à qui appartient le cours d'eau, selon Balsura, peut faire ôter le moulin quand il le veut (*ibid.*).

À l'époque sassanide, on établit une nette distinction entre le droit de possession d'un terrain, celui d'un cours d'eau et celui d'un moulin. Lorsqu'un testateur lègue le terrain à quelqu'un et le cours d'eau à quelqu'un d'autre, et que le testateur y avait construit un moulin à eau, le moulin n'appartient à aucun de ces

---

26. Ces *katas*, ou plus exactement ces *kts-kats*, selon la lecture de J. de Menasce, ne sont autres que les *qanâts* (Goblot, 1979, p. 20).

deux héritiers (*Matikan*, § XLII, X+125). Cela montre que le moulin à eau avait bien son propre territoire, et que sa construction sur les cours d'eau privés et souterrains pouvait soulever des litiges.

Par contre le *Matikan* ne nous informe pas sur les éventuels droits d'exploitation de l'eau qui auraient pu être payés par le propriétaire du moulin. Nous savons qu'à l'époque islamique, les moulins payaient des taxes, différentes selon que l'on exploitait l'eau d'un *qanât* ou celle d'une rivière. Selon *Târix-e Qom*, dans certaines contrées, les moulins installés au bord de la rivière payaient 70 *derhams*[27] de taxe et ceux qui étaient construits loin de ces sources d'eau, et donc utilisaient l'eau de *qanât*, étaient imposés de 25 *derhams*. Ce dernier taux, à la fin du 10e siècle, fut ramené à 12,5 *derhams* (*Târix-e Qom*, pp. 119-120, Houtum-Schindler, p. 71).

Le fait que le moulin mû par l'eau de *qanât* payât moins de taxes que celui qui fonctionnait avec l'eau de la rivière montre que l'eau de *qanât*, vu l'investissement qu'il demandait, était plus chère que celle de la rivière, et que c'est donc bien le moulin qui payait l'eau. Mais parfois aussi l'eau d'un même cours d'eau ne se vendait pas toujours au même prix : à mesure que l'on s'éloigne de la bouche des canaux ramifiés, l'eau perd de sa vitesse et donc de sa force. En conséquence, le moulin qui est situé près de la bouche du canal peut profiter d'une énergie hydraulique plus importante que celui qui est plus loin, en aval. Cela explique la raison pour laquelle, à maintes reprises, Abu Naṣr-e Heravi donne trois prix différents pour l'eau qui fait tourner les moulins sur le même cours d'eau. Dans la région d'Anjil, les moulins en amont payent 500 *dinâr*s de Tabriz, ceux du milieu 300 et ceux qui sont situés en aval 150 (Abu Naṣr-e Heravi, p. 20). Dans la région de Xiyâbân, on paye 300, 150 et 100 *dinâr*s de Tabriz, à mesure que le moulin s'éloigne de la bouche du cours d'eau (*ibid.*, p. 53).

La taxe pouvait aussi se mesurer au débit utilisé : à Eṣfahân, selon le *ṭumâr* safavide, un moulin à eau payait 1 000 *dinâr*s par *sang* d'eau[28] (Lambton, 1938, p. 670). Enfin, il se pouvait que l'eau fût gratuite. Le propriétaire d'eau n'était pas forcément celui du moulin, mais souvent l'eau appartenait au propriétaire foncier. Parfois, celui-ci permettait que les moulins s'alimentent aux sources d'eau qui couraient dans ses terrains, et cela moins dans un but lucratif (par exemple la priorité au moment de la mouture) que pour accomplir un acte de charité (Bâstâni Pârizi, 1985, p. 275). C'est ainsi que le moulin ne payait pas l'eau. Cette gratuité d'exploitation de l'eau était liée à une institution islamique, le *vaqf*[29], qui consistait

27. Selon Houtum-Schindler (p. 73), 8 000 *dinârs* équivalaient à 4500 £, et, en 801 de notre ère, il fallait 58,82 *dinârs* pour obtenir 1 000 *derhams*.

28. Un *sang* d'eau à Eṣfahân est la quantité d'eau nécessaire pour arroser un *jarib*, soit 1 250 m², de terrain pendant une heure (Lambton, 1953, p. 408).

29. Les bénéficiaires d'une telle donation, « peuvent être de deux catégories : il peut s'agir de particuliers, par exemple de descendants du donateur... Le but du *vaqf* en ce cas est en général d'assurer, contre le morcellement successorial et le droit des filles, la continuité d'un domaine que l'on peut aussi souhaiter à l'abri des confiscations et des appétits de l'Etat. L'autre catégorie de bénéficiaires consiste en des institutions d'intérêt public, mosquées, hôpitaux, écoles, ponts,

en donations pieuses de propriétés. Suivant les épigraphes d'Astarâbâd, copiées soigneusement par Rabino au début du 20e siècle, il devient clair que l'eau des rivières aussi bien que celle des *qanât*s furent à maintes reprises l'objet de donations. En 1534, un notable de la ville mit à la disposition de tous les habitants d'Astarâbâd 3 *sangs* des 18 1/4 *sangs* d'une rivière (Rabino, 1928, pp. 51-2 des documents persans). En 1552, 1633 et 1645, les dispositions qui touchèrent les *qanât*s tantôt les accordèrent aux habitants de la ville, tantôt distribuèrent leur revenu à des établissements religieux variés (*ibid.*, p. 29, 38 et 40).

À Kâšân aussi, selon un acte de donation fait en 1472 par le gouverneur de la ville, les eaux de plusieurs *qanât*s devinrent la propriété de la nouvelle mosquée (Żarrâbi, pp. 509-10). Ainsi, trois formes de droit de possession des eaux coexistaient en Iran : les gouverneurs ou l'État, les particuliers et, par le biais du *vaqf*, l'appareil religieux.

En ce qui concerne la propriété du moulin lui-même, des renseignements nous sont fournis par la toponymie. Les moulins en Iran portent des noms, pratique qui remonte certainement à l'époque sassanide. Ce nom est parfois celui d'une personne, comme *âsiyâ-ye 'Abdollâh* ou *Aḥmad*, mais parfois aussi il est tiré du lieu de la construction du moulin, d'un village environnant, ou bien du ruisseau sur lequel il est posé, comme *âsiyâ-ye Juzaq* (village) ou *Šahrestân* (ruisseau). Le moulin de "Mehr-Esfand" à Qom appartenait de toute évidence à une personne du même nom à l'époque sassanide et tous les autres moulins qui ont été construits à Qom après la chute de l'empire sassanide portent un nom, selon l'ancienne tradition. Ainsi, le moulin de Mobârakâbâd, construit par un certain Moḥammad ebn-e Ḥamze en 884 de notre ère, porte le nom du lieu de sa construction (*Târix-e Qom*, pp. 52-6).

On observe la même pratique à Yazd, avec des nuances quant à l'origine des noms : un moulin construit par un riche chrétien de cette ville est appelé *âsiyâ-ye tarsâ*, le "moulin du chrétien" (Ja'fari, p. 150, Kâtebi, p. 219), du nom de la religion du constructeur. De même, au Lorestân, aux alentours de Xorramâbâd, on dénomme *asio gowri* les décombres de deux moulins (Bolukbaši, p. 374). *Gabri* ou *gowri* désigne en persan un zoroastrien, et on peut en inférer que le moulin fut construit par une personne de cette religion, ou bien qu'il était d'origine sassanide et que les nouveaux propriétaires le nommèrent de façon à préserver son origine. Ḥâfeẓ-e Eṣfahâni nomma son moulin (fig. 13), construit à la fin du 15e siècle, "Moḥammadi", d'après le nom du prophète (Ḥâfeẓ-e Eṣfahâni, p. 138).

Parfois aussi, le moulin qui vient d'être érigé est dénommé *now*, "nouveau" (*Târix-e Qom*, *ibid.*, Kâtebi, *ibid.*), par opposition au moulin le plus ancien qui reçoit alors la dénomination de *kohne*, "vieux" (Kâtebi, *ibid.*). On trouve à travers tout l'Iran des exemples de ces multiples cas de figure.

---

sources, caravansérails, etc. ; en ce cas le *vaqf* correspond en gros aux donations des fidèles chrétiens à leurs églises » (Cahen, 1970a, p. 110).

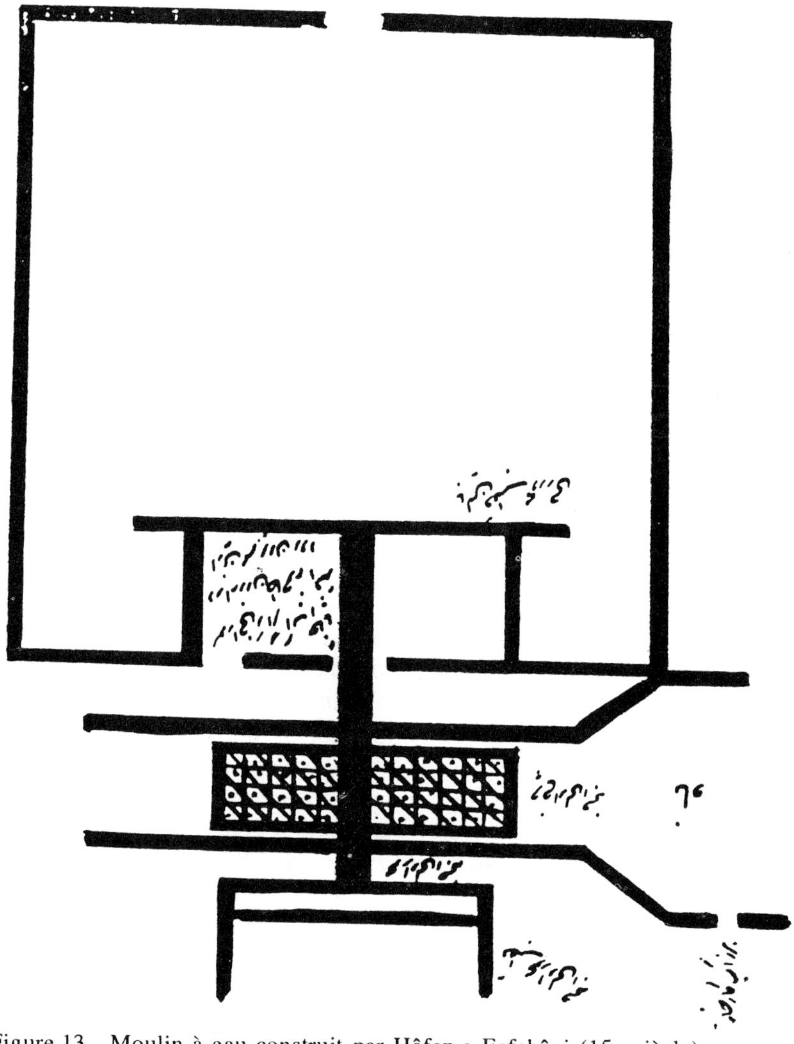

Figure 13 – Moulin à eau construit par Ḥâfeẓ-e Eṣfahâni (15e siècle).

Le fait de continuer à nommer les moulins dans l'Iran post-sassanide, non seulement assure la pérennité d'une tradition sassanide, mais aussi, et cela plus implicitement, montre la continuité de la forme de propriété de ces machines. Cette forme, dans ses premières versions, est privée. Que le nom d'une personne, de sa croyance ou de son milieu s'associe à un moulin, cet appareil reste toujours en possession de cette personne.

Mais d'autres formes de propriété existaient aussi. Les moulins, exactement comme l'eau, sont souvent objet d'une donation pieuse, et ce sont des institutions d'intérêt public, mosquée, hôpitaux, etc. qui bénéficient alors du revenu de ces moulins. Le système existait déjà au 9e-10e siècle et 8 sur les 51 moulins de Qom furent donnés partiellement en *vaqf*, c'est à dire que leur utilisation fut partagée entre le propriétaire et l'organisme bénéficiaire du *vaqf* (*Târix-e Qom*, p. 56).

Atâbak Abubakr ebn-e Sa'd, qui régnait sur le Fârs dans la première moitié du 13e siècle, s'acquit la reconnaissance de ses sujets pour les constructions publiques qu'il fit ériger, et qui comprenaient les écoles, les mosquées et les marchés de Širâz et de ses alentours. De plus il offrit à chaque établissement des fermes, des jardins et des moulins comme sources de revenus (Vaṣṣâf, p. 92).

À Dâmqân, au centre-nord de l'Iran, une épitaphe dans le mausolée d'un saint indique qu'au début du 15e siècle une personne inconnue consacra l'eau, le terrain, l'ensemble d'un moulin et les terrains qui appartenaient à ce moulin à la maintenance et la gestion de ce mausolée (Ṭâheriyâ, p. 135). Dans la même ville, on trouve deux autres exemples de *vaqf* de moulin au 19e siècle, pour les étudiants en théologie et leurs écoles (*ibid.*, pp. 27-8).

En 1588, la fille du roi Ṭahmâsb, afin d'assurer la gestion du tombeau du célèbre Šâh 'Abd al-'aẓim à Rey, dédia aux religieux responsables de cet établissement une ferme et ses dépendances dont des *qanât*s et des moulins à eau, en bon et en mauvais état (Hedâyati, pp. 93-4).

Mais parfois le *vaqf* d'un moulin était destiné aux indigents et aux nécessiteux: « Il y a divers bâtiments considérables en dehors d'Ispahan. Il y a ensuite le tombeau d'Allâh-Verdi Khân, favori d'Abbâs II, où est une fondation destinée à donner à dîner tous les jours à cent pauvres passants. La dépense se tire des revenus des bains, des moulins et des marchés qui sont proches du mausolée. » (Chardin, III, p. 75).

Dans tous ces actes de donation, ce n'est pas le moulin qui assure à lui seul les dépenses nécessaires aux établissements concernés. En réalité, le moulin, comme équipement d'une ferme, subit le sort de la donation, une fois que la ferme elle-même est dédiée. C'est pour cette raison que même les moulins en panne furent mentionnés dans la donation de la fille du roi Ṭahmâsb. Néanmoins, il se peut aussi qu'une destination bien précise soit fixée pour le moulin. Dans son acte de donation, Tarxân Xâtun, la souveraine du Kermân au 13e siècle, précise que le moulin à eau est dédié à l'entretien d'un mausolée dans tel village (Bâstâni Pârizi, 1985, p. 277). Le *vaqf*, qui englobait la propriété foncière ainsi que le moulin, « devait prendre un développement considérable à la fin du Moyen Age, comme méthode de protection de ces institutions contre les insuffisances ou les cupidités d'États dégradés; cela était encore relativement modeste à l'époque abbasside, où ces institutions étaient moins nombreuses et gérées normalement sur le budget ordinaire de l'État. » (Cahen, 1970a, p. 110). Ces propos de Cahen sur les "cupidités d'État" s'avèrent parfaitement justes à l'égard de l'Iran: à l'époque mongole, en 1286 sous le règne de Arqun Xân, un quart des terrains de la province du Fârs fut confisqué par le fils du souverain, ainsi que les *qanât*s et les moulins qui s'y trouvaient. Les réclamations des propriétaires fonciers n'aboutirent à rien (Vaṣṣâf, p. 138). Apparemment, le changement forcé de propriété d'un terrain englobait aussi, contre le gré du propriétaire, les machines et les installations hydrauliques. Et comme la confiscation des propriétés foncières était assez courante en Iran, vu le changement perpétuel de pouvoir politique, un moulin à eau subissait aussi les séquelles de ces vicissitudes de toutes sortes. Au 19e siècle, Perrin, examinant les revenus de la Perse fondés sur les commerces, les bains et les moulins à eau, conclut que «... la source de ces revenus a considérablement augmenté depuis l'extinction de la famille des Sofys, de celle de Kerim[30], ces deux révolutions ayant été signalées par des confiscations sans nombre. » (Perrin, IV, p. 131).

Il se pouvait donc que l'État ou le souverain possédassent des moulins. En effet, le fait qu'un souverain fasse un acte de donation de ces machines prouve qu'elles lui appartenaient déjà, qu'elles aient été confisquées ou achetées. Dans l'acte de donation de Tarxân Xâtun, on lit qu'elle avait acheté légalement son moulin de son propriétaire. Notons au passage que cet acte de donation met de surcroît en évidence trois formes de propriété des moulins en Iran: privée, royale, et en donation pieuse ou cléricale.

Le moulin pouvait aussi appartenir à l'ensemble d'une communauté villageoise ou cette communauté pouvait avoir des actions dans une telle machine. Dans certains villages, démunis de moulin à eau et de meunier, on installe dans chaque quartier et sous un abri, des moulins à main à la disposition de tous les habitants (Bolukbaši, p. 372). Par la suite, on pourrait un jour se payer le luxe d'avoir un moulin à eau: ce type de situation engendre une propriété communale.

Une cinquième forme existait aussi, celle de l'État. Le terme d'*âsiyâb-e divâni*, à Saraxs (Mohandes, p. 42), montre l'appartenance de ce moulin au *divân*, c'est-à-dire à l'État[31]. En effet, on observe à propos des moulins la même distinction que pour la propriété foncière et les mêmes formes de droit de possession se répercutent sur ces machines. De plus, comme le montre le cas de Qom, un moulin pouvait être sous propriété mixte, combinaison de plusieurs formes de droit de possession qui existait aussi pour la propriété foncière. Ibn Ḥawqal, au 10e siècle, atteste que dans le Fârs « les moulins appartiennent à l'État. » (Ibn Ḥawqal, p. 298). Ces moulins faisaient probablement partie de terrains appartenant à l'État ou au souverain. Mais il semble invraisemblable que tous les moulins d'une province fussent à l'État. En fait, le passage d'Ibn Ḥawqal dans le Fârs coïncida avec les nouveaux règlements que 'Ażod al-Dowle avait institués pour que les revenus de l'État s'améliorent: de nouvelles taxes furent établies et les moulins furent aussi obligés de payer des charges qui jusqu'alors n'existaient pas[32] (Ibn Meskaweih, VI, p. 71).

30. Les Safavides (1501-1722) et la dynastie fondée par Karim Xân-e Zand (1750-1794).
31. Nous avons déjà constaté que le salaire d'un *mirâb* à Boxârâ était en partie assuré par un moulin qui appartenait à l'État (voir chapitre V).
32. Il est fort probable que c'est à ces taxes d'État que fait allusion notre géographe, d'autant plus qu'il termine sa phrase en constatant que "le loyer des maisons dans lesquelles on fabrique l'eau de rose" est aussi à l'État, et non pas les fabriques elles-mêmes. En outre, selon Istaxri, qui visita cette

Le fait que les moulins aient été comptés parmi les ressources financières de l'État montre qu'il s'agissait d'une entreprise prospère. Néanmoins, le roi buyide dont il est question ici surestima sans doute cette prospérité, car on apprend que son successeur, Ṣamṣâm al-Dowle, annula à sa prise de pouvoir les taxes sur les moulins, sous la pression des meuniers et des propriétaires de moulins (Ibn Meskaweih, VI, p. 71 et 79). Il se peut aussi que cette annulation soit restée valable dans le Fârs jusqu'à l'époque des Salqorides (1148-1287), car, comme le démontre Vaṣṣâf, avant la pression financière des Mongols sur cette dynastie locale, les moulins ne payaient pas de taxes. Au début du 13e siècle, les Salqorides devinrent tributaire de l'empire mongol de l'Iran. Comme le roitelet de cette dynastie, Atâbak Saʿd ebn-e Zangi (mort en 1274) ne pouvait pas répondre aux exigences démesurées des Mongols, il décida de décréter l'imposition sur les bêtes de somme, les textiles, les *qanât*s, les roues hydrauliques et les moulins à eau (Vaṣṣâf, pp. 94-5).

Fasâ'i, qui cite ce passage de Vaṣṣâf dans son ouvrage intitulé *Fârsnâme-ye Nâṣeri*, rédigé en 1894-95, confirme que cette mauvaise tradition était toujours en usage à son époque (Fasâ'i, p. 21) : cette imposition avait été appliquée au début du 19e siècle dans toutes les provinces, et « une partie des revenus de la Perse consista dans les impôts établis sur les maisons, les caravansérails, les bains, les boutiques, les moulins à eau, les manufactures, et sur toute espèce de marchandise importée ou exportée. » (Perrin, IV, p. 131). Le fait que le moulin à eau ait été imposable comme une entité indépendante, à côté des autres activités artisanales et commerciales, témoigne que, durant le Moyen Age, le moulin participait activement au financement de l'État. D'ailleurs, tout comme ʿAżod al-Dowle, Nâder Šâh (1736-1747), dans sa nouvelle imposition, augmenta la taxe d'un moulin de 1,690 à 3,150 *dinâr*s (Ašrafiyân, p. 94). Ainsi, les moulins étaient compris dans chaque augmentation d'impôts. De plus, l'impôt forcé qu'un moulin à eau payait pour la cavalerie persane, confirme que le moulin à eau, exactement comme d'autres formes de propriété, pouvait subir des taxes arbitraires.

Le rapport entre le revenu d'un moulin, son prix, la taxe imposée et le montant de son loyer ne sont déchiffrables qu'au 19e siècle, dans une histoire locale de Kâšân : la taxe d'État d'un moulin à eau était de 18 *tumân*s[33] tandis que le moulin valait entre 500 et 1 000 *tumân*s ; la valeur de 10 moulins ensemble était de 7 500 *tumân*s. Le loyer de ces 10 moulins était d'environ 700 *tumân*s (Żarrâbi, p. 84), et donc de 70 *tumân*s en moyenne par moulin. Ailleurs, on voit que 36 moulins coûtaient 40 000 *tumân*s et rapportaient 3 500 *tumân*s (p. 79). Le prix d'un moulin avoisinait donc toujours 1 000 *tumân*s et son revenu était de 100

province avant Ibn Ḥawqal et termina sa relation de voyage en 951, soit 2 ans après l'avènement au trône de ʿAzod al-Dowle, « les moulins à eau qui se trouvaient aux alentours de Chirâz payaient des taxes au Sultan » (Wiedemann, p. 216). Il est donc difficile de considérer qu'entre le passage de ces deux géographes, les moulins de Širâz ont changé de propriétaire. Et la version d'Ibn Meskaweih est donc plus exacte.

33. 1 *tumân* = 20 francs au 19e siècle.

tumâns: ces fluctuations, d'une région à l'autre, n'étaient pas énormes. Ajoutons à ces charges les frais d'eau, et nous constatons que la location d'un moulin ne rapportait pas grand chose à son locataire, sauf si les frais d'eau et la taxe étaient payés par le propriétaire ou, au moins, partagés avec lui.

Le rendement d'un moulin, et donc son revenu, varie et dépend du type de moulin, de la quantité d'eau disponible, de la perspicacité du meunier, etc. Żarrâbi nous donne l'exemple d'un moulin à eau qui arrivait à moudre environ 6 000 kg en 24 heures (p. 89). Comme il le constate lui même, il s'agit d'un moulin d'une exceptionnelle puissance, dont le *tanure* est assez long et les rouages de bonne qualité. À Doroq, un village de la région de Kermân, un autre moulin, lui aussi exemplaire, moud 2 000 kg (Bâstâni Pârizi, 1985, p. 280). De même, *âsiyâ-ye Eškazar* à Yazd, construit au 19e siècle, produit 100 kg de farine par heure (Afšâr, p. 141). Tous ces moulins sont de type *tanure* et leurs colonnes d'eau doivent atteindre presque 8 mètres. Suivant Wulff, un moulin d'une telle hauteur de *tanure* à Širâz produit pendant les périodes de sécheresse, entre 2,5 et 4,7 boisseaux par heure, sinon 5,5 boisseaux quand le temps est favorable (Wulff, p. 281). Cela équivaut en moyenne à 100 kg par heure, soit environ 2 500 kg en 24 heures.

Olmer, au début de ce siècle, fait la même constatation : « Il faut environ 24 heures pour moudre 10 *kharvârs* (3 000 kilogrammes) de grains. On exige 8 *krans* (4 francs) pour le *kharvâr* de blé, et 10 *krans* pour celui d'orge dont l'enveloppe est plus dure. » (Olmer, p. 15). Un moulin comme celui-là peut gagner environ 2 *tumâns* par 24 heures, soit 40 francs, et son revenu annuel sera donc d'environ 700 *tumâns*. C'est bien un "super-moulin" car nous avons vu qu'en moyenne un moulin de Kâšân s'assure un revenu de 100 *tumâns* par an. De plus, un moulin ne fonctionne pas pendant toute l'année. Le moulin de Doroq ne moud que 3 mois par an, et les moulins de Širâz produisent moins pendant l'été. Quand il y a de l'eau, comme au printemps, la demande n'est pas assez élevée et, de ce fait, des hérauts déambulent dans les villes et annoncent le nom du moulin qui a de l'eau et se trouve disponible. Au contraire, lorsque l'eau manque, il faut remplir les réservoirs, le moulin ne peut tourner que pour une ou deux heures, et il faut donc faire la queue devant les moulins (Bâstâni Pârizi, 1985, p. 281-2, n.1). Cela influe directement sur le salaire du meunier : au moment de l'abondance d'eau, le meunier demande pour chaque charge de 75 kg, 3 kg pour lui même (*tanze*, ou *ṭesq)*, et en temps de sécheresse 4,5 kg ou plus (*ibid.*). Donc un moulin qui peut moudre 3 000 kg de blé par jour en gagne 120, un bon rendement comme nous l'avons remarqué[34]. Le moulin Eškazar de Yazd qui produisait 2 500 kilogrammes de farine en 24 heures, avait environ 90 kilogrammes de revenu[35] (*ibid.*, p. 271, Afšâr, I, p. 141). Mais un

34. Cette méthode de calcul de la main-d'œuvre n'a pas disparu avec l'arrivée des moulins à moteurs (*âsiyâb barqi*) en Iran. A Xalxâl, sur le versant intérieur du Tâleš au nord de l'Iran, on prélève « 1/20 de la farine, 1/15 au sud où ils sont peu nombreux » (Bazin, 1980, II, p. 99).

35. Ce moulin qui s'alimentait de l'eau d'un *qanât* ne fonctionne plus, car le *qanât* est bouché (Afšâr, I, p. 141).

moulin au Balučestân, « ne doit donner qu'un produit bien précaire, car il est souvent arrêté faute d'eau. » (Pottinger, I, p. 252).

Ce revenu du moulin est partagé entre le meunier et le propriétaire du moulin. Et, comme « presque toujours, le propriétaire du moulin ne travaille pas pour son compte » (Olmer, p. 15), ce partage reste à faire. Le meunier reçoit un pourcentage de la production totale et paye aussi son apprenti. Tous ces paiements, en règle générale, sont en nature et les bénéficiaires de cette machine mécanique ne sont en aucun cas inquiétés par les fluctuations de la monnaie.

Mais si le moulin est en donation pieuse, la situation est différente. Selon Bolukbaši, la totalité des revenus d'un tel moulin appartient au meunier (Bolukbaši, p. 378). Mais dans ce cas, comment est-il possible de se procurer l'argent nécessaire pour maintenir les établissements qui dépendent du revenu de ce moulin ? Lorsqu'un moulin est dédié à l'ensemble d'une communauté, la totalité de son revenu revient probablement au meunier, sinon il faut le louer : une partie du revenu (4,5/6) d'un moulin de Qazvin, nommé *Qušxâne* fut dédié par une princesse safavide pour l'administration de l'ensemble du mausolée de Šâhzâde Ḥoseyn. Ce moulin fut loué à partir de 1798 par un certain Karim Ṭaḥḥân[36], qui payait chaque année 2 *tumâns* et 2 500 *dinârs* à l'administrateur de cet ensemble (Bâstâni Pârizi, 1985, p. 588-92). Le revenu de ce moulin ayant été jugé bon, cela amena le prince de l'époque à le confisquer, à en expulser ses locataires qui y travaillaient depuis une trentaine d'années, et enfin à le vendre à une autre personne (*ibid.*).

L'histoire du moulin de Qazvin nous fait reconnaître toutes les formes de propriété qui furent connues en Iran : royale, privée, *vaqf*, mixte, location, et même la confiscation. La suite de la même histoire révèle que jusqu'en 1884, le sort de ce moulin n'était pas encore fixé. Il appartenait pour moitié à un commerçant et cela malgré tous les plaintes que les religieux avaient déposées et même en dépit d'un décret du roi en 1836 en faveur de ces derniers. Aujourd'hui, les preuves de ces donations au clergé sont conservées par un célèbre âyatollâh de Qom, sous la forme d'un livre. Voilà donc un moulin qui, dès l'époque safavide, n'arrête pas de manifester son importance dans la vie quotidienne de l'Iran.

---

36. *Ṭaḥḥân* veut dire meunier.

CHAPITRE VIII

LES AUTRES UTILISATIONS DU MOULIN

Il est incontestable que la plus grande partie de l'énergie hydraulique transmise par les moulins servait à la mouture des grains. Néanmoins, on ne peut manquer de relever l'application de ce type d'énergie à des usages différents, mettant en œuvre des machines qui peuvent alors être réparties en plusieurs catégories, selon le type de mouvement qu'elles génèrent et utilisent. Dans le cas le plus simple, une telle machine exploite le même principe de reproduction du mouvement circulaire que le moulin à farine, et sa structure technique demeure identique, à quelques modifications près. Elle peut aussi s'en différencier, en adaptant d'autres systèmes et techniques de transfert du mouvement, et présenter dans ce cas un changement structural. Un exemple du premier cas est le moulin à sucre, et le moulin à papier, qui use du système à cames, représente la deuxième. Ces deux sortes de machines existaient en Iran, et nous y reviendrons bientôt. On constate par contre l'absence de machines qui, comme le moulin à scier le bois, utilisaient l'énergie hydraulique et avaient adapté le système bielle-manivelle ou d'autres systèmes.

Nous nous attarderons un peu sur le moulin à scier le bois ou la pierre qui illustre assez bien notre propos. Il demande, en premier lieu, un mouvement rectiligne continu dans le plan horizontal, mouvement dont la production n'était pas simple et posait des difficultés de conception et de construction. En Europe, « jusqu'à la fin du 14e siècle, faute de n'avoir pu découvrir ou construire le système bielle-manivelle, on avait été contraint d'utiliser soit des machines plus coûteuses parce qu'exigeant la présence d'aides, soit des machines plus ou moins compliquées, alternatives dans certains cas, continues dans d'autres mais qui devaient marcher avec beaucoup de difficultés. » (Gille, 1951, p. 43). Même la conception du système bielle-manivelle n'offrit pas la solution attendue, car sa fabrication n'avait rien d'aisé et les techniciens du 16e siècle se heurtèrent à nombre de difficultés pratiques.

Toutefois, les moulins à scier le bois du duché de Saxe utilisaient un tel système au tout début du 17ᵉ siècle, date à laquelle l'ambassadeur de ʿAbbâs Iᵉʳ, le "Don Juan persan", les remarqua[1]. Traversant la Saxe, il décrit brièvement les activités minières de ce duché, puis ajoute qu'il « était très étonné par les nombreuses fabriques à scier le bois qui fonctionnaient par la force motrice de l'eau, et qui sciaient le bois destiné aux mines. »[2] (Bayât, p. 308).

L'ambassadeur, imbu de tout ce qui se trouvait en Iran, n'hésite pas à comparer les moulins de Saxe à un moulin à scier qu'il aurait lui-même vu dans son pays. Or, on ne trouve aucune trace de ce moulin dans les sources disponibles, pas plus que du système bielle-manivelle qui en fait le principe. La manivelle était pourtant connue en Iran, où elle équipait certains rouets à tisser. Par contre, les moulins à main étaient toujours manœuvrés avec des poignées excentriques.

C'est au 11ᵉ siècle que la manivelle fait son apparition en Occident où elle aurait donné naissance au vilebrequin, utilisé plus tard dans certaines applications du système bielle-manivelle (Gille, 1951, pp. 43-4). Le vilebrequin, quant à lui, n'a pas laissé de trace dans l'outillage persan et les Iraniens ne s'en servaient pas (Chardin, II, p. 81). Roberston, qui présente les outils de l'artisanat iranien entre 1840 et 1842 devant la Société Royale de l'Art d'Ecosse, ne mentionne guère ce type d'appareil. Les perçoirs à archet ou à pompe (Roberston, 1842, p. 53 ; Chardin, *ibid.*), et le vilebrequin n'y trouvent pas leur place (fig. 14, voir aussi Pl. VII), tout comme c'est encore le cas en Iran actuellement (Wulff, p. 85). En outre, les scies dessinées et décrites par Roberston sont des scies à cadre et à tronçonner, toutes deux à main (Roberston, 1842, p. 52).

Quant au mouvement qui actionne le moulin à scier, transfert du mouvement circulaire en mouvement rectiligne continu, on en trouve le contraire, à savoir le transfert du mouvement rectiligne en mouvement circulaire continu, dans deux types de moulins à bras de l'Allemagne du Sud au début du 15ᵉ siècle (Gille, 1951, p. 44). À part eux, les tours en Europe se mirent également, mais lentement, à adopter de la même façon le système bielle-manivelle. Pourtant, « la grande majorité des tours qui figurent dans l'Encyclopédie de Diderot, sont des tours alternatifs analogues à ceux employés au Moyen Age. Le premier tour à pédales conservé est un tour à perforer qui est conservé au Musée des Brasseurs, à Anvers. Il date de la seconde moitié du 16ᵉ siècle. » (Gille, 1951, p. 46). Ailleurs, B. Gille donne l'exemple d'un tour à deux pédales, représenté sur un vitrail de la cathédrale de Chartres, et daté du 13ᵉ siècle (Gille, 1978, p. 534). Leroi-Gourhan donne le schéma d'un tel tour dont le mouvement est produit à l'aide d'une courroie de

---

1. Les scieries hydrauliques faisaient déjà partie de l'industrie européenne au 15ᵉ siècle. En 1455, les Portugais, dans les plantations de canne à sucre de l'île de Madère, installèrent quelques scieries hydrauliques qui coupaient sans interruption le bois et les planches de diverses grandeurs (Meyer, p. 52).
2. Vers le 16ᵉ siècle, les mines de Saxe étaient à la pointe du progrès européen et les mineurs allemands étaient envoyés dans d'autres pays, comme l'Angleterre, pour y améliorer les méthodes.

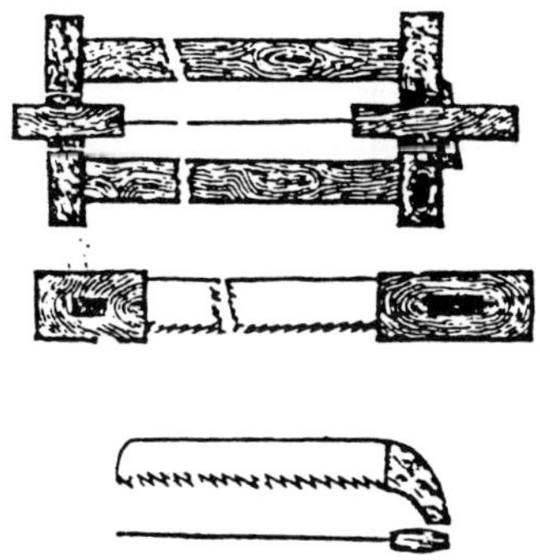

Scies
(*arre*)

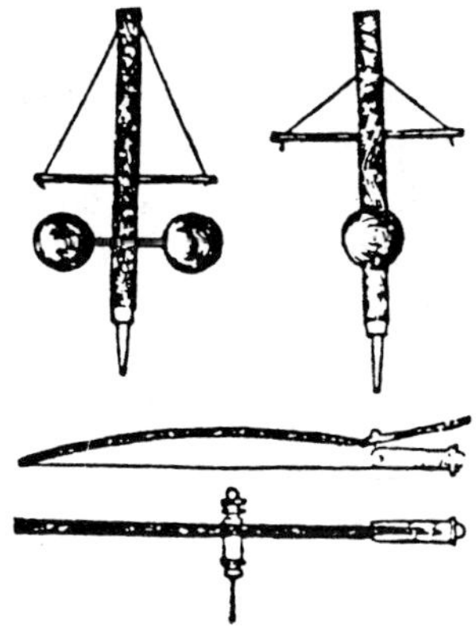

Perçoirs à pompe et à archet
(*kamân-e drudgari*)

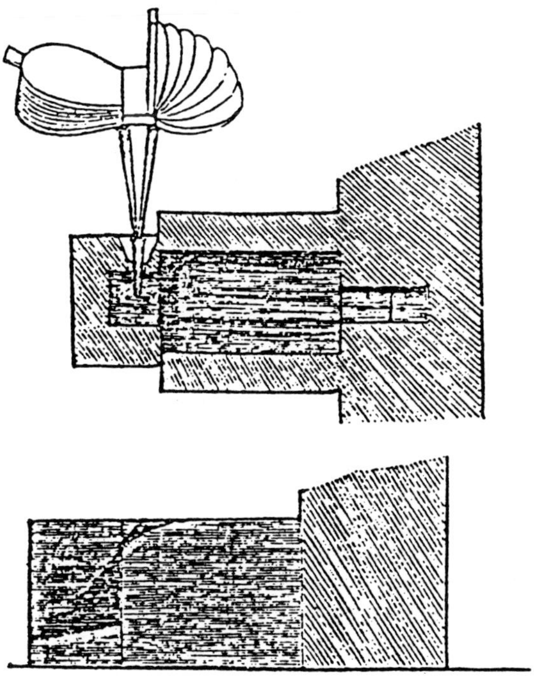

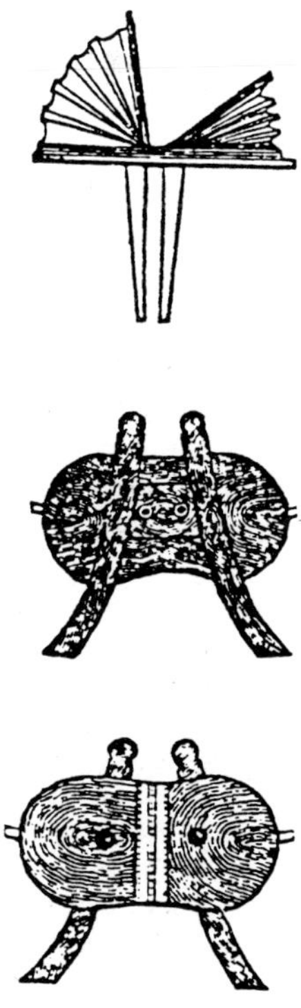

Soufflets
(*dam*)

Figure 14 – Outils de l'artisanat iranien (19e siècle).
(Robertson, 1849).

transmission, tirée alternativement par l'une ou par l'autre pédale (Leroi-Gourhan, 1971, p. 180, fig. 135).

Si l'on en revient au système iranien, on constate qu'entre le tour français, muni ou non d'un système bielle-manivelle, et le tour iranien, il existe une grande différence, que R. du Mans met en évidence en 1660 :

> « [Les] *kharrâts* sont tourneurs de bois à l'archet à la main comme en Espagne, non point au marche pied comme en France. De tourner l'ovale, la vis, les figures équilatères, rose et clisse, ils ne savent ce que c'est. Pour couvrir les colonnes de laque, qui semblent vernis de Chine, ils le font à merveille en agitant leur bois tourné sur les poupées par le moyen de l'archet et ce promptement, sans interruption, et en tenant leur laque ou cire d'Espagne dessus... » (R. du Mans, p. 203).

Et « quand ils veulent tourner de petites pièces, l'ouvrier n'a que faire d'aide, car d'une main il remue le pivot avec un archet, et de l'autre il tient sa pièce. » (Chardin, II, p. 81). Wulff donne la même description de ce tour, utilisé encore aujourd'hui en Iran (Wulff, p. 91).

La méconnaissance du vilebrequin, l'utilisation restreinte de la manivelle au rouet, l'emploi de l'archet et du bras pour créer un mouvement circulaire alternatif, et l'absence de système bielle-manivelle dans les sources disponibles ne nous permettent pas de croire à l'utilisation de ce système dans le système technique iranien. Là où le transfert de mouvement rectiligne en circulaire continu, ou vice versa, est nécessaire, l'artisanat iranien reste fidèle à son savoir-faire et à ses outils et machines en bois. Un appareil comme le tour, à sa naissance, « fut la contribution décisive du bûcheron au développement des machines, relevé pour la première fois chez les Grecs » (Mumford, p. 80), perdura jusqu'au présent siècle en Iran, et préserva, probablement sans le moindre changement, ses fonctions traditionnelles.

Cette stagnation du métier et des outils de l'artisanat relève, selon Malcolm, de l'arbitraire des régimes politiques que connut l'Iran durant le Moyen Age, et qu'il analyse ainsi :

> « Les classes paisibles et civilisées de la Perse qui habitent les villes, les bourgs et les villages, ont fait dans les arts utiles, comme dans ceux d'agrément, de grands progrès ; mais il paraît, tant par leurs ouvrages que par le récit des voyageurs européens, qu'ils étaient aussi avancés il y a plusieurs siècles qu'ils le sont aujourd'hui. Cela doit être attribué encore moins à leurs préjugés et aux déchirements intérieurs qu'a éprouvés leur pays qu'à la forme et l'esprit de leur gouvernement. Des hommes qui vivent sous un despotisme sévère ne peuvent connaître quelque bonheur qu'en se résignant à leur condition, telle qu'elle est. Toute tentative d'amélioration est accompagnée de danger pour celui qui la fait. S'il a découvert quelque nouvelle branche de commerce, les gains qu'il aura faits seront estimés trop haut, et il se trouvera exposé à la cupidité des puissants. S'il montre, comme ouvrier, un talent supérieur, son travail sera ainsi pour l'avantage du prince, ou pour celui du despote secondaire qui gouverne sous lui. Rend-on publics quelques nouveaux principes de science ? Quelque justes qu'ils soient, on est soumis à toutes les hostilités de cette classe formidable de gens de loi dont le rang dans la société est fondé sur la présomption de la supériorité de leur savoir, et qui sont disposés à

traiter toute attaque faite à leur doctrine comme un crime au moins égal à une hérésie. Près de ces obstacles si propres à empêcher les progrès de l'instruction, il n'y a rien pour l'encourager. Tant de vicissitudes menacent habituellement tous les individus, que très peu songent à autre chose qu'à pourvoir à leurs propres besoins. » (Malcolm, IV, pp. 306-8).

On pouvait encore se trouver devant un autre cas de figure, lorsque le monopole de l'État sur une branche de l'industrie interdisait à tous les artisans de ce domaine la pratique de leur métier, afin de ne pas porter préjudice aux bénéfices de l'État. C'est ainsi que « les responsables de savonnerie de Neyriz achetaient le suif et les matières premières du savon à bon marché, et vendaient le savon très cher en interdisant à qui que ce soit la fabrication et le commerce du savon. Si quelqu'un enfreignait leur loi, il était obligé de payer l'amende » (Bâstâni Pârizi, 1979, p. 30). En 1573, et juste trois ans avant sa mort, le roi Ṭahmâsb annula ce monopole par un décret (*ibid.*).

Par ailleurs, et à côté de ce genre de restrictions, les artisans iraniens étaient contraints d'assurer les corvées royales, « ... c'est-à-dire à travailler pour le service de sa Majesté, lorqu'on le leur commande, et les métiers qu'on n'emploie pas à ces corvées, comme les cordonniers, les bonnetiers, les chaussetiers, payent un droit à la place, qu'on appelle *khardj-e padechah,* c'est-à-dire la dépense du roi. » (Chardin, II, p. 72). Les meilleurs d'entre eux s'acheminaient vers les ateliers ou les fabriques de roi, et cela depuis des temps reculés : à l'époque mongole, la dépendance de l'artisanat par rapport au pouvoir était tellement poussée (Fażl-Allâh Hamedâni, 1940, p. 337), que Lambton n'arrive pas à déterminer si tous les artisans appartenaient à l'État ou si cette appartenance était partielle ; elle constate que dans tous les cas ils étaient obligés d'assurer la corvée, et que l'esclavage était même pratiqué dans l'industrie et l'agriculture (Lambton, 1989, pp. 345-6). Enfin, lorsque le monopole d'État était absent, l'industrie, si elle était florissante, comme celle du textile à Kâŝân ou à Eṣfahân, était tenue de fournir la cour avec sa production (*Tazkerat al-Moluk*, p. 20 et 66).

En ce qui concerne les fabriques dirigées par l'État, il faut en distinguer deux types : les unes installées dans l'enceinte du palais royal qui les gérait étroitement ; les autres dispersées dans toute l'étendue du pays, et fonctionnant sous l'égide de l'État, du roi ou de ses représentants locaux et régionaux. Le *tirâz*[3] appartient à cette deuxième catégorie et le *kârxâne*[4] à la première.

---

3. Selon Lombard, ces fabriques, avec les arsenaux et les fabriques de papier, semblent avoir été les seules manufactures royales chez les musulmans (Lombard, 1953, p. 219). En 1052, Nâṣer Xosrow constate qu'à Eṣfahân, une rue s'appelle *"kuy-e tirâz"*, ou rue du *tirâz*, qui est alors une fabrique textile étatique (Lambton, 1989, p. 330, Nâṣer Xosrow, p. 253). Lambton en conclut que le *tirâz* fonctionnait à cette époque, mais regrette l'absence de documents sur son organisation (*ibid*).
4. La présence des ateliers du roi est sûre à l'époque de X^{v}ârazm Ŝâh (1194-1220) d'après Râŝid al-Din Vaṭvâṭ qui les appelle *kârxâne*, mais là encore leur organisation et leurs productions nous échappent (Lambton, 1989, p. 331). Juste après la chute de X^{v}ârazm Ŝâh sous les coups des Mongols, les artisans et techniciens capturés furent déportés en Mongolie, comme les tisseurs de

Minorsky, dans son introduction à un des rares livres sur l'administration safavide, *Tazkerat al-Moluk*, rédigé au début du 18e siècle, essaie de trouver la raison d'être de ce premier genre de fabrique :

> « En l'absence de l'industrie capitaliste, les rois safavides, comme leurs prédécesseurs ou leurs contemporains, garantissaient la production de certains objets indispensables ou de luxe dans les fabriques de leur propre maison royale. Certaines de ces fabriques, ou *boyutât*, étaient des départements domestiques, comme l'arrière-cuisine, les différentes réserves, les étables, les chenils, etc. Néanmoins certains de ces *boyutât* fonctionnaient réellement comme les manufactures d'État. Ainsi on trouve au sein du palais royal les moulins à tisser ou *ša'rbâfxâne*, deux départements de couturières, l'hôtel de la monnaie qui comprenait sept départements, l'arsenal, etc... » (*Tazkerat al-Moluk*, p. 29).

Toujours suivant la même source, il existait 33 ateliers royaux, *kârxâne* ou *boyutât* (*ibid.*, p. 56, et p. 32a du texte persan). À la fin du 17e siècle, selon Chardin, il y avait 32 ateliers ou *kârxâne*s (Chardin, III, p. 15), tout comme ils étaient également présents à la cour moghole : « À la cour moghol il y avait 36 *kârxânehs*, mais ils fonctionnaient plutôt pour les besoins étatiques et pas seulement pour le bien être de la maison royale. »[5]. Avant l'avènement des Mongols, comme nous l'avons vu, ce type d'atelier était aussi présent et les *kârdârân-e boyutât* étaient les ouvriers des ateliers royaux (Lambton, 1989, p. 331).

Les corps de métier étaient donc sapés[6] par toutes ces contraintes, mais aussi par le manque d'une organisation solide des métiers, et par le contrôle direct de l'État qui freinait la formation d'un artisanat indépendant et puissant qui aurait pu revendiquer une part de pouvoir politique[7].

Néanmoins, même si l'artisanat iranien connaissait une quasi-organisation professionnelle, il ne pouvait pas créer un système développé de division du travail. En effet, le transfert du savoir technique de l'artisanat se faisait selon un rapport maître-apprenti où la division du travail restait élémentaire. Celle-ci ne pouvait s'intensifier que par l'utilisation intensive des machines hydrauliques, puis des fabriques, occasion d'une mise en œuvre d'un autre système d'apprentissage et de hiérarchie[8].

---

soie de Ḥarât, à moins que, restés en Iran, ils n'aient été engagés dans les fabriques des autorités mongoles (Petruchevsky, pp. 513-14).

5. Commentaires de Minorsky qui cite Ibn Ḥasan *The central structure of the Mughal Empire*, Oxford, 1936 (*Tazkerat al-Moluk*, p. 135).
6. Voir Chardin, II, p. 72 et *Tazkerat al-Moluk*, pp. 81-3, pour l'époque safavide ; Cahen (1970b) et Lewis pour l'époque antérieure.
7. Parfois, néanmoins, il cédait sous la pression de certains métiers. Nous avons vu qu'un des rois buyides fut obligé d'annuler les nouveaux impôts sur les meuniers, ratifiés par son prédécesseur.
8. Le système maître-apprenti résistait fortement aux nouveautés techniques. Même dans un domaine d'activité artisanale de haute importance, à savoir la construction de *qanât*, les inventions de Karaji ne quittèrent jamais son livre et restèrent inconnues de l'ensemble des *moqannis* illettrés qui suivaient la méthode traditionnelle et préservaient leurs connaissances pour les transmettre intactes au prochain apprenti.

Quittons la question de l'artisanat sur laquelle nous reviendrons dans nos conclusions, et revenons aux machines. Comme nous l'avons constaté, certaines machines hydrauliques ne figuraient pas dans le milieu technique iranien, mais celles qui étaient basées sur l'emploi du système à cames étaient connues des Iraniens. En outre, le moulin hydraulique du type moulin à farine trouvait d'autres domaines d'application, par exemple comme marteau pilon – qui sera plus loin l'objet d'un développement. Quant à l'usage de l'énergie hydraulique dans les ensembles techniques dépourvus de système à cames, les sucreries nous en donnent un exemple que nous allons à présent traiter.

LE MOULIN À SUCRE

Le moulin à sucre est, comme le moulin à farine, l'exemple d'une transmission de mouvement circulaire de la roue à la meule ; il en diffère par la vitesse, le poids et les dimensions des meules. Toutefois, c'est le moulin à cylindre qui permet l'extraction du sirop. Par ailleurs, il nous faut souligner que, outre l'énergie hydraulique, la fabrication du sucre en Iran utilisait des combustibles[9] ainsi que l'énergie musculaire des esclaves. Pour mettre en lumière ces utilisations variées et complémentaires de différentes sortes d'énergie, il est indispensable de retracer le parcours historique du sucre en Perse.

Historique

E. O. von Lippmann, étudiant au début du siècle l'histoire de la culture de la canne à sucre et de la fabrication du sucre en Iran, en résume ainsi les origines :

> « La canne à sucre fut introduite en Perse vers 500 ap. J.-C. et, selon toute apparence, on la planta pour la première fois dans les environs de la ville de Gondichâpour, qui était située sur le Golfe Persique à l'embouchure de l'Euphrate. L'art de la fabrication du sucre brut solide fut importé en Perse un peu plus tard que la canne elle-même, et ce furent probablement les savants chrétiens de Gondichâpour, en contact avec l'Inde, qui l'étudièrent et le perfectionnèrent. Ils réussirent, en effet, les premiers à fabriquer un sucre réellement blanc et pur, ressemblant à nos sucres raffinés d'aujourd'hui. Ils appelaient ce sucre *tabarzad*, c'est à dire "coupé à la hache" ; il était si ferme et si dur qu'il fallait souvent se servir de la hache pour le réduire en petits morceaux. Pour épurer le sucre brut, on le faisait dissoudre à plusieurs reprises, on clarifiait avec du lait les sirops obtenus, on les écumait et les faisait cuire. Le raffinage du sucre a donc été inventé en Perse. De plus, il est certain que l'emploi des formes pour la fabrication du sucre en pains est aussi une invention

9. Nous n'avons trouvé aucune information sur la quantité de combustible utilisée dans les chaudières des sucreries.

faite dans ce pays. »[10] (Weisburg, pp. 7-8 ; von Lippmann, pp. 91-3, 104-5, 114 et 119-120).

Ces conclusions sont contestées par Laufer, qui se base sur la relation de Moïse de Chorène, l'historien arménien, traditionnellement daté du 5e siècle, aujourd'hui du 9e ; selon lui, ce n'est pas parmi les chrétiens de Gondišâpur qu'il faut chercher l'origine de la culture et de la fabrication du sucre en Iran, mais bien plutôt chez les Sassanides, avis qu'il étaye en citant des voyageurs chinois (Laufer, 1919, pp. 376-7). Ce point de vue est partagé par Petruchevsky qui, suivant un auteur arabe, montre que le sucre obtenu sur place faisait partie de la cérémonie du nouvel an en Iran sassanide (Petruchevsky, p. 409). Quant à la méthode de raffinage de sucre, Laufer conteste également la thèse de von Lippmann selon laquelle c'est la Perse qui l'inventa. Or, il se trouve que les nouvelles recherches vont dans le sens de l'hypothèse de von Lippmann. En effet, les récents travaux archéologiques de la délégation française en Iran à Suse ont abouti à la découverte d'une sucrerie d'époque islamique sur la rive droite du Šâ'ur (Chaour).

> « Par ses dimensions relativement modestes, la sucrerie installée sur la rive droite du Chaour ne constituait certainement pas l'un des grands centres de production de la canne, tels qu'ils nous apparaissent à travers les textes médiévaux. On y verrait plutôt un petit établissement annexe à l'époque de la prospérité de la région, ou bien l'un des rares ateliers restés en activité après le 12e siècle, lorsque la culture de la canne est en déclin dans le Khouzestan. Les indications chronologiques que fournit l'étude du mobilier nous conduisent à préférer la seconde hypothèse. » (Boucharlat et Labrousse, p. 176).

Dans cette sucrerie, qui fonctionnait après le 12e siècle, on a retrouvé un grand nombre de moules et de vases :

> « On n'a pas retrouvé les vases dans lesquels on faisait cuire les sirops, mais on possède de nombreux moules percés de trois trous et des jarres qui servaient à épurer le sucre après cuisson. Les vases sont comparables à ceux que l'on utilisait en Égypte au 13e siècle de l'ère chrétienne, et à ceux du Maroc et des Iles d'Amérique à partir du 16e siècle. » (*ibid.*, p. 174).

Ces vases à trois trous ne sont que des formes, et « avec nos formes, ou moules à égoutter, et nos pots de sucrerie, nous sommes, ni plus ni moins, en possession du matériel de raffinage nécessaire à l'obtention du fameux sucre terré qui, à cette époque ancienne, permettait d'obtenir la qualité de sucre la plus élevée : on appelle sucre terré, celui qui se blanchit au sortir des chaudières, sans être fondu une seconde fois, ni clarifié avec des œufs, comme est celui que l'on appelle sucre raffiné. » (Berthier, p. 196).

---

10. Toutes les citations de l'œuvre de von Lippmann sont reproduites d'après l'ouvrage de J. Weisburg.

« Quelle a été l'origine de cette pratique ? », se demande Berthier. D'après Noel Deere, il semble que ce soit à tort qu'on en ait attribué la paternité à Venise et qu'il faille remonter beaucoup plus haut parmi les communautés chrétiennes de moines nestoriens de Gondichâpour, peu après que la canne ait atteint la Perse vers 600 ap. J.-C.[11]. C'est l'avis exprimé par Kramer en ces termes :

> « Gondichâpour était le siège de la justement fameuse Haute École de Science Naturelle regroupant les physiciens les plus savants et il est certain que les recherches qui y furent poursuivies contribuèrent aux progrès de l'industrie et du commerce. La première connaissance qu'on ait eue du sucre raffiné vient de là, et a trouvé sa première application sur le territoire du Khouzestân. » (*ibid.*, p. 200).

Ce raisonnement, comme celui de von Lippmann, demeure dans le domaine des spéculations. Toutefois, selon Wiedemann qui cite le *Book of the perfection of art*, « le moule à pain de sucre est fait au Khouzestân de la terre qui constitue l'enveloppe du pain de sucre. ». Enfin, une autre citation attribuée à Ruska déclare que dans le *Ketâb-e seyr al-asrâr* le mot usité pour désigner le moule est le mot persan *dišam*[12], signifiant la "cornue" (*ibid.*). Les preuves recherchées par Laufer sont donc largement fournies et confirment ainsi la contribution de la Perse au développement du raffinage de sucre. Il est fort possible que les "formes" de Suse aient atteint l'Égypte, comme la culture de la canne et la fabrication du sucre, après la conquête de la Perse par les Arabes au 7e siècle. Si ces vases ont fait leur apparition en Égypte à partir du 13e siècle[13], une introduction plus tardive que celle de la fabrication du sucre lui-même est également probable.

Tout cela se passe au sud-ouest de l'Iran, alors qu'au nord et au sud-est du pays se trouvent d'autres centres de production de sucre, utilisant leurs propres appareils et méthodes de fabrication (carte n°10).

Le sucre au sud-ouest de l'Iran

À Suse, la sucrerie médiévale était composée de plusieurs salles dont l'une destinée au broyage des cannes et dans laquelle étaient installés les moulins.

> « À Suse, nous n'avons pas trace de telles installations. Notons cependant que la rivière Chaour coule actuellement à moins de 150m à l'est du site. Par ailleurs, toute la partie supérieure du *tépé* (colline) entre l'installation et la rivière est détruite ; vers le nord également, il ne reste que des aménagements très fragmentaires. L'aire de broyage pouvait se situer dans l'un de ces deux secteurs. » (Boucharlat et Labrousse, p. 171).

---

11. Cette date comme nous l'avons montré est inexacte et la canne à sucre était cultivée, au plus tard, au milieu du 5e siècle en Iran.
12. Nous n'avons pas pu retrouver ce mot dans les dictionnaires à notre disposition ; il est probable qu'il a subi un changement d'orthographe lors de son passage en langue arabe.
13. Voir le texte de Boucharlat et Labrousse que nous citons plus haut.

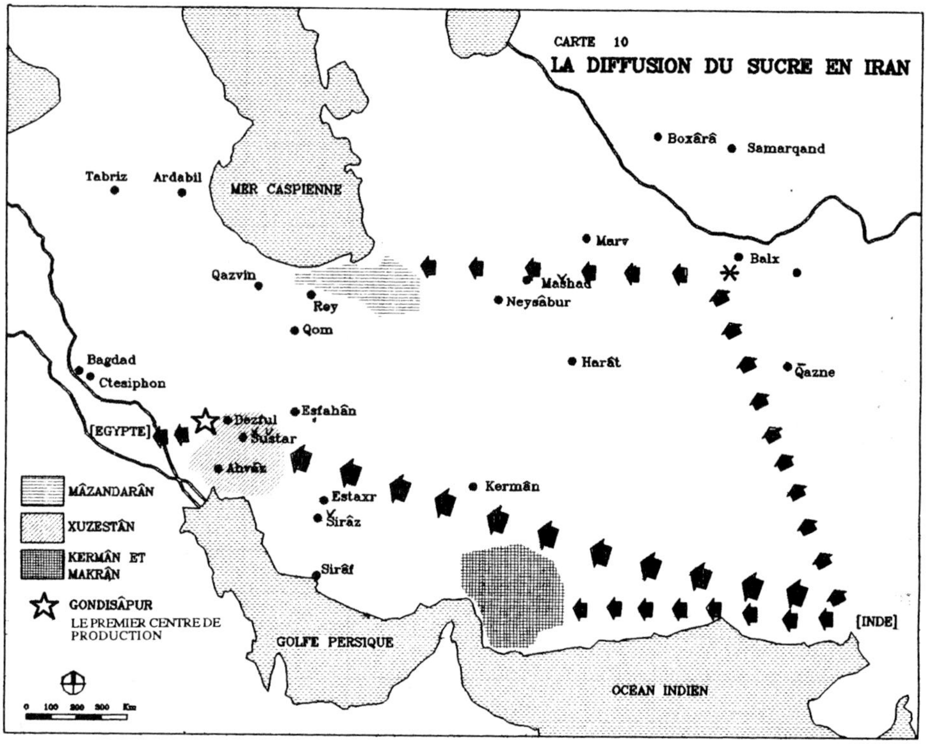

Carte n°10 – La diffusion du sucre en Iran.

Il n'existe donc aucune chance d'avoir une preuve archéologique, à partir de ces récentes fouilles, sur le type des moulins à sucre de Suse. Par contre, au sud de Suse, à Ahvâz, un des centres les plus importants de la production du sucre au Moyen Age, il reste encore des débris d'installations qui pourraient être des sucreries. Selon ʿAbd al-Laṭif Šuštari (18e s.), ces débris sont des restes de sucreries :

> « Ahvâz était une des plus grandes villes du monde... Les forêts, les bosquets et les terrains environnants étaient plantés de canne à sucre. Les installations construites pour la sucrerie, comme les larges bassins et les meules des moulins à eau, etc. sont tellement nombreux que seul Dieu en sait la quantité. » (ʿAbd al-Laṭif Šuštari, folio 36B)[14].

14. Ahvâz, ville prospère à l'époque abbasside, perdit la plupart de ses plantations de canne à sucre et de ses sucreries dans la révolte des Zanj à la fin du 9e siècle de notre ère, sans jamais retrouver sa grandeur d'autrefois : les Zanj, après leur dispersion et leur défaite, ne s'intéressèrent pas à la reconstruction de la ville, et ce d'autant plus que le Calife n'y était pas favorable (folio, 37B). En conséquence, il ne restait plus au 18e siècle qu'un amoncellement de meules et de bassins de ce qui avait été une énorme entreprise étatique.

Un siècle plus tard, le capitaine R. Mignan, qui visita Ahvâz au début du 19e siècle, remarque d'innombrables meules sur une large étendue et en déduit qu'elles ont un rapport avec l'industrie du sucre de cette ville (Mignan, p. 309). Kinneir enfin estime le diamètre de ces meules de 4 à 6 pieds, ce qui, selon lui, dépasse largement les dimensions d'une meule à farine[15] (*ibid.*, p. 304).

Pour établir avec précision l'usage de ces meules, on peut se référer à d'autres toutes semblables, utilisées dans une autre partie du Moyen Orient : on a retrouvé au début de ce siècle en Palestine, à proximité d'un ancien moulin à sucre, des meules de dimensions si considérables, (2,70 m de diamètre et 0,70 m de tranche) que R. P. Abel jugea qu'elles étaient destinées à broyer les cannes (Berthier, p. 143). Avitsur, sur l'examen d'un moulin à sucre près de Jericho muni d'une meule fixe de 2 m de diamètre, estime que le broyage des cannes à sucre s'effectuait sous une meule tournante – meule qui fut retrouvée par la suite. On comprend ainsi le sens du mot arabe, *ma'sara*, qui désigne à la fois les pressoirs à olives et à cannes : suivant l'étude de Avitsur, les moulins à sucre et à huile se ressemblent parfaitement. Il ne reste plus qu'à savoir si la vitesse de la révolution de la meule ne pulvérise pas les cannes en les broyant (Avitsur, 1969, p. 178). Pour notre part, nous pensons qu'il n'en est rien, et que ces énormes meules sont capables de se mouvoir avec la vitesse adéquate : comme le broyage des cannes nécessite moins de force que la mouture du blé, le poids élevé de la meule à sucre a comme effet la réduction de sa vitesse de rotation et assure l'écrasement nécessaire. Par ailleurs, Avitsur a remarqué que la roue hydraulique de ce moulin à sucre était également mue par une chute d'eau qui ne produisait pas une force considérable. C'est justement là qu'il faut rechercher la raison des grandes dimensions de ces meules.

En ce qui concerne le rendement, il est clair qu'avec la seule meule tournante, il ne pouvait guère être important. Nous en avons un aperçu dans l'ouvrage sur l'agriculture d'al-Novayri qui décrit deux phases différentes de pressage. « Les cannes à sucre une fois coupées seront exprimées, dans un premier temps, dans un pressoir avec une pierre tournante[16]. Dans un second temps, les produits de la première étape, ayant été mis dans les cabas, subiront une pression dans un moulin plat[17], où le reste de leur suc sera extrait. » (al-Ḥasan et Hill, 1988, p. 221). Le moulin plat dont il s'agit ici pourrait bien être le *ma'sara* évoqué par Avitsur et que al-Novayri nomme *dulâb al-taxt*, mot composé persan qui signifie "une roue plate ou horizontale" et dont on peut inférer que cette méthode de l'extraction du jus des cannes serait d'origine persane...

Pour revenir aux innombrables meules en pierre que l'on trouva à Ahvâz, elles étaient peut-être employées pour la même fin, tandis qu'à côté de ces moulins fonctionnaient d'autres genres de pressoir ou de moulin.

---

15. Rappelons que la meule du moulin à farine n'a que 2 pieds ou 2 pieds et demi de diamètre.
16. Il n'est pas clair que "press" et "rotating stone", choisi par les auteurs de cet ouvrage, veuille dire un cylindre ou une meule. Comme nous le verrons il s'agit de deux appareils différents.
17. Il faut lire plutôt "meule" que "moulin". Là aussi la traduction des auteurs n'est pas claire.

Le sucre au sud-est de l'Iran

Le moulin à sucre tel qu'il vient d'être décrit fut loin d'être le seul en usage, et le moulin à sucre le plus répandu est celui à cylindres, qui fonctionnait de la sorte : la canne, "coupée en tronçons de petites dimensions, naturellement à la main", était pressée entre deux cylindres en pierre ou en bois mûs par une roue hydraulique à l'aide d'un système d'engrenage. Selon que la disposition des cylindres est horizontale ou verticale, le moulin est « ... de type couché ou de type droit. Celui-ci est beaucoup plus perfectionné que le premier. Dans ce système le "changement de plan" était opéré par l'engrenage d'une petite roue dentée, le rouet, sur une grande roue tournant sur un axe vertical, le balancier. Cette disposition permettait une beaucoup plus grande souplesse des machines, la roue hydraulique ne se trouvant pas sujette aux à-coups occasionnés par la plus ou moins grande épaisseur ou dureté des cannes à broyer. » (Berthier, p. 144-5).

En ce qui concerne la répartition géographique de ce type de moulins, on constate que l'usage des cylindres « ... contrairement à l'avis de von Lippmann, selon laquelle les cylindres furent inventés à Palerme en 1449, aurait été emprunté à l'Orient, ce qui permettrait de lui assigner une ancienneté beaucoup plus considérable. » (*ibid.*). La description de S. Avitsur d'après « l'examen des ruines des moulins à sucre hydrauliques dans les pays possédant cette industrie, comme la Perse et les pays méditerranéens », nous montre que ces moulins fonctionnaient de la façon décrite par Berthier, et qu'ils étaient donc à cylindre et de type droit (Avitsur, 1960, p. 177-8). Le moulin à sucre de type couché était aussi en usage dans le Makrân, province du sud-est de l'Iran. La description de ce système est faite par un officier anglais, Henry Pottinger, juste au début du 19e siècle :

> « À moitié chemin de Béla au jardin, l'on voit une vaste manufacture de *gour* ou sucre brut. Le moulin qui exprime le sucre des cannes est mis en mouvement par un courant d'eau qui vient des montagnes voisines ; il est d'une construction extrêmement simple. La roue fait mouvoir deux cylindres horizontaux très lisses entre lesquels on place les cannes après les avoir dépouillées de leurs feuilles. Ils attirent graduellement les cannes à mesure qu'elles sont pressées, et la tige exprimée sort du côté opposé ; le suc tombe dans une auge placée au-dessous, et coule de là dans un réservoir. On le fait bouillir ensuite dans des chaudières de cuivre plates, puis le sucre brut est mis dans des sacs faits de feuilles de palmier, et on l'expédie vers les côtes maritimes pour l'exportation. On en donne à manger aux chameaux et les habitants en font un grand usage dans leur cuisine. Deux hommes et un enfant peuvent conduire toute l'opération ; le marc qui reste au fond des chaudières est un excellent engrais. » (Pottinger, I, p. 52).

Nous avons ici une indication sur l'introduction de ce procédé de fabrication de sucre: il est possible qu'il soit venu d'Inde en Iran car le terme utilisé pour le sucre brut (*gour* ou *gur*) est indien et désigne un sucre solide et à consistance dure des Indes (Berthier p. 152). D'autre part, si l'on compare la description que fait Watt du moulin à cylindre[18] indien avec celui de Pottinger, on constate aisément qu'ils sont analogues, à ceci près que le moulin indien est mû par une paire de bœufs et celui du Makrân par l'eau. Il est probable que le moulin à cylindre a utilisé l'eau au cours de son évolution, mais on trouvait encore en Égypte, à la fin du 19e siècle et suivant la description qu'en fait Chelu lors de son voyage, (Chelu, p. 226), des moulins semblables à celui des Indes[19]. J. Manzuel affirme qu'avant l'avènement des usines modernes en Égypte, l'extraction du jus de canne se faisait à l'aide de ces moulins en bois (Manzuel p. 135). Sans doute l'adaptation de l'énergie hydraulique à ce moulin à cylindre eut-elle lieu ultérieurement à son introduction en Égypte.

Pour en terminer avec le raffinage, il semble que le *gour* subissait d'autres procédés de raffinage, mais peut-être après son exportation. Selon Ibn Ḥawqal, plusieurs villes du Sind, du Makrân et du Balučestân produisaient du sucre blanc et du sucre candi. C'est ainsi qu'on exportait de Xᵛâš, au Balučestân, "vers le Sistân et le Xorâsân du sucre blanc", qu'à Mansura au Sind on fabriquait du "sucre candi" et que "dans un district rural nommé Xarudj" on manufacturait "en abondance du sucre raffiné" (Ibn Ḥawqal, p. 308, 313 et 318). Selon *Ḥodud al-ʿâlam* on fabriquait le sucre candi non seulement au Sind mais aussi dans différentes régions du Kermân et du Makrân (*Ḥodud al-ʿâlam*, p. 124). Au 12e siècle, le Makrân fut « une mine de sucre (*qand*) et de sucre candi (*fânid*) et on en exportait dans tous les coins du monde » (Afżal Kermâni, p. 128), probablement par Tiz et Hormoz, ports situés au bord de la mer du sud. Nous avons quelques idées des prix au 13e siècle d'après le *Târix-e Sistân*, qui indique qu'un *man* (3 kg) de sucre candi coûtait 10 *dinâr*s et la même quantité de sucre 15 *dinâr*s, tandis que 200 *man*s de farine valait seulement 1 *dinâr* (*Târix-e Sistân*, p. 396). Il est clair que le sucre était un produit de luxe dont la consommation était réservée aux riches.

Le sucre au nord de l'Iran

C'est dans le nord de l'Iran, plus exactement au Mâzandarân, province limitrophe de la mer Caspienne, que l'on trouve trace d'un des plus anciens appareils d'extraction du jus de canne à sucre, moulin en bois déjà remarqué en Égypte, où il était constitué d'un rouleau en bois que l'on faisait tourner à la main (Manzuel, p. 135). En Inde du nord-ouest, Prinsen-Geerligs nous offre diverses illustrations iconographiques d'un appareil appelé *kolhu* qui broyait les cannes à sucre et extrayait l'huile de sésame (Watt, VI-ii , p. 282-3) et que l'on retrouve dans tous ses détails dans le moulin à sucre du Mâzandarân, soigneusement décrit par Rabino et Lafont au

18. Les cylindres sont au nombre de deux ou de trois. Dans le premier type, la partie supérieure des cylindres a la forme de vis mâle et femelle (*navra-navri*), et dans le deuxième à côté de chaque cylindre mâle est rangé un cylindre femelle. Les cylindres sont de type droit et souvent la canne passe et repasse jusqu'à 6 fois entre les cylindres (Watt, VI-ii, p. 303).

19. Par contre, le processus de raffinage ressemble à celui de Makrân : « Ces moulins écrasaient péniblement la canne en abandonnant dans la tige 40 ou 50% du jus sucré. Le sucre, si l'on peut donner ce nom à la matière noirâtre que consommaient seuls les indigènes, était cuit en plein air dans des chaudières à feu nu » (Chelu, p. 226).

début de ce siècle. Vu l'intérêt que présente cette description, nous la reproduirons presque intégralement.

« L'outillage servant au broyage de la canne et à la préparation du sucre est d'une simplicité remarquable. Un tronc d'arbre A est creusé de façon à obtenir une cavité conique dont la pointe, tournée vers le bas, communique au dehors par un petit canal. Ce tronc, appelé *kaliyehdar* est enfoncé solidement dans le sol et émerge d'environ 75 centimètres; il constitue la partie fixe du broyeur.

« La pièce active du broyeur n'est autre chose qu'un deuxième tronc B, d'un diamètre plus faible et taillé en pointe à la partie inférieure; cette pointe s'engage dans le creux du *kaliyehdar*. Le dispositif suivant (fig. 15) permet d'imprimer un mouvement de rotation à la poutre B. À celle-ci on fixe une pièce de bois recourbée C (*kaleh-kalou*) dont les extrémités se relient à une sorte d'échelle horizontale D (*dehberar*) de 2 mètres de long. Une barre d'attelage en bois E (*dehdjed*) est clouée vers le milieu de l'échelle D ; cette barre se termine par un arc qui sert de joug pour l'attelage d'un bœuf ou d'un zébu. Un jeune homme s'assied sur l'extrémité D de l'échelle qui est munie de quelques planches à cet endroit pour servir de siège.

« Pendant que le bœuf tourne en rond autour de l'appareil la poutre B pivote sur elle-même en s'inclinant légèrement grâce au poids du jeune conducteur; par suite de cette inclinaison, une friction énergique s'exerce régulièrement et successivement tout autour de la paroi de la cavité conique du *kaliyehdar*. Les morceaux de canne (*bendeka*) introduits dans le broyeur sont écrasés et le jus sucré s'écoule par un tuyau (*nooudast*) dans un vaisseau en bois (*noou* ou *noouka*); celui-ci mesure 1,5m de long et peut contenir 120 kilos de jus.

« Les résidus de canne broyés (*sas-louleh*) sont en grande partie jetés; une petite quantité seulement de ces résidus est gardée pour l'alimentation du bétail. » (Rabino et Lafont, 1914, pp. 241-2).

Une fois le jus obtenu, la partie mécanique du processus de fabrication de sucre se termine et la cuisson commence. « D'un chaudron de 120 kilos de jus, on obtient 12 kilos de sucre concentré au maximum; le rendement est donc de 10 pour 100. » (*ibid.*).

Le pressoir dont il est ici question s'appelle *kaliyâ* (Bahrâmi, p. 281), et Prinsen-Geerligs évalue que son taux de production est supérieur à celui de son homologue indien, *kolhu*: un moulin à deux cylindres a un taux moyen de 53% et celui d'un moulin à trois cylindres atteint 60%, donc le rendement d'un *kolhu*, qui ne possède qu'un seul cylindre, est de moins de 53% (Prinsen-Geerligs, p. 52).

La date d'introduction du *kaliyâ* au Mâzandarân nous est inconnue. Selon Balʿami, au 10e siècle, Âmol produisait son sucre et n'en importait pas (Balʿami, I, p. 346). Au 14e siècle, Rašid al-Din Fażl-Allâh atteste la culture de canne à sucre dans cette province et ajoute que le sucre du Mâzandarân est rouge, ne se coagule pas entièrement et conserve en partie sa fluidité, ce qui fait qu'il ne peut servir à la fabrication du sucre en morceaux (Fażl-Allâh Hamedâni, 1989, p. 183). Il est probable que le pressoir de cette époque était du même modèle que celui que Rabino et Lafont décrivirent. Or, nos auteurs distinguent trois sortes différentes de sucre suivant le degré de cuisson du sirop: un sucre sec de couleur jaune brunâtre, obtenu

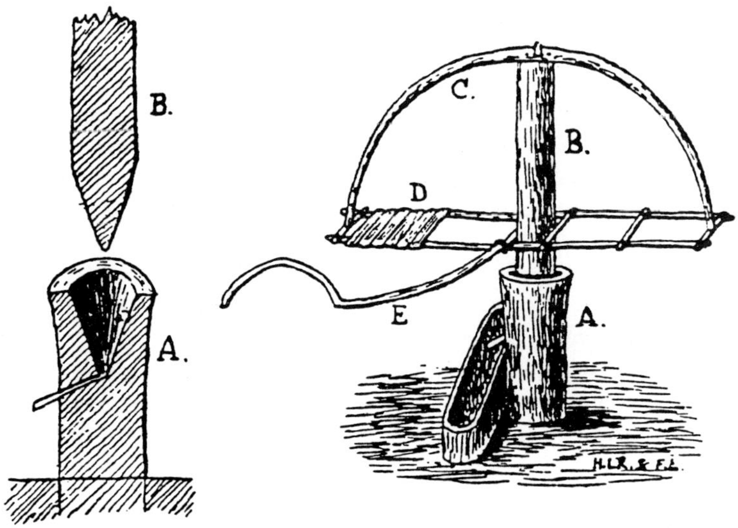

Figure 15 – Moulin à sucre du Mâzandarân. (Rabino & Lafont, 1911).

par une cuisson très prolongée[20] ; un sucre qui contient encore un peu d'eau ; et un troisième qui a l'aspect d'une pâte un peu molle de couleur jaunâtre (Rabino et Lafont, 1914, pp. 241-2). Rašid al-Din Fażl-Allâh connaissait certainement ce troisième sucre lorsqu'il le comparait au miel[21].

La ressemblance des pressoirs du Mâzandarân à ceux des Indes peut nous faire admettre une origine indienne dont la trajectoire serait passée par Balx, au Xorâsân, où il est attesté que l'on récoltait de la canne à sucre (Ibn Ḥawqal, p. 436) : Solṭân Maḥmud-e Q̄aznavi (997-1030) s'y fit planter un opulent jardin où poussait, entre autres, cette plante (Ḥâfeẓabru, p. 60). Dans ce cas, elle serait venue des Indes avant le 10e siècle, puis, de Balx, se serait acheminée vers des terres plus aptes à sa culture, à savoir le Mâzandarân. Quoi qu'il en soit, il ne nous reste aucune trace du sucre de Balx : nous en sommes encore réduits aux hypothèses, que seules de nouvelles données pourraient nous confirmer.

Conclusion

Il ressort de ce qui vient d'être étudié que trois différents centres se partagent la production de sucre de canne en Iran, utilisant trois différentes méthodes de broyage et d'extraction. Le nord et le sud-est, sous influence indienne, emploient des tech-

20. Au début du 19e siècle, Dupré avait probablement goûté le même genre de sucre : « Ce sucre est d'un rouge brun ; quoique raffiné, il garde toujours un goût de mélasse ; c'est sans doute la faute des fabricants » (Dupré, p. 373).

21. Fraser, au début du 19e siècle, donne la même description du sucre du Mâzandarân. 3 kg de ce sucre coûtait 8 pence (Fraser, p. 41).

niques semblables à celles des Indes. Le sud-ouest, initié pourtant à la culture de la canne à sucre par les Indiens, utilise d'autres techniques qui ressemblent à celles que l'on connaît dans le Bassin méditerranéen pour l'extraction de l'huile d'olive. On décèle également des divergences dans les méthodes de raffinage : au Mâzandarân, c'est une pâte rouge brunâtre qui était le produit de l'ébullition, tandis qu'au contraire, dès l'époque sassanide, « on raffinait et on cristallisait le sucre de canne à Gondichâpour et le sucre candi à Sarbâz [au Balučestân]. » (Mazâheri, 1951, p. 267).

Gondišâpur est incontestablement le lieu d'invention de la première méthode de raffinage. Les sucreries de cette ville, tout comme celles de ses homologues marocaines ou méditerranéennes, sont vastes et se partagent en plusieurs aires, tandis que celles du Balučestân ou du Mâzandarân sont petites et peuvent fonctionner avec un nombre d'hommes réduit, ce qui signifie une division moins importante du travail et des procédés employés. Pour les mêmes raisons, cette fabrique du sud-est pourrait avoir appartenu à un seul individu, ce qui n'était guère le cas des nombreuses installations du sud-ouest de l'Iran, où l'État assurait une mainmise constante. En outre, la main-d'œuvre nécessaire à ces fabriques était assurée par les esclaves africains de l'État, ce qui montre l'importance de l'enjeu, surtout pour le califat.

L'évolution des procédés techniques et des structures administratives qui leur sont liées se fit donc tout autant suivant un axe géographique que d'après un axe chronologique : elles se compliquèrent depuis les Indes ou le Balučestân jusqu'en Iran occidental, pour aboutir à une structure que l'on retrouve jusqu'au Maroc. En effet, et selon Berthier, l'esclavage était en pratique dans les sucreries et les plantations de canne à sucre au Maroc (Berthier, p. 241 et 276) où, comme en Iran sous le califat, alors que la révolte des esclaves mit fin à la prospérité des sucreries, le recul de l'esclavage fut une des raisons de la chute de cette industrie.

Les nouvelles méthodes de raffinage ouvrirent un éventail de genres totalement originaux, au long du voyage qu'effectuèrent les techniques jusqu'en Iran et en Égypte. L'effet de retour fut qu'elles retrouvèrent une place dans les sucreries des Indes et de la Chine, vers le 13e siècle de notre ère. Ibn Baṭṭuṭa, au 14e siècle, dénombre les différentes sortes de sucre produites en Inde (Prinsen-Geerligs, p. 51), et il est aisé de constater que cette gamme de sucre, jusque dans ses détails, correspond à celle qui était déjà connue et produite en Iran, Ibn Baṭṭuṭa utilisant même dans sa classification des noms plutôt persans qu'arabes, comme *soleymâni* et *tabarzad*. Idrisi, au début du 12e siècle, dit que le sucre de la plaine du Sous (au Maroc) est connu de presque tout l'univers, égale en qualité les sucres appelés en Orient *soleymâni* et *tabarzad* et surpasse toutes les autres espèces en saveur et en qualité (Berthier, p. 189). Il n'existe aucun doute sur l'origine persane de *tabarzad* et quant au nom de *soleymâni*, il viendrait de la ville de Soleymâniye au Xuzestân. Ce sucre « était cuit deux fois et raffiné en le versant dans des récipients qui laissaient déposer les impuretés. Quand au *tabarzad*, ce serait un sucre de troisième cuite auquel on ajoute un dixième de lait frais et qu'on porte à ébullition jusqu'à ce que qu'il devienne solide. » (*ibid.*). Tout ceci atteste par ailleurs que ces deux genres de sucre étaient connus en Iran au 12e siècle. Il est remarquable que des acquis égyptiens tels que l'utilisation de la chaux et des cendres comme agents de blanchiment aient été utilisés dans ces processus de fabrication, comme le laisse supposer la découverte de chaux dans les fours à cuisson du jus de canne de la petite sucrerie de la rive droite du Šâ'ur à Suse (Boucharlat et Labrousse, pp. 171-3). On ne peut déterminer qui de l'Égypte ou de l'Iran a le premier utilisé le raffinage par la chaux.

LE MOULIN À HUILE

Nous passons maintenant à un autre type de moulin, adapté à un autre besoin : le moulin à huile. Connu dès l'Antiquité en Europe, où il précéda sans doute le moulin à blé (Lindet, p. 27), il ne subit guère de perfectionnement technique tout au long du Moyen Age, s'accomodant de l'énergie organique. Raphaël du Mans mentionne ces moulins en France à la fin du 17e siècle (et le compare à celui qu'il voit en Perse) et, à la fin du siècle suivant, à trois ans de la Révolution Française, aucun changement ne semble être intervenu : les *Vues économiques sur les moulins et pressoirs à huile d'olives* de l'Abbé François Rozier confirment le témoignage de R. du Mans (Rozier, pp. 4-5). Ce n'est que face aux acquis hollandais du 17e siècle qu'il parut nécessaire de combler le retard dans ce domaine, avec l'invention du “moulin à marteau” (Sinclair, p. 22) puis de développer la recherche qui se manifesta dans plusieurs mémoires et rapports.

En Iran l'huile était produite de plusieurs manières, dont aucune n'utilisait l'énergie hydraulique, bien que tout à la fin du 15e siècle, Ḥâfeẓ-e Eṣfahâni ait construit et mis en marche un moulin à huile qui utilisait l'énergie hydraulique et dont la description détaillée nous est fournie par son traité (fig. 16). Il ne faut toutefois pas en inférer que ce moulin reflétait l'actualité technique persane puisque, d'après son auteur, il naquit tout entier de ses propres études et de son imagination : « des merveilles de cet appareil, on peut dire que les roues qui exécutent des mouvements verticaux et horizontaux, sur les points d'appui fixes, mettent en mouvement un pilon, *jovâz*, qui n'est pas fixe. C'est la difficulté d'imaginer un tel “mécanisme” qui l'a gardé toujours secret sans que personne ne l'ait jamais divulgué. » (Ḥâfeẓ-e Eṣfahâni, p. 4).

Ce mécanisme, différent du système à cames, fut réalisé dans quelques huileries, édifiées par l'ingénieur lui-même, mais la difficulté de sa conception contribua à le faire tomber dans l'oubli, tandis que les méthodes traditionnelles d'extraction d'huile continuaient à être utilisées jusqu'à nos jours, différentes selon que cette extraction est réalisée en Iran oriental ou occidental. La partie occidentale subit l'influence du monde méditerranéen et celle de l'Orient développa sa propre technique. Dans le Bassin méditerranéen, les techniques étaient liées à l'extraction de l'huile d'olive, alors qu'en Iran oriental, elles étaient appliquées à obtenir l'huile de sésame et d'autres graines oléagineuses. La séparation technique entre l'est et l'ouest de l'Iran s'établit à partir de cette distinction et nécessite une étude de la répartition des plantes oléagineuses.

Le sésame et l'olive

L'huile la plus fabriquée et la plus connue en Iran, selon les sources que nous examinerons dans la présente partie, était depuis très longtemps celle de sésame et, dans une certaine mesure celle de ricin[22], de pavot, de lin, de graines de coton, etc. Par contre, l'huile d'olive en Iran ne présentait pas la même importance que dans le monde méditerranéen.

La mise en culture du sésame, selon Joret, remonte en Perse aux temps les plus éloignés : « l'inscription du palais de Persépolis fait mention de l'huile de sésame ; cette plante était donc connue et probablement cultivée en Perse dès le temps des premiers Achéménides. Hérodote, de son côté, nous apprend que le sésame était cultivé chez les Parthes, les Hyrcaniens et les Sarangiens ; il l'était aussi sans doute, comme de nos jours, dans la Médie et la Carménie. » (Joret, pp. 71- 2). Joret doute que le sésame cultivé et connu en Perse ait eu une origine persane (*ibid.*), opinion contredite par G. Watt pour qui la Perse et l'Asie Centrale sont bien les régions d'origine du sésame (Laufer, 1919, p. 291). En fait, les découvertes récentes ont prouvé que cette plante vient des Indes ou d'Afrique (Hutchinson, p. 151). Quoi qu'il en soit, c'est depuis l'Iran que le sésame fut introduit en Chine sous le nom *hu ma*, le "chanvre iranien" (Laufer, 1919, p. 289). La date de l'introduction de cette plante étrangère en Chine n'est pas repérable (*ibid.*) mais Laufer cite un passage du Yu Yen Tsu Tsu (Notes Bouddhiques) d'où il ressort que le sésame était bien utilisé en Chine au 8e siècle de notre ère (*ibid.*, p. 415).

De toute évidence, le sésame avait été une culture répandue en Iran antique et en Inde. Pline témoigne de l'exportation de l'huile du Sind vers l'Europe par la mer Rouge, et le *Périple* (80 ap. J.-C.) parle du Gujarat comme le pays d'où venait beaucoup d'huile de sésame (Watt, VII, p. 514). De la même façon, la culture du sésame fut acheminée vers l'Égypte et l'Europe *via* l'Inde (*ibid.*).

Le sésame, une fois transformé en huile, était utilisé dans la cuisine chinoise, comme le démontre le rapport bouddhiste déjà mentionné (Laufer, 1919, p. 415). En Inde, l'huile de sésame avait le même usage et son utilisation était tellement universelle, que dans toutes les langues indigènes son nom désigne "l'huile" (Watt, VII, p. 534).

En Iran, au 10e siècle, on produisait l'huile de sésame dans plusieurs villes du Xorâsân, comme Valvalij, Balx, Abivard et Nesâ, d'où on l'exportait (Moqaddasi, p. 475). Rašid al-Din Fażl-Allâh Hamedâni précise qu'en Transoxiane, on utilise en cuisine l'huile d'une graine d'une sorte de melon, *xarboze*, et il ajoute qu'ailleurs on consomme l'huile de sésame (Fażl-Allâh Hamedâni, 1989, p. 170). Pour Chardin l'huile la plus délicate de l'Iran est celle de sésame qui « est fort douce, du

22. *Cf.* notre annexe sur une technique de production de l'huile de ricin.

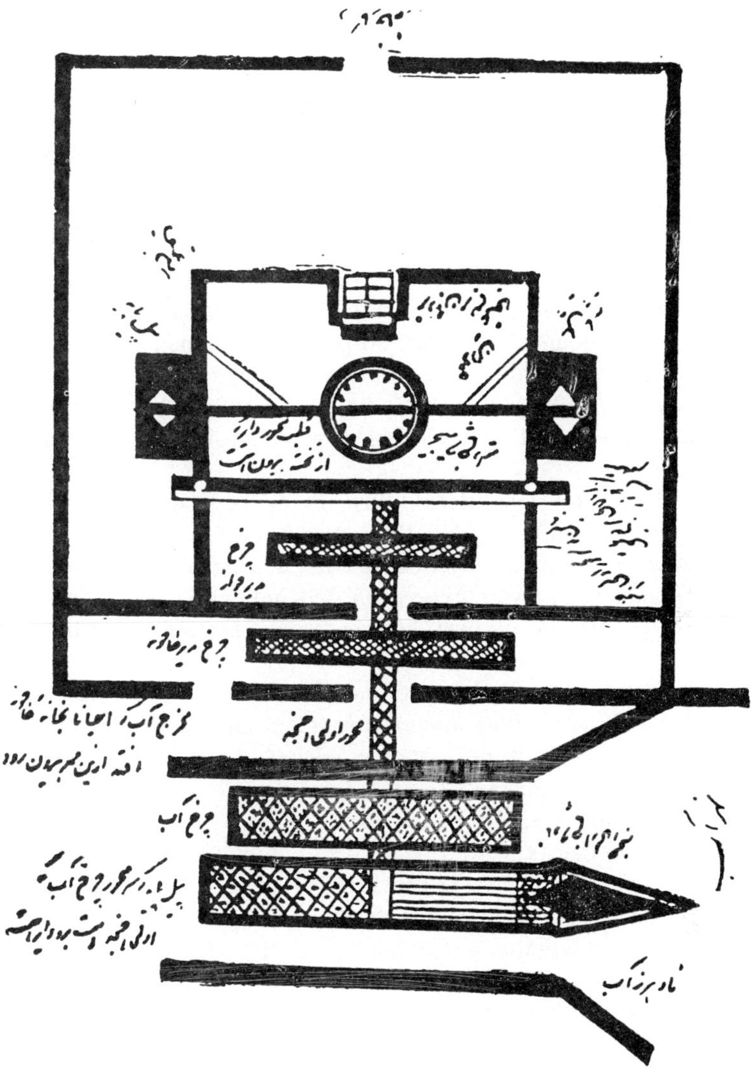

Figure 16 – Moulin à huile de Ḥâfeẓ-e Eṣfahâni (fin 15e siècle).

plus beau jaune du monde et claire comme de l'eau. » (Chardin, II, p. 70). Gmelin affirme aussi que l'usage de cette huile est très répandu en Iran, et la compare par ses qualités aux meilleures huiles d'Italie (Gmelin, I, p. 384). L'huile de sésame est donc bien restée au cours des siècles l'huile préférée pour la cuisine, de l'Iran jusqu'à la Chine.

Contrairement au sésame, l'olive n'était pas connue en Chine, au moins avant le 8e siècle de notre ère, date à laquelle le Yu Yen Tsu Tsu fut rédigé. Ce texte donne l'exemple d'une plante exotique dans ces termes : « L'arbre de ts'i-t'un (dzi-tun, zi-tun) "olives" est du pays Po-se (Perse) ainsi que de Fu-Lin (Syrie)... Les habitants des pays de l'ouest en extraient une huile pour la friture des fruits et pour faire des gâteaux ; comme on fait avec du sésame chez nous en Chine. » (Laufer, 1919, p. 415).

D'après Ibn Baṭṭuṭa, cette situation perdurait à la date de sa visite en Chine au 14e siècle (Laufer, 1919, p. 419). Laufer réfute l'attestation d'Ibn Baṭṭuṭa en arguant du fait que ce voyageur ne visita jamais ce pays (*ibid.*). Toutefois, on peut réduire la portée de cette réfutation en sachant qu'en Inde également, la culture de l'olivier était inconnue. Car, et toujours selon Watt, l'olive indienne, bien qu'elle produise une excellente huile, a un taux de conversion si faible, que son huile n'a qu'un usage médical[23] (Watt, V, p. 484). La constatation d'Ibn Baṭṭuṭa sur la méconnaissance que les Chinois avaient de l'olivier semblera plus plausible si l'on étudie le cas de l'Iran.

En Iran, la culture de l'olivier, ainsi que le mot qui désigne cette plante, *zeytun*, est d'origine sémite (Laufer, 1919, p. 415) et vint donc d'au-delà les frontières occidentales. Une espèce d'olivier sauvage se trouvait au Balučestân (Laufer, 1919, p. 415), mais selon Watt, elle venait de l'Inde et, vu son manque de rentabilité (Watt, V, p. 484), ne fut peut-être jamais destinée à des fins industrielles et commerciales.

En Iran, la culture de l'olivier se limitait à la seule région de la Caspienne, « où elle est encore commune aujourd'hui ; mais elle ne l'a pas été ni dans la Médie, ni dans la Perside ou la Carmanie, encore moins dans la Bactriane et les provinces centrales et orientales de l'Iran. » (Joret, p. 171). Au 17e siècle, Chardin affirme que les Persans « ne se soucient point d'huile d'olive, en ayant de plusieurs autres sortes très aisément et de fort bonne », et ajoute que l'huile d'olive « est rare à cause qu'on n'en fait que dans la province d'Hyrcanie, et qui ne vaut pas grand chose parce qu'on le fait mal, et qu'elle se gâte encore par le transport, dans laquelle elle devient épaisse et noirâtre. » (Chardin, II, p. 70). Plus de deux cents ans plus tard, L. Schlimmer dans sa *Terminologie médico-pharmaceutique et anthropologique française-persane*, localise encore plus précisément la région de cette culture et confirme les propos de Chardin sur la qualité de cette huile :

> « *Olea euspaen*, cet arbre se trouve largement cultivé par les habitants de Mendjil (Roudbâr)[24], entre Racht et Qazvin et les olives sont excellentes, mais tout de même les habitants ne savent en obtenir qu'une huile des plus mauvaise et immangeable, qui ne sert donc à rien d'autre qu'à fabriquer entre les mêmes mains un savon assez médiocre encore. » (Schlimmer, p. 430).

23. De plus, toutes les tentatives visant à développer la culture des oliviers européens en Inde échouèrent. Des essais effectués en 1800 à Calcutta et en 1842 à Bombay restèrent sans succès (Watt, V, p. 485). Il n'est pas impossible qu'il en ait été de même en Chine.

24. Au début de ce siècle, selon d'Allemagne, « la population de plus de 40 villages [de la même région] est occupée dans la plantation d'oliviers, qui comprennent plus de 150 000 arbres, produisant chacun de 3 à 4 kg d'huile par an » (d'Allemagne, I, p. 71).

Les utilisations de cette huile étaient déjà les mêmes au début du 14e siècle, si l'on suit Rašid al-Din Fażl-Allâh Hamedâni qui en limite les applications à l'éclairage et à la savonnerie (Fażl-Allâh Hamedâni, 1989, p. 68), sans toutefois en préciser la provenance.

Mostowfi qui visita la région de Manjil (Rudbâr) à la même époque n'y mentionne aucune plantation d'oliviers (Mostowfi, p. 66). Selon Petruchevsky, l'huile des autres plantes oléagineuses avait dû remplacer celle de l'olive, dont la plante demande beaucoup de soin, et, de ce fait, la culture d'oliviers était en régression dans cette région, ce qui explique le silence de Mostowfi (Petruchevsky, p. 394). Mais nous pouvons aussi considérer que la culture de l'olivier n'existait tout simplement pas au 14e siècle à Rudbâr. En effet, d'après une tradition locale, l'olivier aurait été apporté de Syrie à Rudbâr par une colonie envoyée par Tamerlan (Rabino, 1915-16, p. 210), un siècle donc après la visite de Mostowfi dans ces contrées. Le silence de Mostowfi et cette tradition locale pourraient donc indiquer que la plantation de l'olivier n'aurait pas été introduite à Rudbâr avant la fin du 14e siècle.

Un peu moins d'un siècle avant la conquête de Tamerlan, Rašid al-Din Fażl-Allâh Hamedâni tenta aussi de transplanter des oliviers à Tabriz (Fażl-Allâh Hamedâni, 1989, p. 394), inutilement d'ailleurs, car le climat de Tabriz n'est pas favorable à une culture qui ne supporte pas le froid. En fait, si la culture d'oliviers prit racine et perdura à Rudbâr, c'est qu'on y trouve un climat méditerranéen[25].

Deux autres centres de culture de l'olivier existaient en Iran au 10e siècle : Gorgân, au sud-est de la mer Caspienne (Jayhâni, p. 148, Ibn Ḥawqal, p. 373), et Arrajân et Šâpur au Fârs (*ibid.* p. 117 et 265). Certains chercheurs classent l'olivier du Gorgân comme sauvage, tandis que d'autres sont d'avis que les plantations en gradins, ainsi que le genre des oliviers de Gorgân sont originaires de Rudbâr (Ṣâbeti, p. 66). Mais si l'on admet que la culture de Rudbâr date seulement du 14e ou 15e siècle, cette dernière hypothèse n'est plus valable et on en revient à la première, d'autant plus que nous ne possédons aucune information sur le commerce de l'huile du Gorgân qui était peut-être inexistante. Quant à l'exploitation dans le Fârs, suivant Miquel, un commerce s'y pratiquait, et cette province marquait « la limite orientale de l'habitat d'olivier. » (Miquel, p. 451). Il est possible que cette plantation ait été connue des Persans dès l'époque pré-islamique : si l'on se réfère à Balʿami, le roi sassanide Šâpur II, au 4e siècle, cultiva au Fârs "pour chaque dattier un olivier" (Balʿami, II, p. 917), et au 6e siècle on payait des taxes pour les oliviers (*ibid.*, p. 1042). Cela montre que la culture d'oliviers était connue des Sassanides, et qu'elle l'était probablement aussi aux époques antérieures[26].

---

25. « L'olivier est un arbre auquel le climat méditerranéen convient parfaitement : hivers doux, automnes ou printemps pluvieux, étés chauds et secs, grande luminosité » (Amouretti et Comet, p. 13).
26. « La culture d'oliviers et le travail d'extraction de l'huile d'olive se pratiquent dans le bassin méditerranéen depuis la plus haute Antiquité. Le premier témoignage archéologique date de la 4e dynastie égyptienne (36e au 26e siècle av. J.-C.), époque à laquelle l'Égypte importait de l'huile

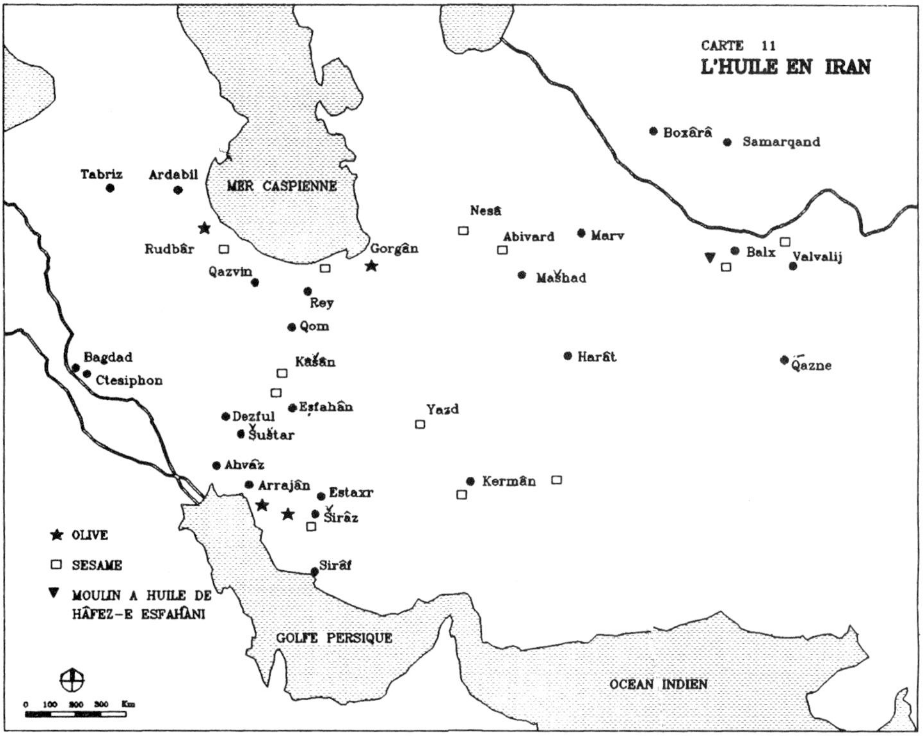

Carte n°11 – L'huile en Iran.

En résumé, et bien que la culture d'oliviers ait été connue et pratiquée en Iran, c'est l'huile de sésame qui y était principalement employée, tout comme chez ses voisins orientaux tandis qu'à l'ouest, dans les régions méditerranéennes, l'olivier l'emporta sur tous ses rivaux. C'est ce que confirme Nâṣer Xosrow au 11e siècle : « le sésame est peu abondant en Égypte et l'huile en est chère ; l'huile d'olive se donne à bon marché. » (Nâṣer Xosrow, p. 154). Deux mondes différents, de l'Antiquité au Moyen Age tardif, sont ainsi repérables, en se basant sur le critère de l'huile végétale : le monde de l'olive de la Méditerranée, celui de Braudel ; le monde du sésame, de l'est de l'Iran, celui des *Mille et une Nuits*[27].

Deux techniques différentes de l'extraction de l'huile relèvent de ces deux zones géographiques, dont la frontière se maintint avec le temps, tout en étant parfois modifiée par la pénétration d'un produit ou d'une technique d'une zone à l'autre. L'Iran reflétait bien cette division géographique : l'Iran occidental avait des tech-

---

d'olive de Palestine et de Syrie » (Cresswell, p. 33). Il est probable qu'une transplantation de l'olivier de Syrie au Fârs, dont le climat est presque méditerranéen, ait eu lieu entre le 3e millénaire et l'époque sassanide.

27. "Sésame ouvre toi" était le mot de passe des voleurs dans l'histoire d' "Ali Baba et les 40 voleurs" des *Mille et Une Nuits*.

niques d'extraction de type occidental aussi bien pour l'huile d'olive que pour l'huile de sésame, tandis que l'Iran oriental utilisait d'autres techniques pour le sésame (carte n°11).

L'huile en Iran occidental

En Occident, le processus de l'extraction de l'huile d'olive consiste en deux phases mécaniques :

1) Le triturage des olives, "la chair et le noyau tout ensemble", sous une meule verticale tournée par un agent dans une auge circulaire, jusqu'à ce que le tout ne forme qu'une pâte[28], qui sera plus ou moins onctueuse (*Mémoire*, p. 216, Rozier, pp. 4-5).

2) Le pressage "des cabas, chargés de cette pâte", entassés l'un sur l'autre dans un pressoir, en général à vis. « L'huile coule de toute part... Lorsqu'elle cesse de couler on lâche la vis et on détord le pressoir. » (*Mémoire*, pp. 218-19).

À ces deux étapes mécaniques peuvent s'ajouter deux processus chimiques : « L'addition de l'eau bouillante, comme un moyen auxiliaire qui rend l'huile plus abondante[29], plus nette et plus courante, mais elle l'altère pour la qualité » (*Mémoire*, p. 219) et la séparation de l'eau et de l'huile par décantation dans des bacs en pierre (Dumas, II, p. 203).

En Iran, l'extraction de l'huile d'olive est décrite dans un traité agricole du début du 16e siècle :

> « Quand la couleur de l'olive passe du vert au rouge, on les cueille à la main, autant qu'il est nécessaire pour une extraction dans une seule journée. On ne les cueille pas toutes. Ensuite, on les étale sur un chiffon pour les assécher un petit peu, en les exposant au soleil... On y ajoute du sel et on les chauffe à l'aide des mains, de telle sorte que les noyaux ne se cassent pas. On les apporte au pressoir, et on met un poids sur eux afin que l'huile en coule. Dès que l'huile s'arrête de couler, on augmente le poids et ainsi de suite, jusqu'au moment où l'huile ne coule plus. Et la meilleure huile, c'est celle de la première pression. On ajoute du sel à l'huile et on la laisse se décanter pour en obtenir une huile sans lie. » (*Šenâxti*, p. 144).

Dans le Manuscrit Persan 727, que nous avons déjà présenté, le fonctionnement du pressoir est un peu différent. Les olives, chauffées dans un four, seront déposées entre deux planches en bois fortement attachées par un câble pour laisser couler l'huile (Manuscrit 727, folio 58, voir annexe).

Cette méthode de production de l'huile d'olive diffère sur plusieurs points de son équivalente méditerranéenne. Le triturage par une meule verticale, les cabas chargés de pâte d'olive triturée, le pressoir à vis, le lavage par l'eau chaude, etc. en

---

28. Contrairement à ce que pense Dumas dans son histoire générale des techniques, ce broyage n'a pas comme but la séparation des noyaux et de la chair (Dumas, II, p. 203), puisque la force de la masse écrase aussi bien la chair que les noyaux.
29. « L'ajout de l'eau chaude n'augmente le rendement que d'environ 700 g pour 100 kg traités » (Cresswell, p. 40).

sont tous exclus. Cela nous donne à penser que cette technique de production pénétra en Iran à partir des régions méditerranéennes dans les premières étapes de son évolution et demeura ensuite inchangée au cours des siècles. Dans ce cas, nos sources décrivent la méthode de fabrication de l'huile dans le Fârs et non pas à Rudbâr où, comme nous l'avons vu, la culture d'oliviers fut introduite de la Syrie à la fin du 14e siècle.

Bien plus tardivement, un ensemble technique destiné à l'extraction d'huile de sésame et d'autres graines oléagineuses est décrit par Olmer au début de ce siècle, dans une ville de l'Iran central, Kâšân, qui, cette fois-ci, ressemble plus ou moins à l'huilerie méditerranéenne :

> « J'ai vu à Kâchân fonctionner une presse ingénieusement aménagée. On travaille dans cette fabrique toutes les huiles. Les graines sont cassées sous une meule ordinaire, tournée par un chameau. Puis, elles sont réduites en poudre fine, au moyen d'une grosse meule analogue à celle qui sert à pulvériser le henné ; cette meule est tournée par deux chameaux. La poudre obtenue est tamisée et ce qui n'est pas assez fin, retourne à la meule. La poudre fine est mélangée de son huitième d'eau froide, de façon à faire une pâte. Les galettes formées sont mises entre deux treillis de jonc et enveloppées dans une peau de chameau cousue. » (Olmer, pp. 94-6).

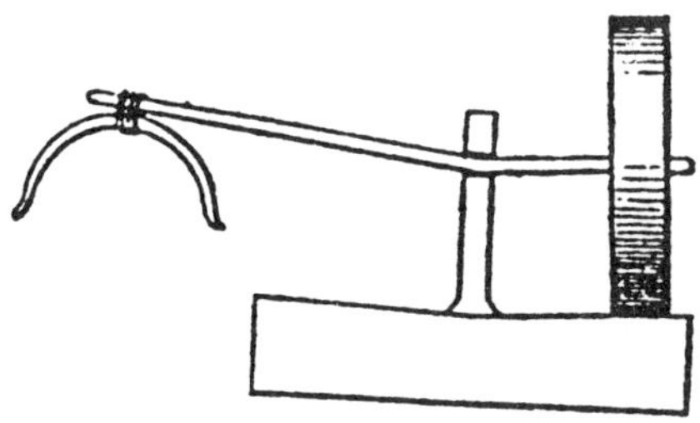

Figure 17 – Meule verticale à broyer. (Olmer).

La préparation d'une pâte huileuse nécessite donc déjà plusieurs étapes. Tout d'abord, pour réduire les graines en une poudre fine, deux types de broyage sont mentionnés : premièrement, dans un moulin ordinaire, probablement un moulin à farine, on prépare une poudre grossière et, deuxièmement, dans une auge circulaire, cette poudre se transforme en une poudre fine, après écrasement sous une meule verticale (fig. 17). Ensuite, cette poudre sert à la préparation d'une pâte par le moyen d'un processus chimique (mélange d'eau, de poudre et d'écorce de graine de coton), et cette pâte en galette est mise dans les cabas.

Olmer décrit ensuite le pressoir (fig. 18) :

> « Les galettes sont entassées en A, dans un tronc d'arbre creusé, terminé à sa partie inférieure par un conduit, par où l'huile s'écoulera. Au-dessus est un billot de

bois B qui servira à presser. Sur le billot est un immense levier formé de deux troncs d'arbres soigneusement attachés. La longueur CD est de 14 mètres environ. E est un treuil, placé à l'autre extrémité sur lequel s'enroule une corde attachée à une énorme pierre pesant 400 kilogrammes.

« On commence à dérouler le treuil E, la pierre reposant sur le sol; puis, deux hommes agissant sur le treuil F soulèvent au moyen d'une poulie fixe F et d'une poulie de renvoi G, l'arbre du levier. Alors, on place les galettes en A; puis le billot B, et l'on déclenche le treuil F. Le levier CD descend doucement et commence à presser par son propre poids le billot sur les galettes. Alors, deux hommes montent sur la pierre et, manœuvrant le treuil E, enroulent la corde. La pierre tend à se soulever et agit de tout son poids sur le levier. L'huile est recueillie dans un vase.

« L'effet de la manœuvre est saisissant. Cette énorme pièce de 14 mètres s'abaisse lentement, et tout le bois gémit des efforts qu'on lui imprime. Le petit bras de levier a environ 0.75m, le grand bras 12 mètres, la pierre et les deux hommes pèsent plus de 500 kilogrammes. On a donc une force d'environ 8 000 à 9 000 kilogrammes. »[30] (Olmer, p. 96).

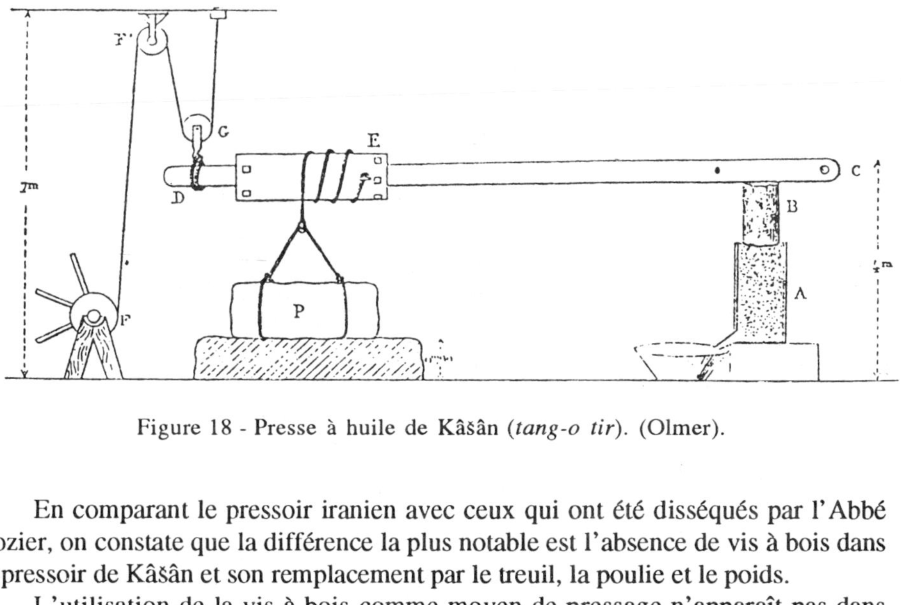

Figure 18 - Presse à huile de Kâšân (*tang-o tir*). (Olmer).

En comparant le pressoir iranien avec ceux qui ont été disséqués par l'Abbé Rozier, on constate que la différence la plus notable est l'absence de vis à bois dans le pressoir de Kâšân et son remplacement par le treuil, la poulie et le poids.

L'utilisation de la vis à bois comme moyen de pressage n'apparaît pas dans l'industrie de l'huile en Iran et chaque fois que la poutre de l'huilerie est citée, elle est accompagnée par les poids en pierre que l'on y attache. La poutre, *tir*, et la force ou la pression produite par un poids, *tang*, sont combinés dans le terme *tang-o tir* (la pression et la poutre) qui désigne un pressoir à huile. Indubitablement, Ḥâfeẓ-e

30. Ce pressoir, en gros, resemble au pressoir phénicien restauré par Max Ringelmann. Mais les Phéniciens ne connaissaient pas la poulie et il faut attendre l'époque gréco-romaine pour en trouver des premiers exemples (Ringelmann, III, p. 565 et 570). Un autre exemple de ce type de pressoir est donné par Wulff (p. 297).

Eṣfahâni, quand il évoqua les dangers qui menaçaient les ouvriers de *tang-o tir*, pensait aux manœuvres de ce lourd poids, décrit par Olmer (Ḥâfeẓ-e Eṣfahâni, p. 96).

Si l'on remonte jusqu'au 12e siècle, ce *tang-o tir* se trouve dans le dictionnaire persan d'Asadi Ṭusi, quand il décrit le *kubine* ou le cabas : le *tang-o tir* extrait par pression de l'huile des graines déjà moulues à travers un tamis, tressé d'herbes, en forme de plateau de balance, qui s'appelle *kubine*[31]. Tous les éléments du pressoir de Kâšân sont réunis dans cet exemple, et on peut considérer comme vraisemblable que ce type de pressoir (avec des variations) était connu en Iran au Moyen Age.

L'huile en Iran oriental

Cet ensemble technique était-il répandu dans toute l'étendue de la Perse ? Ḥâfeẓ-e Eṣfahâni répond négativement à cette question. Car, selon lui, « au Xorâsân et en Transoxiane ce pressoir *tang-o tir* n'a pas existé et cela est un fait connu et notoire. » (Ḥâfeẓ-e Eṣfahâni, p. 120). Ḥâfeẓ-e Eṣfahâni, qui exerça son travail à l'est de l'Iran, et qui inventa plusieurs machines mécaniques, est une référence valable et sa déclaration est d'autant plus recevable qu'il existait en Iran oriental une autre technique d'extraction d'huile relativement moins connue en Iran central et occidental (*ibid.*, p. 79 et 120). Cet appareil s'appelle *jovâz* et en Iran occidental il est nommé *joq̄an* (*ibid.*).

Mais avant que cette ligne de séparation technique entre les deux parties de l'Iran soit définitivement établie, il faut décrire le fonctionnement de cet appareil, ce que ni Ḥâfeẓ-e Eṣfahâni ni d'autre voyageur ou chercheur n'ont fait avant Olmer. Celui-ci, durant sa mission scientifique à Yazd, au centre de l'Iran, donne un abrégé d'un procédé de fabrication d'huile, accompagné d'un dessin (fig. 19), qui ressemble en tous points à ce pressoir à sucre que l'on employait au Mâzandarân et en Inde, à savoir le *kaliyâ* (persan) ou le *kolhu* (indien)[32]. Malheureusement, Olmer ne nous laisse pas les noms indigènes des appareils qu'il a si clairement décrits. Toutefois, comme l'on sait que Ḥâfeẓ-e Eṣfahâni s'inspira d'un tel appareil pour la construction de son huilerie hydraulique, il est évident que Olmer dépeint un *jovâz* : en effet, Ḥâfeẓ-e Eṣfahâni, en transformant un mouvement circulaire produit par l'énergie hydraulique dans le plan horizontal, en un mouvement circulaire dans le plan vertical, à l'aide de deux roues dentées, met en révolution un pilon, *jovâz*, dans un mortier. De plus, il appelle son moulin hydraulique "*jovâz* de l'huilerie" (Ḥâfeẓ-e Eṣfahâni, p. 79), ce qui montre bien que son modèle de travail a été une machine de type *kaliyâ* ou *kolhu* indien.

---

31. On apprend, d'une historiette d'Abu Sa'id, que le *kubine* était tressé de *dux*, plante des plaines de Xorâsân (Abu Sa'id, I, p. 165). Le *dux* selon les commentaires de Kadkani est le *lux*, et le *lux* selon Mo'in est le *lu'i*, qui est la massette, *TYPHAA LATIFOLIA*.

32. *Cf.* p. 158-159, fig. 15. Aux Indes, le pressoir à sucre et celui à huile se ressemblaient, à quelques différences près (Grierson, pp. 46-60).

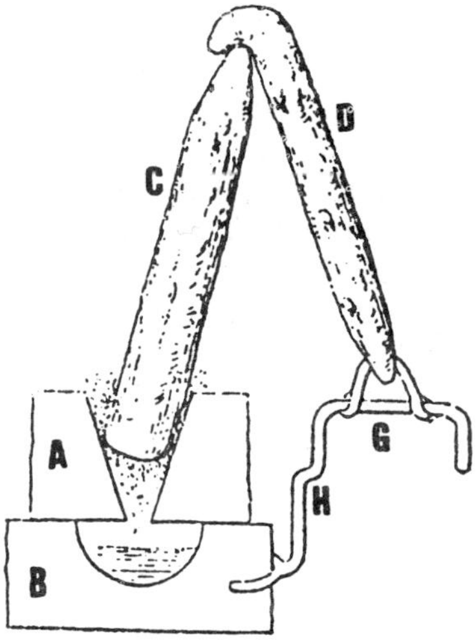

Figure 19 – Presse à huile de Yazd, *jovâz* (Olmer).

C'est le même type de moulin à huile que Moser trouve en usage en Transoxiane[33]. Toutes les graines oléagineuses y passent et, parmi elles, cette graine d'une sorte de melon, déjà citée par Rašid al-Din au 13e siècle. En fait, l'huilerie qui était en pratique à l'est de l'Iran, et moins communément à l'ouest et au centre, était donc de même type que celle citée par Ḥâfeẓ-e Eṣfahâni et décrite par Olmer ou Moser.

Conclusion

Notre étude sur l'huile conclut à une division géographique. On a dépeint l'importance du sésame pour la partie orientale et celle de l'olive pour la région occidentale, comme matière première des huiles comestibles. Or, à chacun de ces "deux mondes" appartenait une technique spécifique de l'extraction d'huile et c'est en suivant cette répartition technique que la frontière de ces deux mondes se définit plus clairement : celui de l'est franchit l'Iran oriental (*jovâz*), et celui de l'ouest s'arrête à la lisière de l'Iran central (*tang-o tir*). Cette répartition géographique des techniques n'est toutefois pas sans nuances. En effet, la présence de l'huilerie de type *jovâz* est confirmée par Ḥâfeẓ-e Eṣfahâni à l'ouest du pays, et dans la région de la Caspienne, la technique de fabrication de l'huile de sésame est différente de celles déjà

33. Voici la description de Moser : « Les graines de coton se vendent à très bas prix et servent dans l'industrie indigène à la fabrication d'une huile grossière, tandis que les résidus, contenant encore une forte proportion de matière grasse, entrent dans la composition des tourteaux pour le bétail. Le mode d'extraction de l'huile est des plus primitifs et se fait à l'aide de meules grossières ou de pilons de bois tournant, par un système de manège, contre les parois d'une sorte de mortier évasé. J'estime qu'on l'emploie, non seulement pour les huiles de coton, mais encore celles du melon, de sésame, de l'eruca, de la noix, du colza, etc. » (Moser, pp. 352-3).

examinées[34]. Mais sans entrer dans les détails, trois sortes de technique différentes de fabrication de l'huile correspondent à trois espaces géographiques différents : l'Iran oriental, l'Iran occidental et le littoral de la mer Caspienne. On ne manquera pas de relever que cette répartition géographique recouvre celle que nous avons tracée à propos du sucre : la partie orientale entre dans la sphère culturelle indo-iranienne tandis qu'à l'ouest de l'Iran c'est la prééminence des cultures grécoromaine ou sémito-iranienne qui déterminent le curriculum technique iranien. Le long de la mer Caspienne, un mélange de l'influence de ces deux sphères culturelles se manifeste. Dans ces conditions, ce n'est que bien difficilement que pouvait s'opérer la diffusion des techniques d'une zone à l'autre, les structures rigides en présence ne favorisant guère de tels mouvements.

LE SYSTÈME À CAMES

Le moulin à eau connut d'autres adaptations au cours du Moyen Age, et cela grâce au système à cames, perfectionnement qui permit de l'utiliser dans d'autres branches de l'industrie. Comme le remarque Gille, c'est « sans doute l'un des points les plus remarquables de la révolution technique médiévale que d'avoir généralisé l'emploi de la came qui permet de transformer le mouvement circulaire continu en un mouvement rectiligne alternatif. » (Gille, 1954, p. 8).

Comment fonctionne la came ? Nous emprunterons la définition au même auteur (fig. 20) :

> « Le principe de la came est extrêmement simple. On fixe sur l'arbre moteur, relié lui-même à la roue à aubes, des sabots placés à l'intervalle réguliers. Ces sabots appuient sur un manche pivotant autour d'un point fixe et le soulèvent. Le poids de l'outil ou un ressort font revenir le manche à sa position d'équilibre après le passage de la came. L'énergie hydraulique n'agit donc que dans l'un des deux sens du mouvement alternatif. Le mouvement en retour, rendu possible par la liberté laissée au manche après le passage de la came, est obtenu par le poids de l'outil ou par un ressort. Cette découverte pourra donc être employée dans la totalité des cas des maillets et des marteaux et pour d'autres instruments dans la mesure où l'on peut faire agir un ressort, généralement une perche flexible. » (*ibid.*).

L'origine de ce système est ancien : « L'usage de la came n'est cependant pas une invention médiévale. L'école d'Alexandrie, et en particulier Héron, l'a employée dans une multitude d'automates et d'inventions mécaniques », mais cette « invention antique, comme le moulin à eau, ne prendra son essor qu'au Moyen Age, dans la pratique. » (*ibid.*, pp. 8-9). L'Antiquité, selon Gille, n'avait connu que le foulage au pied. Le Moyen Age, par le truchement de la came, invention de

34. « On écrase la semence de cette plante sous une meule (verticale) que l'on met en mouvement par un agent à volonté, l'huile qui en sort passe à travers un tamis, placé sous la meule, et se purifie par cette opération. Avant de mettre cette semence sous la meule, on la fait griller à peu près autant qu'on grille le café avant de le moudre » (Gmelin, I, p. 384). Et « on cultive aussi dans le plat-pays de tous ces différents districts (Mâzandarân) une grande quantité de sésame » (Gmelin, II, p. 7).

A – *dang* ou *saret* (marteau).
B – *pol* (pilon).
C – *tir* (arbre).
D – *bâdâmak* (came).

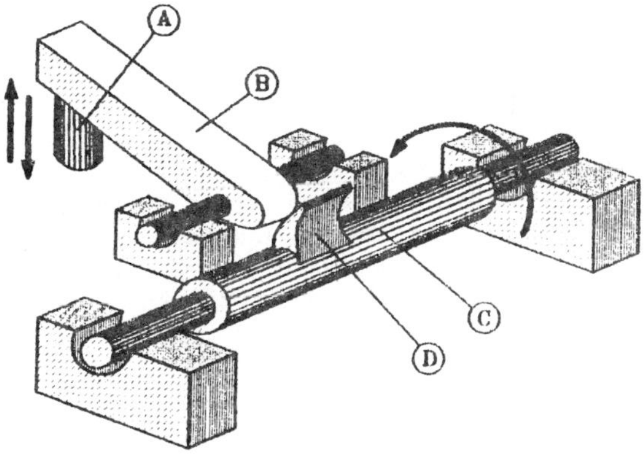

Figure 20 - Système à cames. (Dessin de l'auteur).

l'Antiquité appliquée à d'autres usages, remplaça les pieds des fouleurs par des maillets en bois mûs par l'énergie hydraulique. En Angleterre, « le premier foulon cité date de 1185. En 1327, on en comptait déjà de 120 à 150, chiffre qui, d'ailleurs, paraît bien faible. » (*ibid.*, p. 10). Comme le nombre des moulins augmente progressivement à partir du 10e siècle en Occident, leur utilisation aussi se diversifie au cours du temps : le moulin à chanvre, le moulin à fer et à cuivre, le moulin à papier, à tan et à drap, commencent à proliférer. « La ville de Troyes qui érigea 11 moulins au bord de la Seine et du Meldanson, entre 1157-91, avait, en 1493, 20 moulins à farine, 14 moulins à papier, 2 moulins à tan, 4 moulins à foulon et un moulin à drap, donc le total de 41 moulins. » (Forbes, 1954-58, p. 609).

On peut maintenant se demander ce qui s'est passé en Iran médiéval : y retrouve-t-on l'usage du système à came par le biais de cette multitude d'applications de l'énergie hydraulique ?

En fait, le champ de cette application n'est pas si vaste qu'en Europe, comme en témoigne R. du Mans qui, au 17e siècle, remarque l'absence de deux types de ces moulins en Perse : *âsiyâbs* « sont moulins à farine, car à tan et à foulon, il n'y en a point. » (R. du Mans, p. 243). Le foulage et le tannage mécaniques ne figurent donc pas dans la vie technique iranienne à cette époque, bien que l'on puisse constater, en deçà et au delà de ce siècle, l'emploi du système à cames dans certaines activités industrielles : le premier exemple de l'emploi du moulin à papier et du moulin à broyer des minerais remonte au 11e siècle de notre ère. Il semble par ailleurs que le moulin à riz était en usage au nord de l'Iran, lors du séjour de R. du Mans. Enfin, le moulin à poudre à canon et les soufflets mécaniques sont des introductions tardives.

Le moulin à poudre et le soufflet mécanique

Très logiquement, l'apparition de ces deux types de moulin dans l'industrie persane est postérieure à l'introduction du canon au 16e siècle en Iran.

> « Depuis l'époque safavide, l'Iran expérimenta, souvent à ses dépens, les problèmes de la Turquie ottomane sur le déclin. De plus, les retards accumulés sur son puissant voisin restèrent, sur le plan technologique, considérables. Bien que l'adoption de l'arme à feu soit considérée comme tardive en Iran, après la débâcle de Châlderân contre les Ottomans (août 1514), Châh Esmâ'il (1501-1524) avait constitué en 1516 un véritable corps d'artilleurs et d'arquebusiers qui précède l'introduction systématique des armes à feu sous Tahmâsp Ier (1524-1576) suivi de la création du corps des *tofangtchi* (mousquetaires, d'abord des fantassins, puis des cavaliers) et des *touptchi* (canonniers) sous 'Abbâs Ier (1588-1629). » (Calmard, p. 18).

L'artillerie safavide, qui périclita sous les successeurs de ʿAbbâs Ier, fut restaurée sous Nâder Šâh (1736-1747), pour perdre à nouveau son importance sous la dynastie Zand (1747-1787), et devenir « plutôt un objet de parade que de destruction. » (*ibid.*). On peut expliquer ce retournement de situation par les carences du système de communications, où manquaient les voies capables de supporter les mouvements d'une lourde artillerie[35]. La guerre redevient alors une guerre de siège dans laquelle une ville fortifiée par de simples remparts de terre peut résister de longs mois au siège d'une nombreuse armée (Ẕokâ', p. 204).

La modernisation de l'armée iranienne se fait au 19e siècle, après l'arrivée des Qadjars au pouvoir, alors que la diplomatie persane se trouve confrontée à la pesante menace de la Russie, aux tentatives anglaises de maintenir l'intégralité territoriale de l'Iran comme zone tampon entre la Russie et l'Inde, et aux rêves napoléoniens d'ingérence. Alliés aux Iraniens, les Français arrivent les premiers comme consultants et instructeurs. Les Anglais les doublent par la suite et les Russes phagocytent une partie de l'Iran en 1813 et une deuxième fois en 1827.

Pour moderniser l'armée, il faut non seulement des canons, mais de la poudre : c'est dire qu'on assista au développement des fabriques de production de poudre à canon (*bârut*). Adrien Dupré qui visita la Perse en 1807-1809 en observa dans plusieurs villes et c'est à lui que nous devons la description de la méthode de fabrication de cette poudre.

> « [À Širâz], la poudre se fabrique près de la porte de Qassâb-Khâneh, dans un vaste édifice bâti en briques. Il renferme huit ateliers, dont deux seulement étaient alors en activité, à cause du peu de consommation qui s'en faisait. Dans les moments urgents, le directeur emploie jusqu'à cinquante ouvriers qui font une vingtaine de batmans (soit 60 kg) de cette matière par jour. Le salpêtre est apporté tout purifié de Lâr. A six batmans de salpêtre, on mêle un batman de soufre, un de charbon, et l'on obtient six batmans et un quart de poudre. » (Dupré, II, pp. 11-12).

À Lâr même, il existe aussi une fabrique de poudre, « mais on n'y travaille que pour le gouverneur » et à Giraš, à trois *farsang*s vers l'ouest de Lâr, il y en a une autre, « où l'on emploie une centaine d'ouvriers. Le salpêtre est abondant dans tous les environs. » (*ibid.*, I, p. 439).

---

35. *Cf.* chapitre I, La roue et la charrette.

Selon toutes probabilités, ce procédé de fabrication de poudre avait été introduit d'Europe en Iran au 16e siècle, avec les canons qu'il accompagnait. En effet, la composition de la poudre à canon iranienne détaillée par Dupré est similaire à celle que l'on utilisait en France au 15e siècle. « En France, la poudre primitive comprenait 75% de salpêtre et le reste par moitié de soufre et de charbon. » (Gille, 1978, p. 639). Ce qui est exactement équivalent à 6 parts (batmans) de salpêtre, 1 part de soufre et 1 part de charbon – à la différence du mélange chinois qui comportait 75,7% de nitre, 14,4% de charbon et 9,9% de soufre (*ibid.*, p. 454). Déjà en 1660, R. du Mans mentionne la fabrication de la poudre bien qu'il en critique la qualité : le *bârutsâz*, « faiseur de poudre à canon, il y en a, mais comme ils ne dépurent pas bien leur salpêtre, *shûrah* (*šure*), ni leur soufre, *kebrit*, et qu'ils ne l'incorporent pas bien avec leur charbon, selon la dose qu'il faut, elle n'est pas prompte comme la nôtre pour tirer à la volée, car elle lime et souffle longtemps avant, comme ne sachant si elle veut partir. » (du Mans, p. 204).

En ce qui concerne le procédé de fabrication, les propos de R. du Mans n'infèrent nullement que l'énergie hydraulique y prenait une part quelconque, alors qu'en France, pour broyer le mélange « on utilisait depuis le début du 15e siècle des maillets hydrauliques qui étaient semblables dans leur principe aux maillets des papeteries » (Gille, 1978, p. 639), c'est à dire un système à cames.

Par contre, au début du 19e siècle, bien que Dupré ne le signale pas, son compatriote, « le capitaine du génie Lamy dirigea la construction des casernes, de l'arsenal, du moulin à poudre et de la fonderie de canons » en Iran (Calmard, p. 24). De même, les Anglais avaient édifié un atelier de production de poudre à canon, *bârutxâne*, sur le modèle occidental, ce que sous-entend la présence du moulin à poudre. Cette fabrique produisait 300 *xarvâr*s, soit 90 tonnes, de poudre noire par jour (Donboli, pas de pagination).

Ces fabriques sont étatiques. Mais, dans le secteur privé, certains, attirés par le bénéfice, réalisèrent aussi des moulins à poudre. Morier, pendant son deuxième voyage en Perse, entre 1810 et 1816, rencontra un Iranien qui, de sa propre initiative, avait fait édifier une fabrique de poudre à canon :

> « Vers le sud-est de Tabriz, au pied d'une colline, un moulin à poudre, actionné par l'eau, est érigé par un Persan qui, selon ses propres propos, en fit connaissance par le simple hasard en observant une pareille fabrique à Constantinople. Le moulin est de loin le meilleur bâtiment de Tabriz, construit en brique, pierre et marbre et a coûté une fortune. La première chose que l'on remarque, en entrant au moulin, est sa porte en fer. Dans un endroit si exposé à l'explosion, elle est la plus mal choisie. Mais le constructeur confirme que la porte ne génère aucun danger, car une fois que la roue met en marche les appareils, la porte restera constamment trempée d'eau. Nous lui signalâmes qu'actuellement en Europe, dû à la fréquente explosion des moulins à poudre, on les construit avec des matériaux légers et bon marché. Comme un bon croyant en prédestination, il répondit, que grâce à Dieu, celui-ci n'exploserait jamais. » (Morier, 1818, p. 231).

On peut difficilement imaginer que le moulin à poudre de Tabriz ait été actionné par un autre mécanisme qu'un jeu de cames, à l'instar de ceux qu'avaient construits les instructeurs étrangers. Toutefois, il est clair, à lire la description de Morier, que le luxe l'emportait sur l'utilité, et que la construction de pareils moulins demandait un investissement trop considérable pour tenter les éventuels amateurs, et ce d'autant plus que le risque d'explosion était toujours présent.

La poudre produite, il reste à fabriquer le boulet. « Les boulets se coulent dans le Mâzandarân. Ils sont pleins de boursouflures et de graviers qui creusent les pièces et les mettent en danger d'éclater en morceaux à chaque explosion. Les Persans n'ont de boulets passables que ceux qu'ils ont pris aux Russes. » (Dupré, II, p. 297). Ces forges du Mâzandarân, pour la plupart réunies dans le district de Nur, ont été décrites par un colonel français, Trezel, quelques années après que Dupré eut quitté l'Iran. Mais Trezel, n'a "pas vu faire de boulets" (Trezel, p. 451). Autre témoignage, celui de K. E. Abbott qui, en 1848, dans son rapport sur son voyage au sud de la Caspienne, constate la production de boulets dans le même district de Nur, et dépeint leur procédé de fabrication ('Isavi, 1977, p. 284). Sa description est analogue à celle de Trezel, à ceci près qu'il remarque l'usage de soufflets mécaniques[36], mûs par l'énergie hydraulique, tandis que Trezel note tout simplement l'usage d'un "équipage de souffle". Ceci vient sans doute du fait que Trezel ne visita qu'une seule des trente forges de la région, propriété privée gérée par deux familles réunies (Trezel, p. 451), alors qu'Abbott en avait vu plusieurs ; il se peut donc que l'adaptation d'un système de soufflet mécanique aux fourneaux n'ait été en usage que dans les forges qui produisaient des boulets pour l'État. Abbott relève le chiffre annuel de 175 000 boulets de quatre calibres différents (*ibid.*) : un tel taux de production demande des systèmes performants, comme le soufflet mécanique, qui avait peut-être été installé par les instructeurs militaires occidentaux de passage dans la région.

Ce soufflet hydraulique dont les poches se gonflent et dégonflent alternativement à l'aide d'un système de cames reste unique dans son genre, et même après qu'il ait été en usage, la soufflerie traditionnelle demeure maîtresse dans la production métallurgique iranienne : dans les mines de fer de Qaradâq, décrites par Roberston en 1843, on utilise toujours des soufflets non-mécaniques pour produire directement du minerai de fer malléable (Roberston, 1843, p. 84). Tout comme le moulin à poudre, la soufflerie hydraulique disparut donc de l'espace technique iranien sans laisser de vestiges. La preuve en est que, si le moulin à poudre est connu sous le nom général de *bârutxâne*, le nom du soufflet mécanique en persan nous échappe et nous ne savons pas comment les forgerons du Mâzandarân l'ont appelé.

---

36. « Les premiers moulins chinois, qui nous sont donnés par les textes, mettaient en jeu un système à cames pour actionner des soufflets de forges, analogues en somme à ceux qui verront le jour en Europe occidentale au 14e et 15e siècle. Mais les moulins chinois datent des premiers siècles de notre ère » (Gille, 1954, pp. 8-9).

Le moulin à riz

En revanche, dans la même province du Mâzandarân, des machines pour le décorticage du riz sont employées et portent des noms persans. Une telle machine, lorsqu'elle est mue par la force humaine, est appelée *pâdang* et quand elle est actionnée par l'énergie hydraulique, elle est nommée *âbdang*. Le *dang* selon le dictionnaire persan *Borhân-e Qâṭe'*, rédigé en 1651, « est un pilon, qui ressemble à une tête de cheval, à l'aide duquel on bat le riz non mondé (*šaltuk*) pour détacher le riz de sa cosse. ». Le mot *dang*, comme le mot *âs* dans le cas de moulin à farine, s'ajoute aux mots qui définissent désormais le type de l'énergie qu'on y applique.

Le même *Borhân-e Qâṭe'* définit de la même façon que *dang*, le *pâdang*. Et *dangi* est celui qui s'occupe de cet appareil. Le mot *âbdang*, au contraire, n'apparaît pas dans ce dictionnaire, cependant cette machine est employée actuellement en Iran. Est-elle encore une introduction tardive, comme le moulin à poudre et le soufflet mécanique, ou bien existait-elle au cours du Moyen Age en Iran ? Cela demande encore un examen des données éparpillées dans le temps et l'espace iranien.

Wulff décrit un moulin à riz (*âbdang*) qui sert à décortiquer les grains, dans les provinces limitrophes de la mer Caspienne. Ce moulin a comme force motrice l'eau, qui en descendant d'un conduit d'eau (*nâv* ou *nâb*) tourne une roue qui est dotée de 16 aubes (*par, parre*), de 3 pieds chacune. Cette roue à son tour fait tourner un arbre (*tir*) dont les extrémités se posent sur deux appuis. Le mouvement circulaire de l'arbre fait fonctionner un système de cames (*kutinq*) dont les mouvements mettent en marche un pilon (*dang* ou *saret*) attaché à une poutre (*pol*), dans le plan vertical. Une fois le pilon en haut, il tombe d'une hauteur de 45 centimètres dans un mortier (*dandâne*), afin d'écosser le riz. Selon la source d'eau disponible, la roue est "en dessous" ou "au dessus" et, en règle générale, sur le même conduit d'eau plusieurs de ces machines s'installent (Wulff, pp. 290-91). L'art consiste à épargner le grain et à ne pas le briser.

Si cet ensemble technique était en pratique au Moyen Age, Wulff n'en dit rien. À la fin du 19e siècle, un *âbdang* fut construit dans un village de la même région par un propriétaire iranien. Cet appareil une fois brûlé ne fut jamais remplacé, parce que les villageois ne connaissaient pas son mécanisme de fonctionnement (Jamâlzâde, p. 86).

K. E. Abbott, qui nous fait connaître l'emploi du soufflet mécanique au Mâzandarân en 1848, décrit brièvement un *âbdang* dans son rapport de voyage de 1844 dans les provinces de la Mer Caspienne. Il ajoute que le pilon en tombant dans le mortier, tout en écossant le riz, le broyait aussi. Généralement 240 kg de riz non mondé donne 120 kg de grains de riz, et si la qualité du riz est supérieure, on en obtient jusqu'à 145 kg de grains ('Isavi, 1977, p. 244).

Les mêmes appareils existaient au Gilân. Rabino et Lafont donnent une description détaillée de *pâdang* et *âbdang* que nous reproduisons en partie :

Figure 21 – *Pâdang* (Rabino & Lafont, 1914).

« Le *pâdang* consiste en une poutrelle de bois mobile autour d'un axe horizontal supporté par deux forts piquets A A' (fig. 21) de 0,50 m de haut ; le bras de levier le plus long porte à son extrémité une pièce de bois implantée à angle droit et armée de pointes de fer ; c'est cette pièce qui constitue le pilon. Quant au mortier, c'est un simple trou de 0,30 m de profondeur creusé dans la terre battue ; dans ce trou est placé un bloc de bois incliné à 45° contre lequel vient frapper le pilon.

« Pour la manœuvrer, un homme monte sur la poutrelle, repose le pied gauche sur le piquet A et du poids de son corps frappe l'extrémité postérieure du levier avec le pied droit, ce qui fait remonter le pilon ; puis l'ouvrier pose le pied gauche sur l'avant du levier pour faire retomber le pilon qui, son propre poids aidant, s'abat lourdement contre le grain ; pendant ce temps, le pied droit est venu au repos sur le piquet A' et c'est le pied gauche qui, à son tour, vient frapper l'arrière de la poutrelle pour soulever une deuxième fois le pilon ; et la manœuvre continue ainsi. Pour ne pas perdre l'équilibre et s'aider à se relever, l'ouvrier se tient des deux mains à une barre de bois fixée horizontalement à hauteur de poitrine. Cette gymnastique, d'apparence fort pénible, est faite cependant à vive allure et avec beaucoup de dextérité. Parfois un seul homme manœuvre deux *pâdangs* et, des fois, deux femmes sont employées pour la manœuvre d'un seul. »(Rabino et Lafont, 1911, pp. 20-21).

Quant à l'*âbdang*, il fonctionne comme nous l'avons décrit. Mais Rabino et Lafont complètent cette description sur deux points : d'abord en précisant que plusieurs cames peuvent être placées sur le même axe de rotation, et ensuite en montrant, à l'aide d'un dessin (fig. 22), le mécanisme que l'on emploie pour le refroidissement des axes chauffés par la rotation (*ibid.*, p. 23). L'*âbdang* est construit par le menuisier du village et coûte très peu ; les villageois qui le possèdent font payer 2 *panjes*[37] (environ 1 kilo) par *quṭi* (30 kilos) de riz qu'ils ont décortiqué[38] (*ibid.*).

37. Littéralement "poignée".

38. Comme nous l'avons vu dans le chapitre sur les moulins, la même méthode de payement était utilisée par les meuniers.

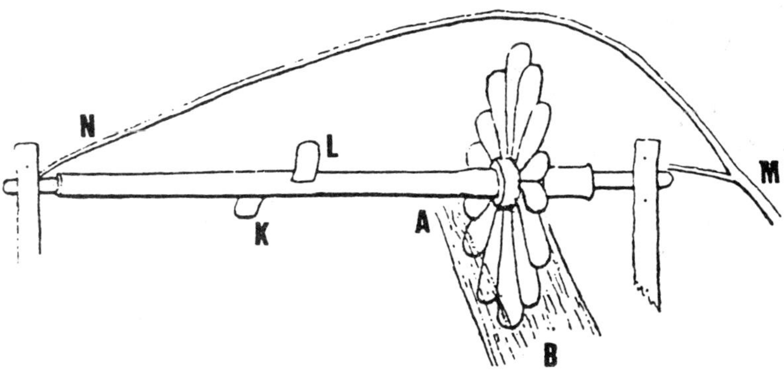

(AB) – canal. **(MN)** – petit conduit amenant de l'eau sur les axes pour empêcher leur inflammation. **(K)** et **(L)** – cames.

Figure 22 – *âbdang* (Rabino & Lafont, 1914).

Par contre, aucun de ces auteurs ne peut nous renseigner ni sur l'ancienneté de l'usage de ces appareils, ni sur leurs origines. Récemment, Ali Jahângiri, dans un ouvrage ethnologique sur Kandelus au Mâzandarân, son village natal, nous donne quelques renseignements techniques et historiques sur le moulin à riz qui, dans ce village, servait aussi au décorticage du millet (Jahângiri, p. 86). Si l'on se réfère à Wulff, les *âbdangs* décortiquent plutôt du millet que du riz après l'introduction dans ces régions de machines modernes pour le décorticage du riz (Wulff, p. 291). Quant à la description du moulin par Wulff, elle est en tout point semblable à celle de Jahângiri, jusqu'aux noms des différentes parties de l'appareil. Ces détails sont importants et permettent d'expliquer plus aisément l'origine commune de ces machines, dispersées dans toutes les zones des provinces de la mer Caspienne.

Selon Jahângiri, le plus ancien moulin à riz construit et utilisé à Kandelus date de 1640. Son constructeur était Ostâd Nâṣer al-Din et une amusante tradition de ce village rapporte que cet appareil produisait en fonctionnant un bruit qui ressemblait au nom de son constructeur, à telle enseigne qu'il semblait appeler son maître (Jahângiri, p. 86). Cette tradition non seulement révèle l'importance que les habitants de ce village accordaient à l'*âbdang*, mais encore montre bien que son constructeur fut aussi son inventeur, au moins aux yeux de ces villageois.

Ainsi, onze ans avant que le *Borhân-e Qâṭe'* ne soit rédigé, un menuisier d'un village au Mâzandarân construisit en 1640 un moulin à riz mû par l'énergie hydraulique. Fut-il inspiré par un autre appareil qui utilisait le système à cames pour mécaniser le *pâdang*, ou bien fut-il lui-même la source de cette inspiration ? Rien n'est clair. Mais de toute évidence, l'auteur du *Borhân-e Qâṭe'*, qui rédigea son dictionnaire à Dacca à la demande royale, était trop loin des événements d'un village iranien, pour qu'il les enregistre dans son œuvre.

Le fonctionnement d'un tel moulin, bien entendu, dépend de l'accessibilité de l'eau et, comme Kandelus a des rivières, l'utilisation de l'énergie hydraulique lui fut toujours possible. Celle-ci servit même aux villages d'alentour qui, manquant d'eau courante, utilisaient les moulins à riz, aussi bien que les moulins à farine de Kandelus (*ibid.*). C'est lorsque l'eau n'est plus disponible comme source d'énergie que l'homme la remplace et cette solution, nous l'avons vu, était toujours en pratique lors de la visite de Wulff dans ces contrées (Wulff, p. 290).

La description détaillée d'une machine à décortiquer, *pâdang*, actionnée par l'énergie humaine, nous a été laissée par Chardin, une vingtaine d'années après la construction du moulin à riz de Kandelus :

> « Le riz n'est pas si facile à écosser. Les gens qui ont beaucoup d'esclaves[39] le font écosser dans un mortier de bois ; mais communément on se sert d'une machine, qui consiste en une grosse poutre qui assène son coup sur le riz en écosse, lequel est mis dans une petite fosse faite en terre, garnie de brique, de quelque trois pieds de diamètre et de profondeur. La poutre est longue de quatre pieds : un des bouts tient par un pivot, étant attaché comme un axe. L'autre bout porte à sa volée un gros cercle de fer demi tranchant, et fort épais de quelque quatre pouces de diamètre. Un homme élève la poutre en marchant sur la culasse, et la volée tombe sur le riz par ce cercle, ou aludel de fer, qui coupe l'écosse du grain... » (Chardin, II, p. 75).

Cette description de Chardin est en tout point semblable à celle faite par Rabino et Lafont. Par contre, sur le moulin à riz, Chardin ne nous fournit aucun renseignement, pas plus que d'autres voyageurs, même ceux qui comme Gmelin connaissaient bien ces provinces du nord. Ceci est une raison de plus pour penser que son usage et sa diffusion étaient très limités au 17e siècle : Nâṣer al-Din en fit construire un à la même époque dans un village qui ne fut peut-être jamais visité par ces voyageurs. Par contre, Abbott au milieu du 19e siècle observe un moulin à riz, ce qui montre qu'en l'espace de deux siècles, à savoir de 1640 à 1844, le moulin à riz se répandit. Au 20e siècle, Wulff ainsi que Rabino et Lafont en dénombrent beaucoup[40]

Mais il se pourrait que le moulin à riz ait été connu dans les autres provinces de la Perse et qu'un oubli l'ait effacé de la mémoire iranienne. Essayons donc de repérer son éventuelle occurrence aux époques antérieures à celle du voyage de Chardin.

Dès le 3e siècle de notre ère, ce moulin à riz fonctionnait en Chine (White, p. 81) ; et le riz, d'après une tradition chinoise y était cultivé depuis des millénaires[41] (Purdâvud, p. 36). De la Chine, le riz arriva en Iran par l'intermédiaire de

39. Il s'agit bien sûr des esclaves domestiques. Nous avons déjà démontré le fait que l'exploitation de la force humaine, sous cette forme, freinait la mécanisation de certains appareils dépendant toujours de l'énergie humaine. *Cf.* notre introduction à la deuxième partie.

40. En 1976, dans la vallée de Mâsule au Gilân, « ces procédés anciens ont totalement disparu, et nous avons même eu quelques difficultés à trouver un *âbdang* abandonné » (Bazin, 1980a, I, p. 144).

41. Purdâvud cite *Das Leben des Pflanze*, Band 7, Stuttgart, 1915, p. 254.

l'Inde (*ibid.*)[42], et il est probable que les techniques qui l'accompagnaient étaient celles des époques antérieures au 3e siècle, excluant le moulin à riz. En effet, l'historien et géographe persan du 11e siècle, Gardizi, racontant les merveilles de la Chine et quelques unes de ses techniques nous révèle son incapacité à comprendre le fonctionnement de la came du moulin à riz chinois, qu'il attribue à un pouvoir magique : « Les Chinois ont un autre appareil à l'aide duquel on décortique le riz et le millet. Le mortier est construit en forme d'un râtelier circulaire, et y entre une poutre à un bout de laquelle on attache une pierre lourde. (L'autre) bout de cette poutre est magique et l'eau le fait mouvoir. » (Gardizi, p. 271). L'étonnement de Gardizi devant cet appareil "magique" et complexe sera plus compréhensible quand on constate que dans toute la littérature à notre disposition, on voit toujours le riz et le millet décortiqués, en Iran, à l'aide d'un simple pilon ou marteau nommé *jovâz* et qui figurait sous le même nom dans un texte d'origine parthe, *Deraxt-e Asurik*[43]. Le même appareil est assimilé à une massue dans un poème persan d'un poète contemporain de Gardizi (Purdâvud, p. 45). De toute évidence, la machine chinoise, telle que le rapporte Gardizi, n'était pas connue en Iran, et nous n'avons même pas de preuves de l'existence du *pâdang* que remplace le *jovâz*, sauf au Mâzandarân.

Les sources médiévales expliquent peut-être l'absence du moulin à riz à cette époque : on utilisait essentiellement pour faire du pain de la farine de riz[44] qui dans ce cas pouvait être préparée sans décorticage du riz, de sorte que le besoin de la machine à décortiquer se faisait moins sentir. En effet, al-Jâḥiẓ, dans son livre *Ketâb al-Boxalâ'* (Le livre des avares), nous donne la recette de la préparation du pain de riz, au 9e siècle à Baṣra, où l'on emploie deux sortes de moulin pour obtenir la farine de riz sans aucun décorticage. Il nous décrit la manière dont un avare traite ses invités avec du pain de riz et du poisson, dans sa propriété des environs de Baṣra. L'avare achète pour ses invités « du riz non décortiqué et l'emporte avec lui sans rien d'autre de ce que Dieu a créé. Quand nous sommes arrivés à sa terre, il charge son fermier de lui broyer son riz avec son moulin à bras, puis il le vanne et le tamise..., puis il charge son fermier de lui moudre ce riz avec sa meule et son bœuf, puis de lui ramasser du bois et de lui faire bouillir de l'eau..., puis de lui pétrir la

42. Selon Strabon et les sources chinoises, on cultivait le riz en Perse au 2e siècle de notre ère. La culture du riz était probablement assez limitée, mais, contrairement à ce que constatent les annales chinoises, elle ne disparut pas en Iran sassanide (Watson, p. 16).

43. Dans ce texte, qui se présente sous la forme d'un dialogue entre un dattier et une chèvre, chacun énumère ses qualités. Le dattier se vante que l'on construise avec son bois un pilon, *jovâz*, à l'aide duquel on bat le riz et le millet (*Deraxt-e Asurik*, p. 40).

44. Au 10e siècle, selon Ibn Ḥawqal, la nourriture des habitants du Mâzandarân, du Gilân (p. 371) et du Xuzestân (p. 251) consiste en pain de riz. Il ajoute que certains riverains de la mer Caspienne sont tellement habitués à manger du pain de riz toute l'année que, lorsqu'ils mangent du pain de froment, ils souffrent de coliques et parfois en meurent. Yâqut, qui visita Ahvâz au sud-ouest de l'Iran au 13e siècle, nous raconte que dans cette ville « le pain de riz est la nourriture ordinaire des habitants ; ce pain n'étant bon que lorsqu'il est chaud, ils le font cuire par petites portions dans leurs maisons, et on peut évaluer à 50 000 le nombre des fours qui y sont constamment en combustion » (Yâqut, p. 61). Voir aussi Canard, p. 121.

farine de riz avec de l'eau chaude qui fait lever davantage la pâte puis de lui faire cuire le pain. » (Canard, p. 124).

La préparation du pain dans ce cas demande trois types d'énergie : musculaire, animale et thermique. Mais l'avare de al-Jâḥiẓ est un nanti qui peut se payer le luxe d'avoir des esclaves[45] et un moulin à traction animale. Ceux qui n'avaient pas le moyen d'avoir des esclaves étaient obligés de faire leur farine de riz autrement, d'autant plus que « le pain du riz, sinon le riz lui-même était ordinairement la nourriture des pauvres ; il était peu nourrissant, car il contenait peu de graisse et de gluten et on le préparait surtout en temps de disette selon certains auteurs. À Basra, il était particulièrement bon marché. Ibn Qutayba note que cette ville était le paradis des affamés, parce que celui qui avait faim pouvait, pour 2 dirhems par mois, satisfaire sa faim en mangeant du pain de riz et des petits poissons salés. » (Canard, p. 123). Pour que le pain de riz soit vendu à un prix si bas, il faut des méthodes de production très efficaces et il se peut qu'on ait communément utilisé le moulin à farine pour moudre le riz.

Nous en arrivons ainsi à la conclusion que, si nous voulons retrouver avant le 17ᵉ siècle – date d'apparition du moulin à riz en Iran – l'adaptation du système à cames, c'est dans un autre domaine d'activité technique qu'il nous faut aller le chercher.

Le moulin à papier

C'est dans l'emploi du moulin à papier en Iran médiéval que nous trouverons peut-être la solution à notre problème. Cet emploi est sujet à de nombreuses controverses dues à la simple raison qu'on a toujours puisé aux mêmes sources, et qu'à part quelques recherches sérieuses au début de ce siècle sur l'industrie du papier et son origine, jamais cette question n'a été abordée d'une façon systématique.

Ainsi, Lynn White Jr., dans sa préface à la traduction de l'œuvre d'al-Jazzari par Hill, pose une question de fond qui parvient par la même occasion à nier l'emploi du moulin à papier dans les pays musulmans, et en Iran par voie de conséquence. Il se demande pourquoi, en empruntant aux Chinois l'art de la production du papier, les musulmans – qui connaissaient bien l'usage de l'énergie hydraulique pour moudre les grains – n'arrivaient (apparemment) pas à utiliser cette énergie comme les Européens, afin de fouler le chiffon avec lequel le papier se fabrique. (al-Jazzari, préface).

Dans ce texte, il faut surtout mettre l'accent sur cet "apparemment". Car, dès le 10ᵉ siècle, sinon plus tôt, on utilisait à Samarqand le marteau-pilon hydraulique et cela non seulement pour le foulage de la matière première du papier, mais aussi bien pour le broyage des minerais. Nous en avons la preuve dans un passage de Biruni (973-1048), le grand savant iranien, qui dans son ouvrage écrit en arabe, *al-Jamahir fi Ma'rifat al-Jawahir*, consacre un chapitre à l'or et son exploitation. Il y compare la

45. Cela confirme encore une fois notre thèse selon laquelle le travail servile domestiqué pourrait empêcher l'investissement dans la machinerie.

qualité de l'or extrait des mines d'or du Xorâsân à Ṭus avec celui du Badaxšân en Afghanistan. Il ajoute ensuite que « l'or peut être uni avec de la pierre comme s'il était moulé dedans, donc il a besoin d'être broyé. Les moulins à eau (*ṭavâḥin*) peuvent le pulvériser, mais le broyer avec le *mašajin* est plus correct et plus raffiné comme traitement. On dit que ce broyage rend l'or encore plus rouge ; si cela est juste, c'est surprenant et étrange. Les *mašajin*s sont les pierres fixées sur un arbre [de rotation] qu'on installe sur un cours d'eau afin de broyer, comme on le fait actuellement pour le broyage du lin, pour la fabrication du papier à Samarqand. » (Biruni, p. 233-4).

Ce texte de Biruni n'a jamais été exploité dans le contexte de la fabrication du papier. Allan, qui connaissait ce texte, se contente dans son livre sur la métallurgie persane d'évoquer seulement le broyage des minerais à l'aide des moulins (mills) et ne spécifie pas le type de ces machines (Allan, p. 7). Al-Ḥasan et Hill, qui citent et traduisent ce passage en anglais, mettent l'accent plutôt sur l'usage de ce *mašâjin* comme broyeur de minerai et même dans la partie de leur ouvrage consacrée au papier, ils n'évoquent nullement ce moulin à papier de Samarqand (al-Ḥasan et Hill, 1988, pp. 243-4 et 190-97 ; 1986, p. 972).

Or, la révélation de Biruni sur le moulin à papier déplace le lieu d'origine de ce moulin de l'Europe occidentale au nord de l'Iran et à Samarqand. Jusqu'alors les Européens dans ce domaine faisaient figure de pionniers et affirmaient que les « Extrême-Orientaux et Arabes utilisaient les pilons à main et à pied. » (Gille, 1954, p. 12). Désormais cela n'est plus acceptable, et il faut admettre que le papier ainsi que le moulin à papier, partant de Samarqand, sont arrivés en Europe occidentale par l'intermédiaire des Arabes.

Le papier chinois fut introduit à Samarqand, probablement vers 751 de notre ère, après la conquête par les Arabes de cette ville en 712[46], mais les Chinois ne connaissaient pas le moulin à papier. Selon Hunter, ce sont les habitants de Samarqand qui ont adopté le pilon à pied pour la réduction des chiffons macérés. Par contre, bien que cette nouvelle méthode soit plus efficace, les Chinois ne l'ont adoptée que plusieurs siècles plus tard, et continuaient ainsi à appliquer leur méthode de broyage à l'aide du pilon et du mortier (Hunter, pp. 140-41).

Le moulin à papier décrit par Biruni est exactement analogue à la machine dépeinte par Gardizi et utilisée en Chine pour décortiquer le riz et le millet. Dans ces deux machines, le marteau est fait de pierres attachées à un arbre mû par l'eau. Rien n'interdit de penser que la machine chinoise, opérationnelle depuis le 3ᵉ siècle de

46. Au début du 20ᵉ siècle, l'origine du papier fabriqué de chiffons n'est pas encore claire. R. Hoernele constate que ce papier fabriqué avec des chiffons était une invention de Samarqand. Les conclusions de Hoernele sont basées sur les travaux du botaniste Wiesner, qui d'après l'examen des papiers provenant de Samarqand et de la Chine disponibles en 1885, affirme que « la méthode chinoise de préparation du papier du chiffon ne dépassa jamais ses étapes initiales... et ce furent les Arabes qui l'ont améliorée. C'est justement ce papier amélioré à un degré supérieur qui arriva en Europe au Moyen Age » (Hoernele, p. 682). Mais le même Wiesner en 1911, en analysant des papiers du 4ᵉ siècle, trouve que les Chinois connaissaient déjà l'art de la fabrication du papier de chiffon (Carter, pp. 6-8).

notre ère, ait déjà été connue à Samarqand, lors de la conquête de cette ville par les Arabes. Dans ce cas, cette machine devait être appliquée à une autre activité artisanale que la fabrication du papier, car les Chinois eux-mêmes ne l'utilisaient pas à cette fin. Selon toute probabilité, ce moulin était employé dans l'industrie minière, puisque la comparaison de Biruni citée plus haut porte sur un tel type de moulin, et il est possible que ce fut le broyeur hydraulique des minerais qui donna naissance au moulin à papier. En conséquence, le papier et le marteau-pilon hydraulique n'atteignirent pas l'Iran par le même chemin et simultanément, ils fusionnèrent à Samarqand, loin de la Chine, dans le même ensemble technique, le moulin à papier.

De Samarqand, l'art de la fabrication du papier se diffusa partout, et en premier lieu dans l'empire musulman. C'est ainsi que la seconde fabrique à avoir été construite, après celle de Samarqand, fut celle de Bagdad, par les soins de Ja'far Barmaki, le vizir persan du Calife Hârun al-Rašid, en 791-795 de notre ère ; peu après des fabriques s'élevaient en Perse, en Arabie, en Égypte, en Syrie, en Afrique du Nord et en Espagne (Hoernele, p. 679).

On ignore totalement si, dans la fabrique de Bagdad, on pratiquait le foulage mécanique de la pâte à papier ou si le moulin à papier était en usage. On peut toutefois supposer que, si lors de la construction du moulin à papier de Bagdad en 791-795, Samarqand avait été équipée d'un système hydraulique, la capitale abbasside l'aurait eu aussi. Mais de toute évidence la qualité du produit de Samarqand resta unique et selon al-Jâḥiẓ en 869, « le papyrus d'Égypte pour l'Occident a la même valeur que le papier de Samarqand pour l'Orient. ». Ce papyrus d'Égypte vers le 11e siècle, selon S̱a'âlebi, était totalement remplacé par le papier, fabriqué à Samarqand et en Chine (Carter, pp. 13-14). Samarqand garda sa suprématie pendant tout le Moyen Age et ses moulins à papier continuèrent à produire, comme en témoigne le *Bâbornâme*, récit du voyage de Bâbor, l'empereur moghol de l'Inde (1525-1530), « le meilleur papier du monde vient de Samarqand. Une sorte de papier nommé *djowâz* vient de Kan-e gil aux bords de l'Ab-e siyâh... Cette rivière a assez d'eau pour faire tourner 7 à 8 moulins. » (Beveridge, p. 16)[47]. Mais quelques dizaines d'années auparavant, le roi du Cachemire avait déjà introduit dans son royaume l'art de la fabrication du papier de Samarqand :

> « Suivant les documents officiels du Cachemire, la fabrication du papier fut introduite dans le pays par son roi, Zanulabin (Zayn al-'âbedin) (1420-1470). Le roi, en personne, emmena les papetiers de Samarqand et leur donna le moyen de s'installer au Cachemire. Il semble que le roi ait fait un voyage spécial à Samarqand pour qu'ils vinssent, en leur donnant des terrains bien placés pour qu'ils s'y installent. Ils construisirent leurs fabriques à Nowchahr, la banlieue de Srinagar, où

47. En sachant que *jovâz* ne peut être qu'un pilon ou éventuellement un moulin, et que les moulins à eau étaient bien établis à Samarqand et ses districts, Beveridge suggère que la fabrique du papier à Kan-e gil, près de Samarqand, était actionnée par la force motrice de l'eau, et donc que le moulin à papier existait et fonctionnait dans cette ville (*ibid*, p. 163). En effet Beveridge, sans la moindre connaissance de l'œuvre de Biruni, avait bien deviné.

un des jardins du roi se trouvait. Comme à cet endroit l'énergie hydraulique n'était pas suffisante, la rivière de cette région ayant peu de courant, le roi arrangea d'autres terrains à Fak pour les fabricants de pulpe, car l'eau y était disponible pour faire actionner les marteaux. C'est toujours dans ces deux endroits que la fabrication de pulpe et de papier s'effectue, la pulpe à Fak et le papier à Nowchahr. » (Clapperton, p. 47).

Les détails de toute cette procédure de fabrication de papier se trouvent dans un manuscrit, rédigé en 1850-60 au Cachemire. On y voit aussi un dessin qui avec sa légende en persan est reproduit dans l'ouvrage de Bosch (fig. 23). On peut y reconnaître le moulin à papier du Cachemire, nommé *čarx* (roue) en persan. Une roue de type "en dessous" met en mouvement un dispositif de cames qui pilonne ensuite les chiffons en coton (*karbâs*). Il se peut que le moulin à papier de Samarqand ait été de même type, puisque l'art de fabriquer le papier venait de cette ville. La même procédure de fabrication se trouve dans notre Manuscrit Persan 727 (annexe), où l'auteur précise que les vêtements usés sont pilonnés dans un moulin à eau (*âsiyâb*). Il faut toutefois interpréter ce mot "*âsiyâb*" avec beaucoup de précaution, car, comme nous l'avons démontré plus haut, ce mot a un usage assez varié, et peut simplement désigner un moulin quelle que soit sa force motrice.

Nous avons pu constater que lors de l'introduction du moulin à papier au Cachemire, la fabrication du papier se faisait en deux étapes bien distinctes : d'une part la trituration des chiffons dans l'eau pour la préparation de la pâte à papier, d'autre part la fabrication proprement dite du papier. En d'autres termes, il fallait deux équipes d'artisans, et si l'on ne disposait pas de machine hydraulique, on pouvait très bien la remplacer par un pilon à pied, ou même par une meule verticale, sans que cela gêne la production du papier[48]. Nous en avons un exemple en 1660, dans lequel les papetiers (*kâǧazsâz*) iraniens utilisaient cette meule : « Ils font du papier, mais assez grossièrement. Les juifs et les ramasseurs de guenilles leur en ayant assez fourni, ils les lessivent et les font pourrir, puis au lieu que nous les mettons au moulin, ils ont une roue de pierre [meule verticale], pour les broyer comme nos huiliers en France. »[49] (du Mans, p. 200). C'était encore le cas au début du 20e siècle : Olmer décrit une meule à papier, mue par un agent, et exactement semblable à la précédente[50]. Remarquons au passage que l'énergie animale utilisée

48. C'est le cas en Inde : « Les papetiers indiens utilisent le jute, les sacs en toile de jute et les papiers usés comme matière première. On les coupe et on les met dans les cuves en pierre ou en bois, où la substance sera trempée dans la chaux pour quelques jours. Après ce processus de désintégration, la matière est mise dans un mortier en pierre, enfoncé dans le sol, où elle est martelée par un lourd marteau, suspendu sur un pivot. Hommes et enfants restent debout sur le pilon horizontal, en laissant les marteaux frapper le jute et d'autres substances, jusqu'à l'obtention de la pulpe pour la fabrication des feuilles de papier » (Hunter, pp. 141-2).

49. La même technique était employée en Inde du sud (Hunter, p. 151).

50. « Les vieux papiers sont réunis et mélangés à des morceaux d'étoffe très grossière qui sert pour l'emballage et qu'on appelle "*gounis*". On humecte le tout et on le met à écraser sous une meule formée d'une pierre ronde verticale, analogue aux meules que j'ai décrites pour le henné [meule verticale]. Le papier mouillé est bien réduit en pâte, mais le chiffon est mal désagrégé, il reste des fibres de plusieurs centimètres » (Olmer, p. 105).

Figure 23 – Fabrication du papier. (cité par Bosch, Carswell & Petherbridge). *Album des Métiers*. Manuscrit du Cachemire de 1850-1860.

FABRICATION DU PAPIER (fig. 23)

1 – *Čarx* : moulin à papier, muni d'un jeu de cames. Un marteau pilonne les chiffons (*karbâs*) dans un mortier en pierre (*hâvan*). Deux hommes lavent les chiffons pilonnés, jusqu'à ce qu'ils deviennent blancs. On les étale sur une pierre pour les faire sécher et ensuite on les met dans un pot.
2 – Chiffons pilonnés dans un bassin.
3 – Pulpe.
4 – Puits et treuil.
5 – Le papetier prend la pulpe avec un cadre, fait de branches d'oranger.
6 – Le cadre est posé sur une pierre pour que l'eau s'écoule.
7 – Le papier est placé entre deux planches et quelques pierres sont posées sur la planche.
8 – A l'aide d'une touffe de crins de queue de cheval on colle le papier contre le mur.
9 – Papier suspendu sur une corde.
10 – Le papier est placé sur une planche et sera dégrossi avec un couteau.
11 – On met l'amidon dans ce (récipient) et on oint le papier.
12 – Le papier est mis sur une planche et on le polit.

dans cet appareil avait bien résisté à tous les changements dûs à l'introduction des nouvelles formes d'énergie et se maintint en Iran jusqu'au 20e siècle.

Nous n'avons aucun indice de l'emploi du moulin à papier du 17e au 20e siècle en Iran. Apparemment, la qualité de papier produit dans un moulin à eau était supérieure à celle qui était fabriqué sous une meule verticale, car selon Olmer et R. du Mans ce dernier était grossièrement fait, tandis que le papier de Samarqand était parmi les meilleurs. Il faut aussi savoir qu'on fabriquait à Samarqand plusieurs sortes de papier : parmi ceux qu'importait la Turquie, l'un s'appelait *samarqandi*, ou originaire de Samarqand, et un autre *ḥarir-i samarqandi*, fabriqué dans cette ville à base de déchets de soie (Kagitçi, p. 12).

Samarqand n'était toutefois pas le seul centre de fabrication de papier dans le monde iranien et d'ailleurs elle n'aurait jamais pu assurer à elle seule la demande du marché. Olmer et R. du Mans nous ont déjà donné l'exemple d'Eṣfahân que Fraser, lors de son voyage en Perse, au début du 19e siècle, cite comme le centre de production de papier (Fraser, p. 355). Le même Kagitçi dénomme deux autres papiers iraniens, importés en Turquie : celui de Boxârâ[51] et celui de Tabriz (Kagitçi, p. 12).

Tabriz, à l'époque ilkhânide, était la capitale de la Perse, et c'est là que les premiers papiers-monnaie, *čâv*, furent fabriqués par les Mongols d'après un modèle chinois (Vaṣṣâf, p. 166). Une deuxième fabrique fut construite à Širâz (*ibid.*, p. 167), mais cette "monnaie en papier" ne dura guère ; il est toutefois possible que

51. O'Donovan, lors de ses séjours à Marv au 19e siècle, constate que le papier de cette ville est importé de Boxârâ. Ce papier s'appelle *ypek kagus*, ou "papier de soie" (O'Donovan, II, pp. 400-401).

les installations de Tabriz ou de Širâz soient restées intactes et aient continué à produire du papier. Il est presque certain que la fabrication de papier à Tabriz était analogue à celle de Samarqand, pour la raison qu'il s'agissait d'installations étatiques qui, comme au Cachemire, bénéficiaient des techniques les plus efficaces, mais aussi les plus chères. Un individu isolé ne pouvait avoir recours qu'aux méthodes archaïques et produire un papier de mauvaise qualité sous une meule verticale.

Les broyeurs

Nous avons vu précédemment, d'après Biruni, que les broyeurs mécaniques furent utilisés en Iran oriental au plus tard au 10e siècle. Le fait que le marteau d'une telle machine ait été en pierre, montre que son usage essentiel était plutôt le broyage des minerais que le foulage de la matière première du papier ou le décorticage du riz, qui demandent des opérations plus délicates. Ce marteau-pilon hydraulique a dû prendre naissance lorsque les activités minières dans ces régions faisaient florès. Selon Kâšâni, au 13e siècle, « les roches du filon d'or, retirées d'une mine par morceaux, seront concassées à la main et ensuite écrasées dans un moulin. » (Allan, p. 7). C'est aussi la méthode citée brièvement par Ṭusi à l'époque ilkhânide, qui nous apprend par la même occasion que l'on trouvait de l'or dans certains endroits de la Perse (Ṭusi, p. 212).

Il se peut que ces deux savants iraniens aient traité de la même machine que Biruni, ce qui plaiderait en faveur de la prolongation de l'emploi du marteau-pilon hydraulique au-delà du 10e siècle. Mais nous avons vu par ailleurs que l'activité minière en Iran médiéval régressa et que nombre de mines cessèrent d'être exploitées, avec pour conséquence l'abandon possible des machines dont l'usage était lié à la prospérité de l'industrie minière.

De toute façon, d'autres sortes de broyeurs, mais cette fois-ci non-mécaniques, accompagnaient les machines hydrauliques. Tylecote relate qu'à Zarkašân, à mi-chemin entre Kabol et Qandahar, on transporte le minerai jusqu'à la vallée toute proche de la mine, et on l'écrase sous deux meules verticales dans une auge circulaire en pierre (Allan, p. 4). Selon Gawland ce genre de moulin est classique et on en a fouillé certains en Nubie (*ibid.*). Toutefois, le moulin à une seule meule était plus courant en Iran. Il servait à tout car, en modifiant le diamètre et l'épaisseur de la meule, on l'adaptait à des besoins variés. Nous en trouvons mention chez Chardin, qui explique le procédé de production du plâtre :

> « Leur plâtre, qu'ils appellent *gatch*, n'est pas tout-à-fait comme le nôtre. Il n'est jamais si fin, ni si blanc, après la préparation, quelle qu'elle soit. Ils ne le tirent pas des plâtrières comme nous faisons, car il n'y a en point chez eux. Ils le tirent des montagnes en grosse, et en fort grande quantité. Ils le cuisent, et puis le broyent, ou l'écrasent, avec une grosse meule de pierre, plus épaisse que celle des moulins, mais qui n'a pas le tiers de diamètre. Elle tourne sur le dos, et il faut qu'il y ait toujours un homme avec une pelle pour repousser le plâtre sous la roue. Les paysans apportent le plâtre, particulièrement durant l'hiver, à cause que c'est le

temps qu'ils ont moins de travail aux champs, et qu'ils viennent chercher du fumier. » (Chardin, II, pp. 76-77).

Par la "roue" on entend bien la meule verticale, comme le précise R. du Mans en la comparant à nouveau à celle utilisée dans l'huilerie française: *Kurepaz* « sont ceux qui font cuire les briques, *khecht*, et le plâtre, qu'ils pulvérisent avec une roue de pierre, de même que celle qu'ont nos huiliers. » (du Mans, p. 207).

Le diamètre de la meule d'un moulin à eau est égal à trois pieds, soit un mètre (du Mans, p. 243). La meule verticale du moulin à plâtre décrit par Chardin a donc un diamètre d'un pied, soit un tiers de mètre. Par contre la meule utilisée dans l'huilerie d'Eṣfahân a un diamètre de six pieds, pèse quatre tonnes et a une épaisseur de deux pieds. Elle est de granit et on l'obtient d'une mine à Laso près de Kâšân (Wulff, p. 296). Il semble que les dimensions de la meule aient été standardisées dans plusieurs applications. En effet, les moulins qui réduisent en poudre les feuilles séchées du henné dans les provinces de Kermân et de Yazd ont le même diamètre, 1,80 m, soit six pieds (Olmer, p. 79). Le même Olmer, comme nous l'avons vu précédemment, constate que la meule à écrasement de la papeterie est "analogue aux meules décrites pour le henné" (voir fig. 17) (Olmer, p. 105). C'est dire que, dans l'huilerie, la papeterie et la teinturerie la même meule verticale était en usage. En revanche les dimensions de la meule des moulins à plâtre sont complètement différentes, tandis que nous ignorons les dimensions de la double meule d'autres broyeurs de minerais: la réduction des roches dures nécessitait de grosses meules plutôt que des petites.

Le taux de production de ces moulins variait bien entendu selon la consistance de la matière à écraser. Nous n'avons malheureusement guère d'informations en ce qui concerne les matières autres que le minerai, et même dans ce cas, nous ne disposons que d'un seul chiffre, à partir duquel il ne nous reste plus qu'à extrapoler: au centre de la Perse on fabrique en écrasant les roches de carbonate de plomb une sorte de céruse, utilisée comme peinture mais aussi comme produit de bain (*sefidâb*). Un moulin à une meule verticale produit 25 kilos de cette poudre par jour (*Irânšahr*, II, p. 1873).

On broie sous cette meule verticale aussi bien la pelure de grenade que la noix de galle, riche en tanin, pour la fabrication de teintures (Wulff, p. 300). En effet, le cuir en Iran « s'accommode avec le sel et la noix de galle, non avec le tan et la chaux. » (du Mans, p. 203). Ainsi le tanneur, *dabbâq̄*, ne possédant pas le moulin à tan mû par l'eau, a recours à ce broyeur traditionnel.

Le moulin à meule verticale variait donc plutôt par le type de produit fini, que par sa technique de fonctionnement. En fait, quel que soit le type d'activité, toutes les bêtes de sommes pouvaient être attelées à ce moulin et le mode de fonctionnement de cette meule reste unique, semblable à celui que décrit l'Abbé Rozier dans une huilerie française: la bête de somme, attelée à un levier, fait tourner une meule verticale. «La meule en suit le mouvement, mais elle a encore son mouvement particulier, c'est à dire qu'elle tourne sur elle même; autrement, il n'y aurait qu'une de ses parties qui frotterait continuellement; elle userait les dalles et elle s'userait à son tour à un seul endroit. » (Rozier, p. 5). Voilà qui réduit fortement le rendement énergétique de ce dispositif. Dans une huilerie au Liban, « on multiplie par 150 l'énergie dépensée en laissant frotter la meule au lieu de la faire rouler, sans pour autant changer la qualité du résultat. Par exemple, il faut un travail de 149 kg/m pour faire tourner la meule une fois dans la cuvette, dont 148 kg/m pour vaincre la friction due au frottement. » (Cresswell, p. 36).

«Ce moulin», cependant, « est bien simple, et c'est sans doute cette simplicité qui porte à s'en servir presque partout. » (Rozier, p. 7). Et "partout" pour l'Abbé signifie toutes les huileries de France. Or c'est justement à ces huileries françaises que ressemblent les papeteries persanes selon R. du Mans... Cette simplicité de mécanisme peut faire remonter l'origine de cet appareil à une époque lointaine, mais quant à en trouver le pays d'origine, voilà comme toujours une question complexe à résoudre. Selon Needham, qui interprète un texte du 5e siècle, il s'agirait du modèle astronomique chinois de Chan Kou (480 à 221 av. J.-C.), un moulin qui simulait le monde céleste; toutefois, il faut attendre jusqu'à l'an 180 de notre ère pour en avoir un exemple concret (Needham, 1954-74, III, p. 214, IV, pp. 99 et 202).

En revanche, dans le monde gréco-romain, le *trapetum* fonctionnait au 5e siècle avant notre ère et vers l'an 50 ap. J.-C. Première version de la meule verticale (*mola olearia*), mais avec un petit cercle de parcours, le *trapetum* est cité dans la littérature classique de l'Occident (Needham, 1954-74, IV, p. 203). Il semble que son apparition, sinon son développement, soit liée à la production de l'huile de l'olive en Occident et dans le Bassin méditerranéen. Rappelons que la technique de production était différente en Orient, puisque l'huile aussi y était différente.

Ces broyeurs, utilisés dans maintes activités artisanales en Iran médiéval, consomment de l'énergie animale qui fait barrage aux machines hydrauliques demandant une technicité supérieure, une division du travail avancée, une maintenance onéreuse. La disponibilité de l'eau est certes un facteur important dans l'adaptation de l'énergie hydraulique au broyage, mais il ne faut pas oublier que le moulin à farine, mû par l'eau, était installé aux quatre coins de l'Iran, et donc que les difficultés de l'approvisionnement d'eau n'empêchaient par pour autant l'utilisation de moulin à eau. C'est plutôt la maîtrise du système à cames et le transfert de ce savoir-faire, qui manquaient et empêchaient l'artisanat iranien d'élargir le champ de sa vision technique et de s'adapter aux nouvelles machines.

CHAPITRE IX

L'HORLOGE MÉCANIQUE

Avant que l'horloge mécanique ne soit réalisée en Occident au plus tard au 14e siècle, certaines des étapes nécessaires à sa conception avaient déjà été mises en œuvre dans d'autres civilisations. Tel n'est pas le cas de l'Iran, où c'est à la fin du 15e siècle qu'apparut, venant d'Europe, ce système de mesure du temps qui devait préfigurer les autres produits industriels qui y seraient introduits par la suite. L'horloge mécanique fut reproduite par un ingénieur iranien, Ḥâfeẓ-e Eṣfahâni et, bien que l'occasion se soit ainsi présentée de la fabriquer sur place, aucun suivi ne se produisit et ces premières tentatives vers la maîtrise du temps moderne tombèrent dans l'oubli[1]. Avant de chercher les raisons pour lesquelles cette technique ne se transmit pas, nous allons décrire les circonstances de son introduction en Iran.

C'est, de toute évidence, sous le règne d'un roi timuride qu'une horloge mécanique occidentale arriva à Harât[2]. En effet, le sultan ottoman Bâyazid II (1481-1512) avait effectué plusieurs démarches infructueuses avant d'obtenir un exemplaire d'une telle horloge. Lorsqu'il l'eut enfin, mortifié par les succès technologiques de l'Europe et humilié par la manière dont les Occidentaux l'avaient traité en différant sa demande, le sultan voulut prouver la grandeur et la suprématie de l'islam en ordonnant de trouver quelqu'un qui soit apte à fabriquer une horloge mécanique sur ce modèle occidental. Malheureusement, aucun savant turc ne parvint à la fabriquer, et

1. Une soixantaine d'années plus tard, un ingénieur turc, Taqi al-Din, construisit aussi des horloges mécaniques selon les modèles européens (al-Ḥasan & Hill, 1988, p. 59). Son œuvre a été oubliée comme celle de son homologue iranien.
2. Les premières démarches pour construire une horloge européenne furent faites par Aḥmad Gurkan (1467-1494), qui gouvernait à Samarqand et qui avait invité Ḥâfeẓ-e Eṣfahâni pour fabriquer une horloge sur un modèle occidental (Ḥâfeẓ-e Eṣfahâni, p. 80). Mais à Harât à cette époque gouvernait Solṭân Ḥoseyn Bâyqarâ (1468-1505), et les opérations, selon Ḥâfeẓ-e Eṣfahâni, furent menées par son vizir, le célèbre Mir ʿAli Šir, mort en 1500 (*ibid.*, p. 16). Voir Nurbaxš, p. 400 à ce sujet.

le sultan envoya l'horloge au Xorâsân, pour qu'elle fût au moins élaborée en terre islamique (Ḥâfeẓ-e Eṣfahâni, p. 12).

Ḥâfeẓ-e Eṣfahâni décrit bien les péripéties qui finalement aboutirent à sa désignation comme constructeur d'une horloge mécanique. Avant que le roi lui en confiât le soin, tous les techniciens des différents métiers avaient été en vain consultés. En effet, l'engin, qui avait traversé l'Iran de l'ouest à l'est par les soins d'un messager royal, déconcerta tous ceux qui, connus pour leurs savoirs techniques, tentèrent de la fabriquer ou même de comprendre son mécanisme. C'est ainsi qu'à Tabriz, un célèbre astronome se mit au travail, sans aucun succès. Honte suprême, il ne parvint même pas à remonter la machine démontée, et c'est le messager du roi qui le fit à sa place (*ibid.*, pp. 12-13) – sans doute parce qu'il avait pris l'habitude de remonter l'engin que démontaient inutilement ceux qui prétendaient pouvoir en fabriquer une semblable...

La réalisation de ce projet mettait en jeu l'honneur de l'islam, et il est logique qu'il ait suscité des rivalités entre l'est et l'ouest de l'Iran, rivalités que Ḥâfeẓ-e Eṣfahâni jugeait pour sa part malsaines et dangereuses puisque elles furent à l'origine de son premier refus à la demande du roi (*ibid.*, p. 15). Celui-ci, dont le royaume confinait à l'Iran oriental, ne voulait naturellement pas que ses rivaux de Perse occidentale sortissent vainqueurs de cette compétition, et il s'enchanta d'apprendre que deux ingénieurs de Harât s'étaient mis au travail. Il leur donna de l'argent, et un délai de huit mois pour achever l'horloge. Hélas, au bout de ce temps, l'un des deux constructeurs prit la poudre d'escampette, saisi de terreur à l'idée de la punition qui l'attendait, étant donné qu'il avait déjà dépensé une partie de la récompense sans avoir pu tenir ses engagements (*ibid.*, p. 18). Les essais de l'autre ingénieur ne furent guère plus fructueux et le roi, en désespoir de cause, adressa un nouvel appel à Ḥâfeẓ-e Eṣfahâni (*ibid.*, p. 16). Cette fois, notre ingénieur répondit à la demande du roi, se mit à la tâche et réalisa l'horloge.

Qu'il ne se soit trouvé qu'un seul savant pour mener à bien cette tâche reflète clairement l'état du savoir technique à la fin du 15e siècle en Iran : Ḥâfeẓ-e Eṣfahâni est en fait très au dessus de cet état de savoir, et l'horloge qu'il construit sera aussi la dernière. Son œuvre, bien que détaillée et accompagnée de nombreux dessins, tomba dans un profond oubli, et les horloges que l'on put voir dans les cours de Perse furent désormais dues aux horlogers européens.

Il nous faut toutefois préciser ici un point : bien que Ḥâfeẓ-e Eṣfahâni ait été inspiré par le modèle d'horloge européenne qu'il avait sous les yeux, nous nous trouvons devant un emprunt technique, qui finit par être compris dans un milieu technique différent. C'est en effet, dans la mesure où on arrive à saisir le message extérieur que la notion d'emprunt ou d'innovation perd son sens. Or, même si Ḥâfeẓ-e Eṣfahâni avait la maturité technique nécessaire pour comprendre le mécanisme d'une horloge mécanique, le milieu dans lequel il évoluait n'en avait rien saisi. Les choses n'auraient d'ailleurs guère été différentes s'il avait été l'inventeur de cette horloge, comme le prouve le destin des autres inventions qui furent issues de son propre système technique.

Les raisons d'un tel oubli technique sont partiellement indiquées dans l'œuvre de notre ingénicur : l'analyse de son récit montre que, pour réaliser un projet technique, plusieurs facteurs de différentes natures se conjuguent : la connaissance et l'acquis technique d'une part, mais aussi le soutien de l'État. Dans le cas présent, ce dernier relevait tout autant d'un sentiment religieux que de l'ambition royale. L'organisation et la structuration technique, au contraire, paraissent avoir été assez faibles et avoir plutôt dépendu de la cour que d'un système technique communicatif qui aurait nécessité l'échange d'informations entre ses membres. De plus, la façon dont Ḥâfeẓ-e Eṣfahâni percevait les choses montre bien le contraste entre sa mentalité technique et celle de son milieu.

L'HORLOGE : LA TECHNIQUE DE BASE

D'après la description de Ḥâfeẓ-e Eṣfahâni, l'horloge, *sâʿat*, qui arriva en Iran de l'Europe, fut une horloge murale à balancier circulaire munie d'un système de sonnerie des heures. Le mécanisme de fonctionnement de cette horloge est assez classique. Bien que Ḥâfeẓ-e Eṣfahâni mette plutôt l'accent sur la construction des différentes pièces mécaniques de cette horloge, il suit dans sa description une ligne qui relève de la logique du mécanisme de cette machine. Il remarque qu'une horloge[3] est essentiellement constituée de six roues engrenées. Il donne un nom (spécifique et inusité) à chaque roue, commençant son récit par la roue motrice pour le finir par la roue qui marque les heures sur le cadran. Si on laisse de côté les détails de fabrication et le choix des matériaux pour les différents rouages de l'appareil, on arrive à dévoiler ainsi le mécanisme du fonctionnement de cette horloge (fig. 24).

Un tambour, *modir-e aṣl sâʿat*, actionné par la chute d'un poids suspendu, *langar*, produit l'énergie nécessaire à l'horloge. Ce mécanisme fait tourner une roue dentée à 80 dents, *dâyere-ye omm*, qui à l'aide d'un système d'engrenage, met à son tour en rotation une deuxième roue à 56 dents, *dâyere-ye dareje*. Cette dernière est fixée sur la première avec un pignon à lanterne à 10 dents, *modir*, de façon que lorsque la première fait un tour la deuxième en fasse huit.

Le mouvement à la roue *omm* imprimé par le poids moteur est transmis à ce pignon puis à la roue *dareje* qui s'engrène elle-même dans un autre pignon à 7 dents dont l'axe porte une roue à couronne à 21 dents, *dâyere-ye daqiqe*, qu'on appelle aussi la roue de rencontre ou d'échappement. Cette roue a des dents avec des projections comme des triangles rectangles, ou comme le décrit Ḥâfeẓ-e Eṣfahâni, “les dents comme les dents d'une scie”. Une verge, *mil*, de l'épaisseur d'un passe-lacet, est placée en travers de cette roue et porte deux palettes, *ʿâyeq*, à angle droit

3. On se limite à une description plus détaillée du mécanisme du garde-temps que de celui de la sonnerie.

l'un de l'autre. À un moment donné une de ces palettes est engagée dans les dents de la roue d'échappement. Enfin, l'axe de la verge passe par le balancier, *dâyere-ye ta'dil.*

Le mode d'action est assez simple. Le couple de la roue de rencontre pousse une des palettes hors de sa voie, donnant une impulsion au balancier, ce qui met en mouvement l'autre palette, et entraîne ensuite une impulsion due à l'inertie des poids dans la direction opposée. De cette façon, le mouvement de la roue est arrêté alternativement par les deux palettes.

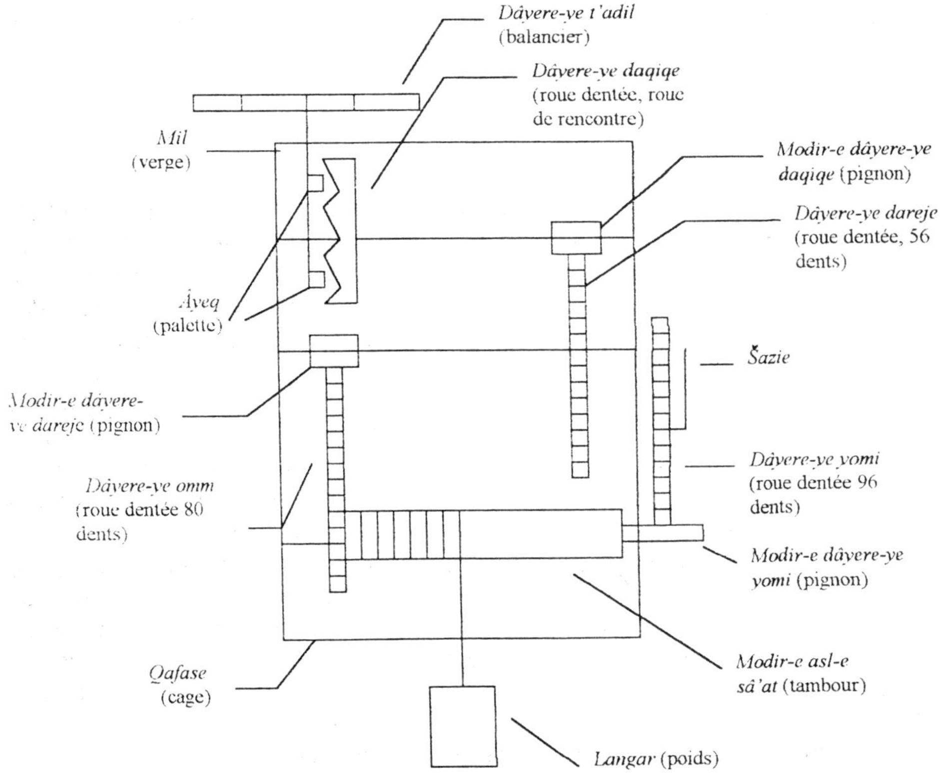

Figure 24 – L'horloge de Ḥâfeẓ-e Eṣfahâni (Dessin de l'auteur).

Comme le remarque Ḥâfeẓ-e Eṣfahâni, le but de ces trois roues, *dareje*, *daqiqe* et *ta'dil* est le ralentissement du mouvement de la roue *omm*, de manière que cette dernière ne fasse qu'un seul tour en une heure. Le pivot de cette roue est prolongé en dehors de la cage de l'horloge et fait tourner une roue à 96 dents, *dâyere-ye yomi*, qui indique l'heure qu'il est (Ḥâfeẓ-e Eṣfahâni, pp. 25-45). En plus de ce mécanisme,

Ḥâfeẓ-e Eṣfahâni ajoute à cette horloge une aiguille en forme de tête d'oiseau, à l'aide d'un système assez spécial, et il signale au passage que cette dernière est son propre travail (*ibid.*, pp. 44-5).

Ḥâfeẓ-e Eṣfahâni ne divulgue pas le pays d'origine de cette horloge, se contentant de l'expression *farang* qui en persan désigne l'Occident en général (*ibid.*, p. 11). Mais, quant à nous, nous sommes en mesure de déduire l'origine italienne de cette horloge et sa date approximative, fin 14e, sur la base de la graduation en 24 heures de son cadran (*ibid.*, p. 34) : nous savons en effet que les toutes premières horloges italiennes furent munies d'un tel cadran (Hellyer, p. 34). Comme les Occidentaux avaient beaucoup tergiversé avant de répondre positivement à la demande du sultan ottoman pour obtenir une horloge, il est donc fort possible qu'au bout du compte on lui ait envoyé l'horloge la plus démodée de l'époque.

Figure 25 – Lime conçue par Ḥâfeẓ-e Eṣfahâni pour la construction de roues dentées.

Il s'agit ici d'une horloge portable. Mais Ḥâfeẓ-e Eṣfahâni construisit aussi une horloge dans une tour à Kâšân, pour laquelle il porta à 105 le nombre de dents d'une roue de 90 dents, (*ibid.*, pp. 48-9), modifiant ainsi à son gré le système d'engrenage de la partie sonnerie de l'horloge.

Après cet examen du beau résultat auquel parvint cet ingénieur-inventeur de la fin du 15e, il est intéressant de retracer maintenant la démarche intellectuelle et technique qui fut la sienne. En fait, le souci de Ḥâfeẓ-e Eṣfahâni n'est pas dans l'appréhension du mécanisme de déroulement de l'horloge mécanique. Lorsqu'il se trouve pour la première fois devant cette horloge, il reste fort étonné que la machine ne se nourrisse d'aucune force apparente et humaine. Et quand à neuf heures le marteau frappe neuf fois la cloche sans la moindre commande extérieure, il demeure perplexe. Il ne lui faut pas longtemps pour comprendre que la construction d'une telle machine a besoin d'outils et de limes pour travailler le métal, capables d'effectuer des besognes de précision. Ne connaissant pas ces outils lors de son premier examen de l'horloge, il refuse de s'engager dans un projet dont les éléments de base lui sont inconnus (*ibid.*, p. 14). Et enfin, quand il se décide à la réalisation de ce projet, la première chose qu'il fait, est « l'invention de quelques outils et instruments, comme les limes etc., car sans eux l'aboutissement de ce travail n'était guère possible. » (*ibid.*, p. 16). Il donne même le dessin d'un de ces outils qui est indispensable à la fabrication des roues dentées dont les dents sont dentelées et rondes (fig. 25) (*ibid.*, p. 31).

Ainsi, le récit de Ḥâfeẓ-e Eṣfahâni devient un manuel d'horlogerie dans lequel l'explication du mécanisme de fonctionnement de l'horloge est réduit au profit de longues descriptions de la méthode de construction des rouages de la même machine et de leur assemblage.

Le choix du matériau tel qu'un fer de bonne qualité, la fabrication des outils aptes à les travailler et la procédure de fabrication d'une roue dentée (fig. 26), d'un pignon, même d'une aiguille d'horloge etc., le tout donné dans ses moindres détails et toujours accompagné de dessins, constituent presque la totalité de l'œuvre de Ḥâfeẓ-e Eṣfahâni en horlogerie : c'est qu'il souligne ce qui lui parut le plus difficile à faire et essaie de remédier aux manques techniques de son époque.

Ces manques techniques se manifestent d'une part sur le plan intellectuel au niveau de la compréhension du mécanisme de l'horloge en général et d'autre part ils se présentent dans l'aspect matériel d'une fabrication artisanale qui, dans la plupart des cas, est fortement lié au travail du fer : la tradition de fabrication des rouages mécaniques et des outils aptes à les construire n'existait pas en Iran à la fin du 15e siècle. Certes, Ḥâfeẓ-e Eṣfahâni pour la construction de la cage de cette horloge (fig. 27) nous conseille de contacter le forgeron du quartier (Ḥâfeẓ-e Eṣfahâni, p. 21), mais à aucun moment il ne fait de même pour la fabrication des roues dentées ou des autres rouages de l'horloge. C'est lui-même qui les construit en décrivant bien la méthode de leur fabrication, choses inconnues ou insolites au forgeron commun.

Cependant, les roues dentées métalliques, reliées par un système d'engrenage, étaient déjà employées dans un astrolabe, construit vers 1223-24 par Mohammad ebn-e Abu Bakr Esfahâni, un fabricant d'aiguilles d'Eṣfahân, ville natale de Hâfez-e Eṣfahâni (Gunther, p. 118). L'astrolabe en question était muni sur son revers d'un système d'engrenage de précision à l'aide duquel on pouvait déterminer le jour du mois, la position de la lune vis-à-vis de celle du soleil, etc. D'après Needham, ce mécanisme était déjà employé dans une machine à calculer, trouvée dans l'île d'Anticythère au premier siècle avant notre ère (Needham, 1954-74, IV-ii, p. 534 et Gunther, p. 120). Toujours selon Needham, Biruni, en l'an 1000, avait des notions de ce mécanisme et il est possible qu'Abu Bakr Esfahâni ait été inspiré par les recherches de ce savant iranien (*ibid.*). La maquette du modèle de Biruni fut exposée dans une exposition de culture islamique à Londres en 1976 (Faršâd, p. 667). La photo de cet appareil, prise par Faršâd, révèle une indéniable similitude entre ce modèle et l'astrolabe, et la supposition de Needham pourrait être juste. Dans ce cas, la concrétisation d'une conception se fait en l'espace de deux siècles, ceci peut-être en raison de l'inaccessibilité de ce mécanisme et de la complexité de sa réalisation. Mais une fois qu'il est appliqué à un astrolabe, ce mécanisme, qui selon Gunther représente « le premier pas dans la construction des horloges astronomiques

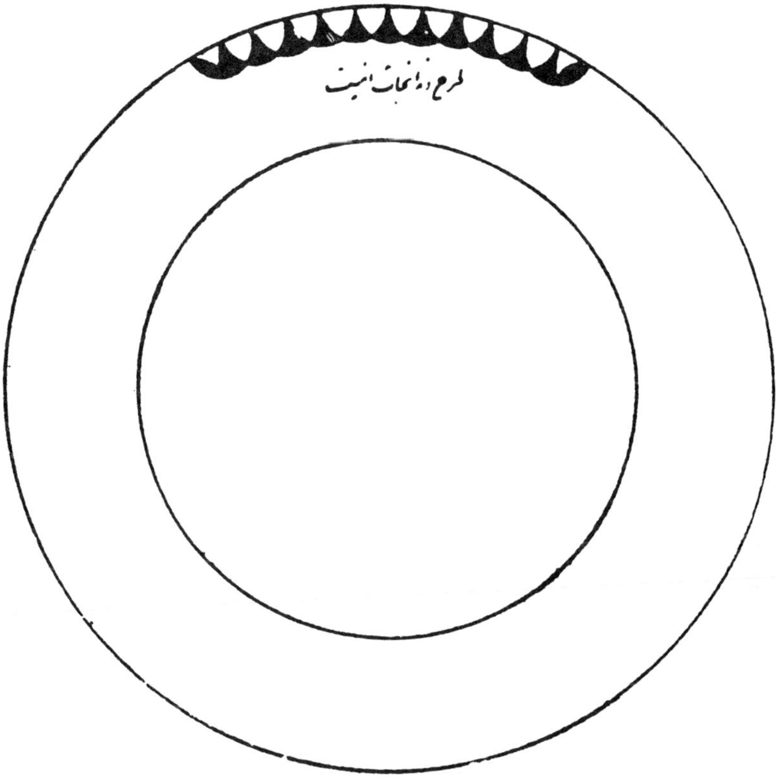

Figure 26 – La méthode de construction d'une roue dentée, selon Ḥâfeẓ-e Eṣfahâni.

et mécaniques », ne quitte pas son astrolabe et n'aboutit nullement à la construction de telles machines "astronomiques et mécaniques" en Iran[4].

Abu Bakr Eṣfahâni, de toute évidence, se trouvait devant le même phénomène qui intrigua quatre siècles plus tard Ḥâfeẓ-e Eṣfahâni : l'ignorance totale des événements techniques dont il était l'inspirateur. Ses travaux ne réussirent pas à changer la conception ou la fabrication des astrolabes, ni ne provoquèrent la création des nouvelles machines de garde-temps. De ce fait, une tradition de fabrication des

4. Cet astrolabe est un contre-exemple évident, au moins en ce qui concerne l'Iran, de ce que Winter évoque comme la divergence entre l'Occident et l'Orient musulman sur la notion de précision : « il est particulièrement intéressant d'examiner dans quel sens les Musulmans ont développé leurs instruments. Alors qu'à l'Ouest on atteignait la précision à l'aide d'artifices tel que le vernier ou le micromètre, l'Est mettait l'accent sur la taille et la rigidité ; Al-Khodjandi (vers 1000) employait un sextant de 17,6 m de rayon et d'après John Greaves le grand cadran de Samarqand était à peu près de la même hauteur que Sainte Sophie de Constantinople, c'est à dire 54,8 m ; enfin Jai Singh, selon la tradition musulmane, édifia dans l'Inde d'énormes instruments de maçonnerie » (Winter, 1951, p. 129).

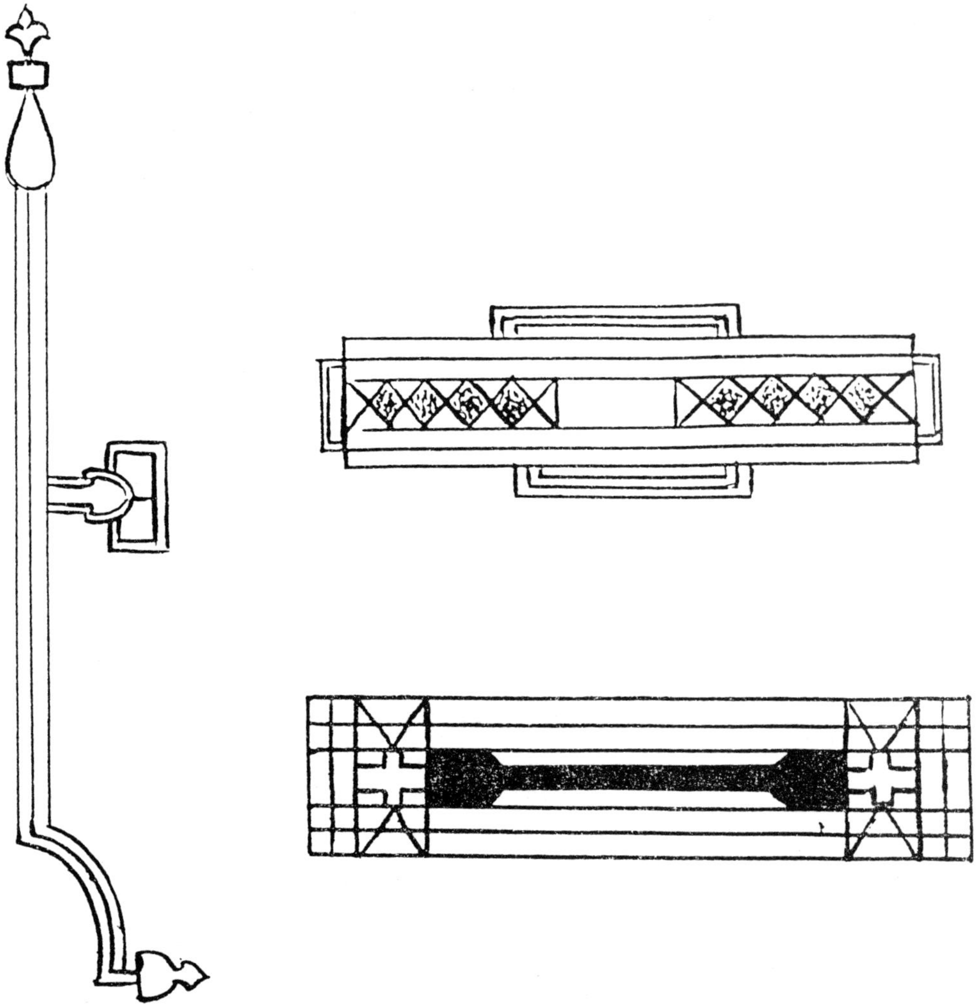

Figure 27 – La cage de l'horloge de Ḥâfeẓ-e Eṣfahâni.

rouages d'un appareil mécanique ne pouvait jamais se fonder sur la base des travaux ponctuels d'un individu. En effet, Abu Bakr Eṣfahâni, comme d'ailleurs Ḥâfeẓ-e Eṣfahâni, reste la seule personne capable de réaliser ou de connaître son œuvre.

Ḥâfeẓ-e Eṣfahâni n'hérite donc en rien des travaux de son concitoyen, et tout ce qui pourrait lui être utile dans l'œuvre de ce dernier reste à acquérir à nouveau. Toutefois, il faut remarquer qu'il connaissait les clepsydres, comme le montre l'utilisation du mot *langar* pour le poids moteur de l'horloge, et cette connaissance accompagnée de celle des moulins à eau a pu lui faciliter la compréhension du mécanisme de fonctionnement de l'horloge mécanique[5].

La tête d'oiseau que Ḥâfeẓ-e Eṣfahâni adapta à son horloge comme aiguille vient aussi de la longue tradition de construction de clepsydres qui remonte à l'époque sassanide. Le nom de famille de Sâʿati, c'est à dire horloger, était assez répandu au Xorâsân au 12e siècle. Un horloger de cette province de l'Iran oriental, Rostam Xorâsâni Sâʿati, est le constructeur de la fameuse clepsydre de Damas au milieu du 12e siècle. Après la mort de Rostam, son fils, Reżvân ebn-e al-Sâʿati, fut la seule personne qui parvint à réparer cette machine dont il nous donne lui-même la description (Hill, pp. 69-70): elle ne s'éloigne que de peu, nous affirme-t-il, de la lignée d'horlogerie, fondée par Hormoz, un ingénieur sassanide, pratiquée longtemps au Fârs, passée ensuite aux Grecs, aux Byzantins et aux musulmans à l'époque omeyyade (*ibid.*, pp. 12-13). Le principe de fonctionnement de la clepsydre de Hormoz peut être ainsi résumé : un flotteur, attaché à une chaîne, descend le long d'une tour d'eau au cours de la journée. À chaque heure qui passe, un ou deux oiseaux mettent une ou deux billes dans un conduit. Les billes entraînent la fermeture d'une porte qui signale l'heure exacte. Une fois toutes les portes fermées, elles se rouvrent automatiquement (*ibid.*, p. 71).

Il s'agit du même type de clepsydre que Hârun al-Rašid envoya à Charlemagne en 809, selon la description qu'en fait Berthoud (Berthoud, I, p. 39). En 1324, on construisit également la même clepsydre à Yazd dans l'ensemble d'une école – désormais nommée la place de *Vaqt va Sâʿat*, c'est à dire "le temps et l'horloge". Cette fois-ci l'oiseau en question met une bille dans une des 12 cases construites autour d'une roue, et change ainsi la couleur de la case qui devient noire. Le nombre des cases noircies montre l'heure qu'il est (Afšâr, pp. 80-81 et Kâteb, p. 125).

Enfin, une vingtaine d'années avant que Ḥâfeẓ-e Eṣfahâni commençât à fabriquer son horloge, et au moment où l'Europe développait davantage son art de l'horlogerie mécanique, on construisit ce qui fut peut-être la dernière clepsydre de l'Iran, dans la ville de Kâšân (Żarrâbi, p. 509, pp. 527-528), là même où Ḥâfeẓ-e Eṣfahâni fabriqua et installa sa deuxième horloge (Ḥâfeẓ-e Eṣfahâni, p. 48). Nous avons trouvé la trace de l'horloge et de son oiseau dans une compilation géographique et historique, intitulée "*Zinat al-Majâles*"et écrite deux siècles plus tard : « Molânâ Mohammad Mokhtar'a [Ḥâfeẓ-e Eṣfahâni] construisit un petit immeuble à côté de l'hôpital et mit une boîte en bois dans une pièce de cet immeuble. À chaque heure l'oiseau en bois, installé dans cette pièce (boîte), avance en tournant. Elle ne fonctionne plus. » (*Zinat al-Majâles*, voir sous Kâšân).

Voici ce qui reste de l'œuvre de Ḥâfeẓ-e Eṣfahâni. L'auteur de cette compilation ne nous laisse aucune autre explication sur ce garde-temps et c'est

5. De plus et comme nous l'avons vu, il dénomme aussi parmi ses 14 inventions deux sortes de garde-temps hydrauliques, sur la nature desquels nous ne savons rien.

seulement grâce au nom de son fabricant que nous arrivons à reconnaître qu'il s'agit bien, non d'une clepsydre, mais d'une horloge mécanique.

La clepsydre avait donc pu aider Ḥâfeẓ-e Eṣfahâni dans sa compréhension du mécanisme de l'horloge mécanique. Comme le remarque Needham, les horloges mécaniques descendaient en fait d'une longue série de "pré-horloges" et « il ne fait pas de doute qu'une bonne partie des pièces composant ces horloges étaient d'origine hellénistique. Le poids moteur était sans doute, à l'origine, un flotteur, comme ceux que l'on voit dans les horloges anaphoriques romaines, où un cadran portant des indications astronomiques était amené à tourner lentement par une corde attachée à un flotteur descendant dans une clepsydre. L'idée du cadran serait venue de la même source.... » (Needham, 1991, pp. 135-6).

Mais, en ce qui concerne les matériaux, rien dans une clepsydre ne pouvait préfigurer l'horloge mécanique : ses pièces et les rouages sont en bois et en métaux plus maniables que le fer, tel que le cuivre dont on fit le flotteur ou la chaîne du poids moteur des clepsydres de Yazd ou de Damas. Dans ce domaine, comme nous l'avons vu, Ḥâfeẓ-e Eṣfahâni est obligé de raviver ce qui avait été oublié et qui retombe après lui dans l'oubli. En 1666, R. du Mans décrivant l'art de l'horlogerie en Iran met l'accent sur ce même manque de technicité quant à la fabrication des pièces métalliques de l'horloge, acheminée d'Europe en Perse : « Ici, il y a quelques Mores qui, en voyant les horlogers francs, ont appris à monter et démonter les pièces d'une horloge, à y mettre une roue, et s'ils veulent passer outre, la gâter, car de refendre une roue, des pignons, et de prendre un calibre, ce ne sera pas pour cette année. » (du Mans, p. 207). On ne dépassa pas une imitation assez limitée dans l'art de réparation des horloges et la fabrication en resta toujours inconnue.

L'HORLOGE : LA CONJONCTURE DE BASE

Outre les problèmes techniques de fabrication et de compréhension, et la rupture dans la communication de savoir-faire qui coupe le chemin à la mémoire technique, d'autres facteurs ont aussi leur part dans le retard technique en Iran, que nous allons tenter de cerner en restant dans le domaine des garde-temps.

Chardin, qui signale au 17e siècle l'absence de l'art de l'horlogerie en Iran, essaie ainsi d'en rationaliser les causes :

> « Pour l'horlogerie, l'art en est encore inconnu aux Persans. Lorsque j'étais dans leur pays, ils n'avaient que trois ou quatre horloges venues d'Europe. J'en attribue la cause à ce que demeurant dans un climat, où les jours ne sont pas si inégaux que dans les nôtres, et où l'air est toujours serein, ils voient au soleil à peu près l'heure qu'il est, sans dépendre des horloges. Ils ne se servent point non plus de cadrans solaires. » (Chardin, II, p. 86).

De nos jours, Landes ne cherche pas ailleurs l'explication de l'absence de l'horloge mécanique dans la vie technologique des pays musulmans, dont l'Iran :

« Les horlogers musulmans n'avaient guère à se soucier des ciels couverts ou des basses températures (qui gênent le fonctionnement de la clepsydre) ; leurs cadrans solaires joints à leurs clepsydres étaient utilisables en toutes saisons. » (Landes, p. 59).

Avant de nous arrêter à des causes climatiques – alors même que les variations du climat en Iran sont assez importantes – il nous paraît primordial de saisir les circonstances sociales et l'importance de la mesure du temps dans la société médiévale iranienne : avant l'arrivée de cette horloge européenne, quelle place occupaient les garde-temps dans la vie quotidienne ou chez les dirigeants de l'Iran ? Et le but de la construction de ces appareils fut-il la mesure du temps ou la satisfaction d'un caprice d'un sultan ou d'un roi ? On peut se demander alors si la fabrication de l'horloge mécanique selon le modèle de Ḥâfeẓ-e Eṣfahâni ne fut pas poursuivie tout simplement parce que les Iraniens continuaient à ériger les clepsydres et à produire des cadrans solaires.

Chardin ne relève aucune utilisation des cadrans solaires au 17e siècle, à tort semble-t-il, car dans le volume VI de *A survey of persian art* de Pope, les figures 1400a et 1400c montrent deux cadrans solaires portables fabriqués en Iran au 17e siècle. Toutefois l'emploi d'un tel appareil fut peu répandu. Par ailleurs, nous avons vu que la dernière clepsydre fut construite une vingtaine d'années avant que Ḥâfeẓ-e Eṣfahâni ne découvrît l'horloge mécanique. Il est donc clair que l'emploi de ces deux types de garde-temps ne pouvaient guère empêcher la fabrication éventuelle de l'horloge qui ne les aurait guère concurrencés. Mais ce qui manqua, ce fut le besoin d'une mesure du temps telle que l'offrait l'horloge mécanique.

Les clepsydres étaient souvent conçues comme une disposition additive ou complémentaire à un ensemble dont la finalité était religieuse, normalement pour réaliser un acte de piété venant d'un roi ou d'un gouverneur. Ainsi Rostam Xorâsâni Sâʿati édifia sa clepsydre à côté de la grande mosquée de Damas sur la demande du roi, Nur al-Din b. Zangi. Il reçut pour cela une importante somme d'argent et beaucoup de faveurs (Hill, p. 70). La clepsydre de Kâšân fit aussi partie d'une mosquée, construite durant le règne de Jahânšâh Qaraqoyunlu (1437-69) (Żarrâbi, p. 508), et celle de Yazd, comme nous l'avons vu, appartenait à une école religieuse. Pourtant, c'était toujours un luxe, car la construction d'une telle machine nécessite la réunion de plusieurs conditions : premièrement la présence d'un horloger est indispensable, deuxièmement il faut que l'État ou ses représentants donnent leur accord et la somme nécessaire, et enfin le pouvoir religieux doit être prêt à soutenir un tel projet. Une fois la clepsydre édifiée, il faut penser à sa maintenance, ce qui demande d'abord un investissement supplémentaire, ensuite l'embauche d'un technicien qui s'occupe des réparations – assez fréquentes dans une clepsydre – et enfin une personne chargée des besoins quotidiens de la machine comme le remplissage de la tour d'eau, le nettoyage et la garde. On retrouve toutes ces mesures de maintenance dans le cas de la clepsydre de Kâšân. Un acte de donation, daté de 1472, dédie à la maintenance de la clepsydre une partie des donations faites à la mosquée[6]. Le constructeur de ce garde-temps, Mowlânâ Faxr al-Din Monajjem, doit s'occuper aussi des réparations éventuelles, à charge pour ses enfants ou ses proches de le remplacer après sa mort; et dans le cas où parmi eux il n'y ait personne qui connaisse la machine, il faut que Mowlânâ désigne un technicien à cette fin. Il recevra chaque jour 12 *dinâr*s des donations de la mosquée, et la personne qui s'occupera du nettoyage recevra 2 *dinâr*s (Żarrâbi, pp. 527-8).

Ainsi fallait-il prendre maintes mesures de précaution pour qu'une clepsydre continuât à fonctionner, mesures qui n'arrivaient même pas à garantir la vie fonctionnelle de ces machines dont aucune ne marcha longtemps. Mais outre ces problèmes techniques et matériels, le besoin d'une mesure du temps régulière et précise fut-il suffisamment ressenti en Iran médiéval pour que l'on continuât la maintenance des garde-temps existants ou la construction des nouveaux ? En effet, « pour comprendre l'invention d'instruments perfectionnés de mesure du temps, il faut se demander d'abord: qui les voulait ? »[7] (Landes, p. 60). Comme nous l'avons vu, les clepsydres furent édifiées au sein d'établissements religieux et, de ce fait, elles furent plutôt utiles à ce type d'institutions. Mais l'islam, comme le remarque bien Landes, contrairement au christianisme qui « fixe les heures de prière d'après l'horloge », demande cinq prières dont l'heure n'est pas fixe. Là où l'islam reste fidèle au cycle naturel, le christianisme se libère peu à peu de ce cycle et c'est alors la cloche qui sonne les heures canoniques (*ibid.*, pp. 98-100). Le rôle de cette cloche fut assez important, car les premières horloges étaient démunies de cadran et seule la cloche marquait l'heure (Hellyer, p. 34). Nous pensons quant à nous qu'il y a une différence de méthode dans l'appel à la prière entre le christianisme et l'islam: la finalité de la cloche qui sonnait l'heure de ces prières en Occident ne trouvait pas sa place dans un système de prière dont les instants étaient indiqués aux fidèles par l'*azân* à partir des minarets des mosquées: la voix humaine contre le son de la cloche[8].

6. Q̄âzân Xân (1295-1304) consacra aussi une partie de ses donations à la réparation des rouages d'une clepsydre (*âlât va adavât-e sâ'at*) (Fażl-Allâh Hamedâni, 1940, p. 210).

7. Landes, dans un passage où il critique la théorie de Needham selon laquelle ce serait la Chine qui aurait transmis en Europe la notion de l'échappement, s'appuie sur le raisonnement suivant : « Si les Chinois étaient tellement en avance sur les Européens, si leurs roues hydrauliques contenaient en germe l'échappement mécanique, comment se fait-il donc qu'ils ne l'aient point inventé ? ... Car sous leur climat les clepsydres leur causaient les mêmes soucis qu'aux Européens, et en plus grave ». Il examine alors la question sous son aspect social en posant la question que nous citons (*ibid.*, pp. 58-62).

8. On sonnait aussi les heures de prière, *nowbat* ou *nowbe*, par un tambour. « La nawbeh musulmane se sonnait pendant la journée et, en principe, aux heures des 5 prières musulmanes, lesquelles correspondent, en gros, aux gâhs des Sassanides ». La même pratique était connue des Chinois qui sonnaient « 5 veilles du coucher au lever du soleil » (Mazâheri, 1983, n.3, p. 192). Ce système, selon Ibn Xaldun, était « une des prérogatives de la royauté » (*ibid.*). Comme d'ailleurs dans le cas de l'horloge ou de la clepsydre, c'est toujours l'État qui s'attache à la mesure et au contrôle de temps.

L'appareil religieux iranien ne trouvait donc pas forcément les mêmes intérêts que l'Eglise chrétienne dans la mesure précise du temps. La clepsydre en tant que tradition, léguée par le monde gréco-iranien à l'Iran musulman, était érigée ici et là et occasionnellement, sans que le besoin d'un garde-temps soit vraiment impératif. Les rois demandaient la construction des clepsydres pour en faire un symbole de pouvoir ou de foi qui distinguerait leurs capitales des autres centres politiques ; le motif scientifique ou social dans l'édification de ces machines l'emportait ainsi sur les motifs politico-religieux.

Même l'horloge mécanique de Ḥâfeẓ-e Eṣfahâni naquit dans des circonstances semblables: la demande royale, soutenue par un enthousiasme religieux, prépare les conditions de base d'un projet technique. À aucun moment l'utilité de ce garde-temps mécanique n'est soulignée, ni par la cour royale ni par le clergé iranien. Il fallait fabriquer une horloge mécanique, parce que l'Occident l'emportait sur l'islam en matière de technique et que la grandeur de ce dernier était en péril. Si cette conjoncture n'avait pas été favorable, jamais Ḥâfeẓ-e Eṣfahâni ne se serait engagé dans une telle aventure technique, et il n'aurait continué qu'à penser à la conception d'une autre sorte de clepsydre ou d'un autre type de moulin. Il serait resté enfermé dans la phase éotechnique et il n'aurait jamais fait ce petit pas vers le monde moderne, ce monde qui demandait l'application plus étendue du fer et du charbon d'une part, un embrigadement de la société sur la base d'un temps non naturel d'autre part.

L'économie du monde iranien d'alors était, en grande partie, fondée sur l'agriculture ; la mesure du temps en était absente et la connaissance de "l'heure qu'il est" ne s'y posait jamais. La seule chose qui comptait dans le milieu rural iranien, comme nous l'avons vu, était la mesure d'écoulement d'un flux d'eau lors de la distribution de l'eau des canaux et fleuves. Bien que la notion de la durée de l'écoulement relève du temps, elle ne se réfère pas à une heure précise et la détermination de cette durée peut être commencée à un instant quelconque de la journée ou de la soirée ; elle se dissocie donc de cette graduation nycthémérale qui fut la base de la conception des garde-temps mécaniques. De plus, la distribution de l'eau parmi des paysans était une opération saisonnière et une fois la mise en culture terminée, elle disparaissait de la vie quotidienne rurale et avec elle s'éclipsait la notion de durée qu'elle engendrait. La mesure du temps astronomique resta sans intérêt chez les paysans.

La vie urbaine ne se distinguait pas beaucoup de celle des champs et le travail y était rythmé aussi par la nature. Seul le commerce aurait pu être intéressé par la réduction des durées de transport, si les moyens de communication l'avaient permis, et imprimer ainsi une nouvelle cadence au sein de la société. Mais les moyens de transport ne connaissaient guère d'amélioration, quand ils n'étaient pas dégradés. La durée du transport était déjà fixée par le nombre des étapes, *manzel*, entre deux villes et cela de longue date. Le commerce garda donc son rythme séculaire, à la cadence des caravanes.

L'artisanat iranien, en raison de son absence de mécanisation, ne donna pas non plus naissance à une division du travail précise et variée et demeura dans le cadre du travail du maître et de son apprenti, étouffant même les cas où la possibilité d'une division de travail se serait présentée.

CONCLUSION

LE SYSTEME TECHNIQUE IRANIEN

Le système technique iranien possédait ses dynamismes internes qu'attestent, entre autres, le moulin à papier, le moulin à riz, les sucreries l'horloge mécanique. Le problème qui se pose est le fait que ces dynamismes dans certains cas furent éphémères (l'horloge mécanique) et, dans d'autres, restèrent cantonnés à une région donnée (moulin à papier). L'objet de notre conclusion sera donc de donner un aperçu de la mentalité technique iranienne en analysant, tout d'abord, trois aspects du temps technique (inerte, événementiel et informatif), puis la dépendance étroite du système technique par rapport au système politique. Mais il nous faut auparavant résumer l'emploi des machines éotechniques jusqu'ici étudiées.

L'HOMME ET LA MACHINE

La plupart des machines iraniennes fonctionnaient avec deux types d'énergie : organique et hydraulique, les mêmes ensembles techniques bénéficiant de ces deux différentes sources énergétiques. Les schémas suivants montrent les activités proto-industrielles réalisées autour de telles sources :

Les bocards (au plus tard 10e s.)		**L'eau** (avant notre ère)
Le riz (17e s.)	**ÉNERGIE**	**La mouture** (1er-2e s.)
Les soufflets (19e s.)		**Le sucre** (6-7e s.)
La poudre (19e s.)	**HYDRAULIQUE**	**Le papier** (au plus tard 10e s.)
		L'huile (15e s.)

Les mêmes types d'applications s'organisaient autour de l'énergie organique que les bocards, les soufflets, les moulins à farine ou à huile, ainsi que les techniques d'élévation d'eau, utilisaient bien avant notre ère. En revanche, l'utilisation de cette énergie dans les sucreries, les papeteries, etc... se fit, bien évidemment, après l'introduction de ces fabriques en Iran.

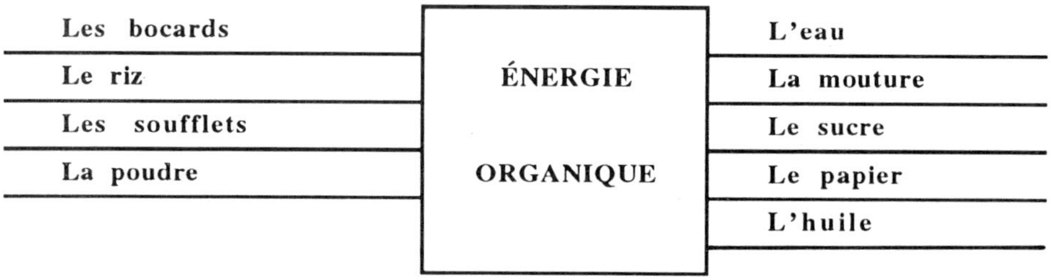

Les machines éoliennes, par contre, n'ont connu que deux applications distinctes, limitées dans certaines régions de l'Iran oriental, à partir du 7e siècle :

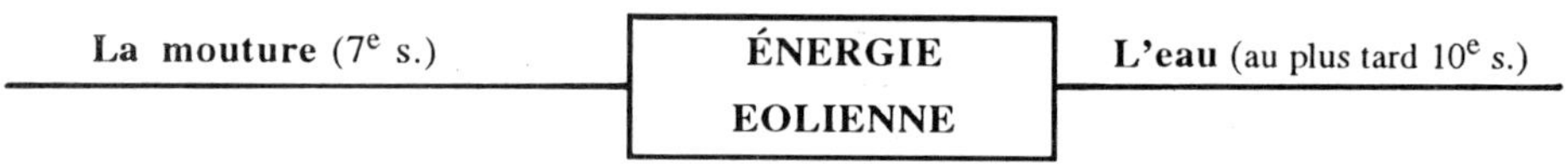

Exception faite de la mouture, l'énergie organique (homme et/ou animal) l'emporte largement dans toutes ces applications sur l'énergie hydraulique. La cause n'en est certainement pas les limites que les ressources matérielles imposaient à la construction des machines hydrauliques. En effet, toutes les machines, quelle que soit l'énergie qui les meut, ont besoin des mêmes matériaux de construction : le bois, la pierre, et dans une certaine mesure, le métal.

En fait, le principe des machines iraniennes est fondé sur l'emploi de l'énergie organique. Elles peuvent absorber de nouveaux éléments, comme le système hydraulique à cames, mais elles ne propagent pas leur utilisation. Si en Europe médiévale le système à cames entraîna l'introduction de plusieurs machines hydrauliques (le marteau-pilon et le soufflet mécanique) dans une même filière technique (la forgerie), en Iran une telle filière n'exista jamais.

En outre, la force humaine, sous sa forme servile, participait à une production domestique chez ceux qui possédaient des esclaves :

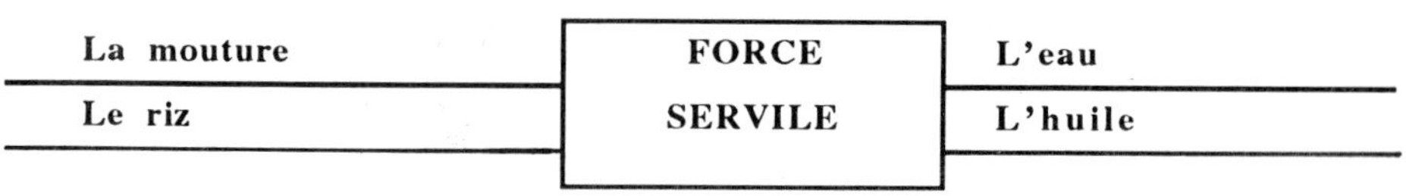

Nous avons avancé l'hypothèse selon laquelle cette force servile avait pu empêcher l'investissement dans les machines mécaniques. Mais il faut ajouter que les machines mues par l'énergie organique, en raison peut-être de leur simplicité d'utilisation, faisaient barrage à l'emploi plus intensif des machines hydrauliques dans l'industrie médiévale iranienne. Outre ces facteurs économiques, la non-communication du savoir technique entravait l'usage de machines plus performantes.

LE TEMPS ET L'ESPACE

Les faits techniques qui caractérisent l'Iran du 7e au 19e siècles nous ont mis à même de constater la dépendance étroite du champ géographique et du champ historique dans la constitution du milieu technique iranien. De surcroît, ce champ géographique est assez hétérogène et les mêmes faits n'apparaissent pas toujours sur la totalité du territoire iranien: un morcellement géographique gouverne la pratique technique et l'insère dans des zones distinctes, voire des enclaves. L'enclave du moulin à vent, celle des machines à extraction de l'huile ou du sucre, ou bien celle des roues élévatrices d'eau en témoignent.

On se demande pourtant, alors que la diffusion d'un ensemble technique tel que le moulin à vent se réalisa au-delà des frontières iraniennes, pour quelle raison le même phénomène ne se produisait jamais dans d'autres espaces géographiques iraniens. Encore plus énigmatique, la fabrication du papier qui, en premier lieu fut l'objet d'une diffusion à Samarqand en provenance de la Chine, et qui par la suite fut mécanisée dans cette même ville: pourquoi conserva-t-elle des méthodes plus archaïques dans d'autres villes iraniennes ? On peut sans doute expliquer le premier cas par le refus des autres milieux techniques, inaptes à s'assimiler une nouvelle technique, et le second par un phénomène de régression technique. Là se trouvent les explications ethnologiques qu'il faut ensuite, sur le plan historique, cadrer dans le temps, quitte à les modifier ou à les rejeter.

En fait, et à première vue, deux temps techniques différents se déploient dans l'Iran antique et médiéval: l'un définit l'inertie technique et l'autre accompagne l'événement technique. Le premier, garant de survivance technique, apparaît à travers tout ce qui, venu de l'Antiquité, a parfois perduré même jusqu'à nos jours: techniques agricoles, méthodes d'exploitations des combustibles et des ressources minières, machines et méthodes d'obtention de l'eau et de l'huile, outils et prédécesseurs des machines-outils, etc. Tout cela offre l'image d'une stagnation technique qui, par sa pesanteur dans le milieu technique iranien, nous donne l'idée d'incorporer dans le temps géographique, base de conception de la longue durée chez Braudel, celui de la technique. Mais un autre temps est aussi en marche.

En effet, au cours du Moyen Age iranien, différents événements techniques se sont greffés sur cette base, définie par le temps de l'inertie technique. Ces événements isolés sont de plusieurs natures: tantôt il s'agit de l'introduction d'une technique étrangère, ce qui peut se traduire par une diffusion des acquis techniques entre différentes communautés ; tantôt c'est une innovation, une invention qui cause un tel changement et à son tour demeure l'objet d'une éventuelle diffusion, tantôt des améliorations sont apportées à une technique, quelle que soit son origine ; et tantôt enfin une détérioration technique propage une régression.

Un temps événementiel technique se manifeste ainsi dans chacun de ces cas de figure. En Iran médiéval, quelle que soit la nature de ces événements, aucun d'eux ne met en cause le fonctionnement d'un système technique structuré par le temps inerte. Les systèmes techniques, suivant B. Gille, « se sont succédé dans le temps et dans l'espace. » (Gille, 1951, p. 26). Le système technique iranien reste sans successeur jusqu'à l'introduction des techniques occidentales au cours du 19e siècle.

Ce même système, à force de propager et d'intensifier l'emploi de la force hydraulique, finit toutefois par se distinguer de son prédécesseur antique. Il entre ainsi dans la phase éotechnique, le complexe de l'eau et du bois défini par Mumford. Mais là aussi, lui manqueront les grands succès éotechniques de l'Occident, tel que l'horloge mécanique. De plus, l'énergie hydraulique ne se répand pas dans toutes les activités pré-industrielles, et le bois, en raison de sa rareté, ne gagne pas l'importance que lui accorde l'Occident. Au demeurant, la classification de Mumford, controversée même en ce qui concerne l'Occident, n'encadre pas tous les aspects du système technique iranien au Moyen Age et ce serait donc accorder à ce système des caractéristiques qu'il ne posséda nullement que d'en déduire qu'il fut éotechnique. Par contre, il est évident que le système technique iranien reste fortement tributaire de l'eau et du bois et n'atteint jamais la phase paléotechnique, soit le complexe du charbon et du fer, et de ce point de vue, la classification de Mumford nous permet de mieux nous situer dans le mouvement ou le progrès global des techniques.

En dehors de toutes les spécificités régionales et des enclaves techniques que nous avons évoquées, l'eau et le bois sont adoptés partout en Iran. De ce fait, le régionalisme ne change rien en ce qui concerne les traits principaux du système technique iranien. Les acquis techniques d'une région ou d'une ville particulières, même quand ils semblent à première vue bien supérieurs aux autres, en fin de compte ne bouleversent pas la phase éotechnique et continuent à utiliser les mêmes types d'énergie et de matériau qu'ailleurs.

Reste pourtant préoccupante l'absence ou la faiblesse de la communication inter-régionale de quelques techniques, comme le moulin à papier ou à riz. Ce phénomène de non-communication dans l'espace se double également dans le temps, et ainsi une rupture de transmission du savoir technique se manifeste comme un autre trait primordial du système iranien : à côté des traits terrestres, la puissance et les matériaux, le trait céleste, l'intellect, a aussi sa place dans chaque système technique.

Nous en arrivons à la définition du troisième genre de temps technique : le temps informatif. Ce temps assure le transfert de mentalité et de savoir technique et scientifique. Lorsqu'il s'agit d'une nouveauté ou d'une amélioration technique, le temps informatif agit de sorte que le temps événementiel arrive à sauvegarder son introduction sur la base du temps inerte. En cas d'échec, l'événement tombe dans l'oubli et dans le cas contraire, le savoir technique préservé se transforme en une technique connue et praticable.

Le procédé de fabrication du papier, abstraction faite de sa mécanisation, donne l'exemple de réussite de l'adaptation d'une nouvelle technique dans l'ensemble territorial iranien. Par contre le moulin à riz ne profite qu'assez tardivement des informations sauvegardées, mais non-communiquées, par ce temps informatif sur l'emploi du système à cames, et ainsi se développe dans son enclave sans pouvoir être répandu en dehors de sa région natale.

L'exemple par excellence de cet échec informatif se trouve dans l'œuvre de Ḥâfeẓ-e Eṣfahâni. En fait, Ḥâfeẓ-e Eṣfahâni est un inventeur: son traité, comme nous l'avons vu, bien qu'il ne détaille que trois de ses inventions, en cite quatorze. Une telle panoplie d'inventions fondées sur l'utilisation de l'énergie hydraulique, auxquelles s'ajoute la réalisation d'une horloge mécanique, faite sur un modèle européen, atteint bien le summum de la phase éotechnique, jusqu'alors l'apanage de l'Occident. Mais malheureusement, aucune de ces inventions, à part la courte vie réelle qu'elle reçut de la main de son inventeur, ne laisse de trace dans le domaine technique et industriel de l'Iran. Et cela, malgré la réalisation de ces machines, leur mise en marche et leur productivité assurée. De ce point de vue, Ḥâfeẓ-e Eṣfahâni se distingue de ses prédécesseurs dont les machines ne quittèrent jamais les traités théoriques. Il a une autre mentalité, un autre entendement de l'invention, dont la continuité ne sera jamais assurée par le temps informatif.

Les causes de cette discontinuité sont multiples, mais elles sont en même temps classifiables: la complexité d'une technique ou la disponibilité et la variation des outils de travail, sont d'ordre technique; par contre la relation entre l'État et l'artisanat débouche sur les causes qui relèvent du politique: la faiblesse des corps de métier, dirigés par l'État, ne permet pas à la ville de se faire entendre comme une entité indépendante et chargée de pouvoir.

L'État, l'artisanat et l'ingénieur façonnent et consomment le temps informatif chacun à sa propre manière, s'alimentant les uns et les autres à cette "nappe phréatique du temps". C'est l'analyse et la définition des inter-relations de ces trois temps, inerte, événementiel et informatif, autour des entités politico-techniques, qui nous permettra de mettre au jour les traits principaux du système technique iranien.

L'artisan médiéval iranien, maître incontestable d'une technique, préfère une communication assez limitée de son art afin de ne pas être menacé par ses émules ou les intrus. Maîtriser une technique à son plus haut degré, dans la mesure des possibilités offertes par son milieu technique, le satisfait amplement. La communication dans ce cas se limite à un système traditionnel, où la relève est assurée par un apprenti, qui imite son maître dans les moindres détails. Le temps informatif assure bien sûr cette liaison maître-apprenti, mais à force d'être répétitif, à force de transmettre toujours le même message, il frise le temps inerte et devient aussi immuable que ce dernier. Il perd en effet son mouvement linéaire et prend la forme d'un temps circulaire, où se réfugie l'artisanat. De cette façon, la continuité technique est certainement assurée, mais la nouveauté technique, qui peut occasionner le changement de système technique iranien, n'entre sûrement pas par cette porte anachronique. Les exemples abordés jusqu'alors le confirment fortement.

L'ingénieur, au contraire, produit des idées et essaie de réaliser une conception, fondée d'une part sur ses propres initiatives et créations, d'autre part sur les acquis technico-scientifiques de son temps. Contrairement à l'artisan, il est lettré, et de ce fait il peut puiser dans les sources écrites du passé et laisser à son tour son savoir comme héritage à l'avenir. Le temps informatif devient ainsi porteur de messages inédits et moins usités.

En Iran médiéval, la cour royale contrôle et organise le corps des ingénieurs et des savants. En outre, elle profite de l'artisanat et parfois, en lui demandant la réalisation de travaux rares et insolites, le fait sortir de sa coquille accoutumée. Ainsi, elle s'associe au temps informatif et le contrôle. Désormais, la continuité ou la discontinuité dans la transmission du savoir technique ne dépend pas uniquement des artisans et des ingénieurs, l'État a aussi sa responsabilité dans cet enjeu.

La conjoncture qui déboucha sur la réalisation de l'horloge mécanique par Ḥâfeẓ-e Eṣfahâni éclaircira le rapport entre l'État et le corps technique, composé des artisans et des ingénieurs, ainsi que le chassé-croisé entre ces trois temps techniques: inerte, événementiel et informatif. En fait, si le roi de Perse n'avait pas sollicité la construction d'une horloge, Ḥâfeẓ-e Eṣfahâni ne serait jamais arrivé à la réaliser, d'autant plus que le modèle d'horloge qui lui fut fourni lui parvint par l'intermédiaire du roi. Celui-ci avait, comme certains de ces prédécesseurs, un penchant pour l'art et la science. Après l'immense dévastation que l'Iran ilkhanide subit sous Tamerlan, il fallait songer à la paix, et Tamerlan lui-même mit tout en œuvre pour que la prospérité revînt dans sa capitale, Samarqand, et d'autres villes de son empire. Ainsi les artisans et les savants rescapés de ses carnages furent-ils conduits dans ces villes pour assurer en premier temps le fonctionnement de sa machine de guerre et en deuxième temps la grandeur de son royaume. En l'espace d'un siècle, de la fin du 14e au début du 16e, un corps d'artisans et de techniciens se forme, et c'est à ce corps que Bâyqarâ (1470-1506) confie la fabrication de cette horloge. La formation et la dispersion de tels rassemblements techniques jalonnent l'histoire de l'Iran ; là encore la coupure dans le temps informatif est flagrante. Cette coupure, cette fois-ci, s'harmonise avec celle du politique et les vibrations de celui-ci donnent le rythme à l'état technique. C'est l'amplitude de ce rythme, à savoir l'apport de l'appareil politique au système technique, que nous examinons en nous fondant sur deux points d'appui : le rôle de l'ingénieur vis-à-vis de l'État et la “diffusion forcée” des techniques par l'État.

LA POLITIQUE ET LE SAVOIR TECHNIQUE

Dans le cas que nous venons d'évoquer, il est indéniable que ce fut la complexité technique de l'horloge mécanique venue de l'Europe et le manque d'outils pour travailler le fer qui découragèrent la majorité des hommes de métier qui voulaient fabriquer cette machine ; néanmoins, le fait que de nombreux techniciens eussent été consultés à travers le pays, démontre la réussite des Timurides dans la formation d'un corps technique, en partie intégré à la cour, en partie accessible par son entremise. Ḥâfeẓ-e Eṣfahâni figura parmi cette deuxième catégorie et à ce titre, fut appelé à plusieurs reprises à la cour royale où il gagna sa réputation. Il travailla aussi pour les gouverneurs ou les dirigeants locaux : on sait qu'il jouit amplement de l'aide et de la protection que lui assurait un des gouverneurs de Balx pour la construction de sa deuxième huilerie hydraulique. La première avait déjà été édifiée à la demande d'un grand derviche lorsqu'il fut convoqué par le roi à Samarqand, et c'est pour la même personne qu'il construisit un cadenas spécifique qu'il avait auparavant inventé (Ḥâfeẓ-e Eṣfahâni, pp. 80, 86 et 97). Une des autres personnes qui commença la construction de cette horloge avant Ḥâfeẓ-e Eṣfahâni était protégée par un célèbre homme politique, Mir ʿAli Šir (*ibid.*, p. 16) dont on peut penser que c'est pour asseoir sa réputation qu'il subventionnait une équipe technique.

Le regroupement des savants et des artisans dans un centre de recherche fut pratiqué en Iran à l'époque sassanide : l'académie de Gondišâpur était le point de jonction et d'échange des cultures scientifiques grecque et indienne[1]. Certaines techniques qui furent introduites en Iran, et parfois y furent améliorées, avaient aussi une origine indienne ou grecque. L'étude des roues hydrauliques et du raffinage du sucre nous a montré la transformation des techniques entre ces deux sources d'inspiration iranienne, au travers de la Perse et surtout par l'intermédiaire de cette académie. Mais l'exemple du sucre témoigne, de surcroît, de l'amélioration délibérée du processus de raffinage par les savants de ce centre. Cela veut dire que le savoir-faire (ou la quasi-science) de l'époque eut la possibilité d'être appliqué aux quelques techniques et procédés industriels et de devenir ainsi le garant des améliorations et des développements.

Ce phénomène, dans une certaine mesure, est encore observable à l'époque timuride, où Ḥâfeẓ-e Eṣfahâni ne cessait d'inventer et de réinventer. Mais à la différence de l'académie de Gondišâpur qui rassemblait les savants de toute origine dans le même établissement et pouvait ainsi assurer une activité collective, la cour timuride n'est pas le domicile fixe de Ḥâfeẓ-e Eṣfahâni, et on le voit toujours en

---

1. Selon Maẓâheri, « L'Iran des Sassanides était déjà un œuf double : il avait fait deux héritages : l'Iran Oriental, "légué" par les Koushans, était de culture indienne, et l'Iran Occidental, "légué" par les Parthes, était de culture chaldéo-hellénistique. C'est ce qui explique, sous les Sassanides déjà, la coexistence, souvent dans une même académie, comme celle de Gondichâpour, non loin de l'actuel Âbâdân, de deux enseignements médicaux, de deux enseignements mathématiques, de deux enseignements astronomiques, de deux logiques, de deux philosophies : l'un indien ou sino-indien, exprimé en sanscrit ou pracrit, l'autre chaldéen ou chaldéo-grec, enseigné plutôt en syriaque (araméen) qu'en grec » (Maẓâheri, 1973, p. 18).

voyage d'une ville à l'autre. C'est par décret royal ou pour répondre à une demande qu'il se met au travail, et comme son histoire de fabrication de l'horloge nous le montre, jamais un travail collectif entre lui et les autres artisans ne s'organise. Implicitement, Ḥâfeẓ-e Eṣfahâni, lorsqu'il parle des rivalités entre les savants de l'est et de l'ouest de l'Iran, relève cette mésentente technologique entre ces deux parties du pays, mais le fait est que lui et ses concitoyens travaillent aussi chacun pour soi, chaque individu essayant d'être le premier à terminer la même œuvre pour recevoir tout seul l'honneur et le grand prix.

L'accès à la cour n'est pas toujours facile et la réaction du pouvoir politique peut surprendre le technicien. Dans un chapitre de *Zinat al-Majâles*, consacré aux talismans et travaux étranges, on lit qu'un homme de science, Abu Moṭiʿa, afin d'approcher la cour du gouverneur samanide (892-999) de Balx, décide de fabriquer un "talisman" (mécanisme) étrange et sans précédent. Donc, « il construisit en peu de temps trois bonshommes en bois dont chacun avait un tambour autour du col. À chaque heure le bonhomme frappait ce tambour à l'aide d'une baguette. Il se rendit chez le gouverneur avec sa machine. Le gouverneur ne fit guère attention à son invention, et dit qu'il n'avait pas besoin de ce genre d'appareil, car les images sont interdites par la religion. Abu Moṭiʿa, abasourdi et impressionné, détruisit son œuvre. ».

Cette anecdote démontre en premier lieu que la présentation d'une création artistique ou mécanique à la cour pouvait servir à son créateur comme moyen de subsistance et que l'approbation de l'œuvre par cette institution monarchique assurait son sort, ce qui confirme une fois de plus le rôle de l'appareil d'État comme centre d'attraction des savants. Deuxièmement, on apprend comment la foi religieuse d'un homme d'État peut influencer l'acquis technique d'un homme de science et l'empêcher de profiter de son savoir-faire.

Mais lorsque la commande vient de la cour, le résultat d'un travail est mieux assuré. La construction des clepsydres, de l'astrolabe pourvu de roues dentées ou bien de tout autre appareil de mesure astronomique avait comme commanditaire la cour royale ou la cour locale d'un gouverneur. Le constructeur de ces appareils était alors un savant ou un ingénieur qui travaillait lui aussi tout seul, comme Ḥâfeẓ-e Eṣfahâni, Abu Bakr Eṣfahâni ou Rostam Xorâsâni Sâʿati[2]. Si par malchance le technicien n'arrivait pas à réaliser ce que la cour lui demandait, il se retrouvait dans l'embarras comme ce collègue de Ḥâfeẓ-e Eṣfahâni qui quitta Harât après son échec dans la fabrication de l'horloge mécanique.

Néanmoins, le sort de l'horloge mécanique de Ḥâfeẓ-e Eṣfahâni ou celui de l'astrolabe d'Abu Bakr n'étaient pas si différent du destin de ce garde-temps, détruit par son auteur. Aucun de leurs inventeurs, quoique l'État ait eu part dans leur fabri-

2. Les astrolabes, selon Chardin, sont faits par les astronomes eux-mêmes. « Ce n'est pas qu'il n'y ait des artisans de profession pour les instruments de mathématique ; mais c'est qu'on n'estime pas tant ceux qu'ils font, que ceux qui sont faits par les mathématiciens...Il faut ajouter à cela qu'un astronome n'est point mis au rang des savants, s'il ne sait faire tous les instruments lui-même, et s'il n'y travaille mieux qu'un habile artisan » (Chardin, II, p. 121).

cation, n'arriva à créer une lignée de fabricants comme ce fut le cas de la clepsydre, léguée par l'Iran sassanide. La question est alors de savoir pourquoi l'État, partisan fervent de l'horloge mécanique, ne mit pas en œuvre un centre de fabrication de cette machine mécanique.

Une des raisons de cette solution de continuité relève des changements politiques brutaux que connut l'Iran durant le Moyen Age, changements dûs à l'effondrement d'une dynastie, à l'assassinat ou à la mort d'un roi ou d'un roitelet et aux guerres intestines continues. L'horloge mécanique et toutes les machines hydrauliques de Ḥâfeẓ-e Eṣfahâni furent construites vers la fin du 15ᵉ siècle en Iran timuride. Or, juste au début du 16ᵉ siècle, des événements de grande importance se produisirent en Iran[3]. De même, l'astrolabe d'Abu Bakr Eṣfahâni fut terminé au début du 13ᵉ siècle, juste au moment des grandes invasions des Mongols. Et le calendrier de Biruni, si jamais il fut réalisé, devait être oublié après la conquête par les Seldjukides de l'Iran qaznavide. L'observatoire de Hulagu à Marâq̈e, dont la compilation des tables astronomiques fut terminée en 1265, était déjà en ruine en 1340. Ce sont ces tables astronomiques accompagnées de plusieurs nouveaux instruments astronomiques de cet observatoire qui arrivèrent jusqu'en Chine[4]. Aucune trace ne fut retrouvée de la bibliothèque de Naṣir al-Din Ṭusi, dont les livres avaient été apportés de Bagdad à Marâq̈e, après la chute de la capitale du califat sous les coups de Hulagu (Lockhart, 1960, pp. 61-2). Le sort de l'observatoire de Samarqand, fondé par Uluq Beg au début de 15ᵉ siècle, ne fut guère plus enviable que celui de Marâq̈e, et après l'assassinat de ce souverain il tomba en décrépitude pour être complètement détruit au 16ᵉ siècle (Ronan, p. 289). Ce deuxième observatoire vit plusieurs inventions de l'astronome et mathématicien iranien Jamšid Q̄iyâs̱ al-Din Kâši (1393-1449)[5]. Au temps des Safavides, les projets formés pour la construction d'observatoires par le fondateur de cette dynastie, Esmâ'il Iᵉʳ et par son successeur, Ṭahmâsb Iᵉʳ, restèrent sans effet, et les tables astronomiques des observatoires de Marâq̈e et Samarqand ne furent jamais mises à jour (Winter, 1986, p. 588).

Les séquelles de ces bouleversements politiques sur le milieu technique et culturel sont claires. En effet, l'enthousiasme que portèrent à la restauration des sciences et des techniques un vainqueur comme Tamerlan ou Hulagu, un calife comme Ma'mun, un sultan comme Maḥmud de Q̄azne et un roi samanide ou buyide, démontre bien la rupture dans le transfert du savoir, d'une époque à l'autre. Tout était toujours à recommencer, et cela demandait en premier lieu le rassemblement des

---

3. L'empire safavide fut fondé ; la religion des Iraniens bascula de l'islam sunnite au chi'isme ; l'empire ottoman prit son essor et de ce fait, la relation entre l'Europe et la Perse s'améliora et s'intensifia pour une éventuelle collaboration contre les Turcs qui menaçaient l'Occident et l'Iran ; "l'économie-monde" de Braudel se stabilisait et les Portugais ainsi que les compagnies des Indes de la Hollande et de l'Angleterre rivalisaient pour gagner le marché persan.
4. « Jamal al-dîn, venant de Marâgheh arriva à Khanbaliq en 1276, apportant avec lui des dessins ou peut-être des modèles, de sept instruments » astronomiques (Winter, 1951, p. 129).
5. E. S. Kennedy dans plusieurs articles nous renseigne sur les œuvres de ce grand homme de science.

documents sauvés des incendies de bibliothèques[6] causés par le même vainqueur ou roi[7]. En second lieu, les savants rescapés devaient être à retrouver et leur tâche se limitait d'abord à réparer les dégâts. Parfois, comme nous l'avons vu, tout le système de distribution de l'eau d'une ville était à refaire. Le calcul du volume d'eau à distribuer et les ramifications demandaient parfois l'intervention des hommes de science. Les grands travaux hydrauliques, qui demandaient aussi la présence des ingénieurs, attendaient l'intervention d'un puissant roi pour être mis en œuvre.

Il est clair dans ce cas que la reproduction et le renouvellement assez fréquents du système politique en Iran ne laissaient pas le temps à un événement technique de s'insérer dans le temps informatif pour assurer la continuité du savoir technique. Ce savoir, tel que nous l'avons retracé ci-dessus, se limite aux acquis techniques, issus de l'œuvre et de la réflexion des savants et des ingénieurs. La transmission du savoir technique décrit dans les chapitres précédents est d'un autre ordre qui relève du domaine artisanal. Celui-ci est tantôt véhiculé par la volonté du pouvoir politique, tantôt se réalise par une diffusion technique, que nous examinons maintenant.

Nous avons vu que l'art de la fabrication du papier était répandu en Iran, mais que le moulin à papier resta l'apanage de Samarqand. Ce moulin aurait-il jamais atteint le Cachemire, si le roi de ce pays n'était pas allé le chercher à Samarqand ? Nous nous trouvons là devant une importation directe d'un ensemble technique qui a tous les caractères d'une "diffusion forcée". Ce genre de diffusion était monnaie courante et tous les rois y participaient.

Les techniques objets d'une diffusion forcée provenaient soit de l'extérieur de pays, obtenues de préférence par le biais des prisonniers ; soit venaient des ressources internes. Les prisonniers romains à l'époque sassanide participèrent aux grands travaux hydrauliques du Xuzestân[8]. Au 8e siècle, les prisonniers chinois

6. La bibliothèque des Samanides fut détruite dans un incendie en 998 de notre ère. Maḥmud de Q̄azne détruisit la plus grande partie de la bibliothèque des Buyides à Rey en 1029 et apporta le reste dans sa capitale, qui, à son tour, subit le même sort en 1150 (Arnold, p. 1810).

7. L'héritage du passé, en fait, devint de jour en jour moins volumineux: la bibliothèque d'un prince buyide, Ḥabaši, à Bassora, contenait 15 000 livres et il fallait 400 chameaux pour transporter les livres d'un vizir buyide. On sait aussi que l'administration de la bibliothèque de Širâz, fondée par 'Azod al-Dowle, était parfaite (Kabir, pp. 31-2). Or, que nous dit Chardin à l'époque safavide ? « Enfin les Persans ont un grand nombre d'auteurs et de livres. Un Persan aurait dit qu'ils en ont une infinité, mais quand on compare leurs auteurs avec les nôtres, et leurs collections de livres les plus grosses avec nos bibliothèques, on peut bien citer le proverbe, c'est une mouche auprès d'un éléphant. Leurs plus grosses bibliothèques ne vont pas à 400 volumes, mais ce sont tous bons livres, et anciens, qui leur suffisent pour tout apprendre. On peut juger de là, que les Persans ne font pas beaucoup de livres, ils se tiennent aux anciens, prétendant qu'on n'y saurait ajouter que peu de chose ; mais quoi qu'ils puissent dire, c'est une marque qu'ils ne font pas beaucoup de découvertes » (Chardin, II, p. 97).

8. Cela, comme nous l'avons vu, eut lieu au 3e siècle sous le règne de Šâpur Ier. Šâpur II au 4e siècle de notre ère installa les prisonniers romains dans différentes régions du Xuzestân et ainsi les techniciens et en premier lieu l'industrie textile romaine firent du chemin dans cette partie de l'empire perse (Serjeant, pp. 40-42).

dévoilèrent les secrets de la papeterie aux autres civilisations[9]. Tamerlan, après la conquête de Damas en 1400, déporta à Samarqand les artisans syriens, parmi lesquels se trouvaient des verriers (Lamm, p. 2601).

Les prisonniers de guerre, comme d'ailleurs d'autres butins, étaient l'objet d'une distribution parmi les chefs de l'armée, les gouverneurs ou bien les membres de la famille royale ; et les artisans et artistes capturés ne furent pas exceptés de cette règle. Ǭiyâṣ al-Din ʿAli, qui accompagnait Tamerlan en Inde, constate dans le récit qu'il fit de son voyage que lorsque Tamerlan saccagea l'Inde, il attaqua la vieille Delhi où il captura des milliers d'artisans. Certains parmi eux furent donnés aux militaires et notables qui accompagnaient Tamerlan dans sa campagne et le reste fut envoyé à Samarqand auprès des hommes d'État et des troupes qui y étaient restées. Seuls les tailleurs de pierre furent exemptés d'une telle répartition, afin d'être utilisés pour la construction d'une mosquée à Samarqand (Ǭiyâṣ al-Din ʿAli, p. 129).

Une fois confié aux hommes d'état, l'artisan se mettait à travailler dans leurs ateliers ou fabriques. À l'époque safavide une nouvelle provenance d'artisanat se fait jour : l'Europe. Les artisans, cette fois, entraient comme invités du roi, touchaient un salaire et essayaient de satisfaire les caprices des rois, surtout en objets de luxe et en armes à feu[10]. Sanson, qui visita la Perse vers la fin du 17e siècle, raconte que le roi « entretient des ouvriers ; de tous les Européens, il ne choisit que les Français, entre lesquels il y a à son service des orfèvres et des horlogers[11] excellents et habiles. Il leur donne de gros appointements. Il y en a qui reçoivent 2 500 livres avec les provisions de bouche, qui font encore une grosse somme. Le roi fait tant de cas de leurs ouvrages qu'il veut qu'ils ne travaillent que pour lui. Il entretient aussi des Chinois, et grand nombre d'ouvriers de toutes les nations de l'Asie. » (Sanson, pp. 73-4).

La présence de ce corps technique européen, en ce qui concerne la production des appareils mécaniques, n'a jamais exercé une influence sur le milieu iranien ; et par exemple « en Perse il n'y a pas un homme du pays qui sache bien raccommoder une montre. » (Chardin, II, p. 71). Il ne faut pas penser qu'il aurait été impossible au roi d'instaurer une discipline selon laquelle les Iraniens auraient appris l'artisanat

---

9. Selon Pelliot, « on n'a pas encore fait intervenir un texte assez curieux, et qui vaut, lui, pour le milieu du 8e siècle ». Suivant ce texte et les remarques de Pelliot, on apprend que de artisans chinois – de orfèvres, de peintres et de tisserands de soie – travaillaient dans la capitale abbasside, où ils furent déportés après la défaite des Chinois en 751 (Pelliot, p. 110-12).

10. Šâh ʿAbbâs Ier, en raison de la faiblesse de son armée en matière d'arme à feu, essayait de faire venir les techniciens qui abandonnaient les Turcs et qui savaient fabriquer ces armes (Winter, 1986, p. 584).

11. Ces horlogers européens « n'ont point d'ateliers particuliers ; ils font partie du corps des armuriers ; mais comme ils sont un bon nombre, on en a mis une partie dans une place, qui est joignant le derrière du palais royal, nommée *tchar-hawz*, c'est à dire quatre bassins » (Chardin, III, p. 16). Les orfèvres aussi s'installèrent en Iran avec des appareils sophistiqués : « on y voit dans un appartement séparé les moulins d'un diamantaire européen, qu'Abâss second avait fait venir à l'instigation des joailliers Arméniens, pour tailler un diamant de plus de 200 écus » (*ibid.*, p. 32). Les horlogers et orfèvres hollandais ou anglais, sur la demande du roi auprès des rois de ces pays, se trouvaient aussi à cette époque en Iran (Ḥâ'eri, pp. 147-9).

européen, mais c'est bien plutôt le manque d'encouragement et de soutien du pouvoir envers les artisans, dans les domaines qui n'étaient pas de son intérêt immédiat, qui jouèrent un rôle important dans cette défaite. L'échec de la construction d'une imprimerie moderne, raconté par Chardin, montre à quel degré cet intérêt immédiat pour le pouvoir est déterminant : les Iraniens ont « cent fois désiré en ce royaume d'avoir des imprimeries ; cependant personne ne se met à en dresser une. Le frère du grand-maître, homme très savant et favori du roi, l'an 1676 me voulait engager à faire venir des ouvriers pour leur enseigner ce bel art. Il fit voir à sa majesté des livres arabes et persans imprimés, que je lui avait donnés. L'accord était fait, mais quand ce vint à compter l'argent tout fut rompu. » (Chardin, II, p. 71). L'enthousiasme ainsi que l'idée de formation des artisans iraniens par ceux de l'Occident sont présents, l'intérêt à long terme du pouvoir est absent.

La diffusion forcée des techniques palliait ce manque de système de formation. Le transfert des artisans de papeterie de Samarqand au Cachemire, ou celui des ouvriers de verrerie de Damas à Samarqand, donne la possibilité de copier les procédures techniques, sans se fatiguer à les apprendre. Désormais, en contact direct avec les artisans déportés, l'artisanat local peut en profiter pour apprendre le nouveau métier et assurer la continuité de la production. Ce n'est pourtant possible que si l'organe politique à qui appartient la fabrique souhaite ce contact. Si le contact est établi, la transmission du savoir technique est guidée par les mêmes règles que celles qui modèlent la relation maître-apprenti. Et si la transmission est faite, l'acquis d'une nouvelle technique est assurée: dans ce cas, le temps événementiel se greffe sur le temps cyclique de l'artisanat.

Ainsi, l'artisan local imprégné de nouvelle technique entre dans le circuit de diffusion, d'emprunt ou même de déportation, et devient donc l'objet des mêmes vicissitudes que son collègue déporté. Le sort de cet artisan rejoint celui de l'artisan indigène. La diffusion de son art obéira aux mêmes lois que ce dernier et peut donc être limitée à un espace géographique bien défini.

Mais l'introduction des techniques artisanales étrangères n'était pas capable de changer le système technique iranien. Ce changement ne pouvait être réalisé qu'en introduisant les machines et les techniques industrielles. Or l'État ignorait complètement les machines et les nouveaux acquis techniques européens. Dans une lettre adressée au roi d'Angleterre, Šâh Ṣafi (1628-1642), le roi safavide lui demande un émailleur, un diamantaire, un horloger, un bijoutier, un peintre, un armurier et un canonnier (Qâ'em Maqâmi, p. 34) pour qu'ils travaillent dans son atelier royal, mais ne s'intéresse nullement à l'envoi d'ingénieurs, de techniciens, de nouvelles machines et de techniques industrielles. Comme toujours, le souci primordial du roi se fixe sur les objets de luxe, et les machines, même lorsqu'elles sont l'œuvre des ingénieurs persans, ne l'intéressent pas. Ce trait particulier nous sera plus compréhensible lorsque nous en viendrons à examiner la mentalité technique iranienne.

LA MENTALITÉ TECHNIQUE IRANIENNE

Lorsque l'art de la fabrication du papier fut maîtrisé à Samarqand, grâce aux prisonniers chinois, la diffusion forcée atteignit ses objectifs. Mais ensuite, la diffusion de cet art allait se heurter à différents obstacles, celle de la fabrication de la pâte à papier se faisant plus facilement que la partie mécanique de la papeterie. En effet, il n'était pas facile pour un Iranien médiéval d'appréhender le mécanisme de transfert de mouvement. Comme nous l'avons remarqué, le fonctionnement d'un tel mécanisme est attribué à deux reprises aux forces inconnues et magiques, ou "talisman", et ceci par des hommes de lettres comme Gardizi, à propos du moulin à riz chinois, et par l'auteur de *Zinat al-Majâles*, au sujet d'un garde-temps mécanique, détruit par son auteur. En fait, parce que le système à cames n'était pas répandu en Iran médiéval et qu'il était limité à certaines régions, sa connaissance échappait à tous ceux qui ne l'avaient jamais vu fonctionner. De même, comprendre la mise en marche d'un jouet ou d'un appareil mécanique, n'était pas saisissable par tout le monde. Cette méconnaissance du système du mouvement mécanique fit en sorte que la science mécanique de l'époque fut connue comme des *ḥiyal*s c'est-à-dire des "ruses" (Kâteb X^{v}ârazmi, p. 235) : ce qui fait mouvoir un petit bonhomme ou un marteau-pilon venait d'une ruse ou d'un "talisman".

Dans un tel climat technique, saisir le mécanisme de fonctionnement d'une horloge mécanique, avec des roues dentées qui tournent dans tous les sens, n'était pas si facile. L'échec de tous ceux qui voulaient relever le défi et construire une horloge mécanique dépendait en partie de ce manque d'expérience dans le domaine des mouvements sur différents plans. Au contraire, le succès de Ḥâfeẓ-e Eṣfahâni dans la réalisation du même projet fut, toujours en partie, dû à la connaissance qu'il avait obtenue dans la construction des moulins de différentes sortes dont le fonctionnement a besoin d'une combinaison de transmission de mouvement d'un plan à l'autre. Cette expérience personnelle a ouvert à notre ingénieur le chemin de la connaissance de la première machine automatique.

L'analyse du récit de Ḥâfeẓ-e Eṣfahâni nous sert à mettre en relief d'autres aspects du système technique iranien. En fait, il aurait pu être le héraut ou l'éclaireur d'un nouveau monde technique iranien, qui malheureusement, pour les raisons évoquées jusqu'ici, fut condamné à disparaître. On trouve chez lui les premiers reflets d'un système technique qui ressemble à celui que l'Occident moderne a connu. Ḥâfeẓ-e Eṣfahâni est un pragmatiste. Il invite à maintes reprises ses interlocuteurs à investir dans ses projets, déjà conçus ou réalisés. Il leur demande d'abandonner les anciens processus de fabrication, en adoptant les siens, plus performants et plus modernes. Une fois la réalisation de son moulin à l'huile terminée, il se met à mesurer le rendement de son appareil hydraulique et le compare à celui des appareils "traditionnels" de l'époque. Le fait qu'il s'engage dans le calcul du taux de production de différentes huileries et les compare au rendement de son moulin à huile, nous révèle deux choses : premièrement, il devient clair qu'il se base sur les statistiques et les chiffres pour pouvoir juger la qualité des appareils concernés, et donc qu'il possède une méthode scientifique d'observation ; deuxièmement, il est évident qu'il croit à son invention et veut en faire connaître les mérites.

De ce fait, il ne se contente pas de la mesure du rendement, il cherche d'autres points d'appui. Ainsi, il évoque le problème de l'hygiène et constate que, contrairement à son moulin hydraulique, les agents d'une huilerie salissent l'huile (Ḥâfeẓ-e Eṣfahâni, pp. 90-91). Ailleurs, il met en évidence le danger qui menace la personne qui s'occupe des manœuvres nécessaires au chargement et au déchargement des poids dans une huilerie utilisant la méthode de *tang-o tir*. Et il maintient le revenu de sa fabrique comme un avantage et chiffre le revenu de ses fabriques, érigées à Ḥeṣâr-e Šâdmân et ailleurs, pour montrer que son moulin est rentable (*ibid.*, p. 96).

Plus important encore, quand il évoque la notion de continuité de production dans sa fabrique, il dépasse les critères du monde artisanal de la Perse médiévale et entre dans la phase des sociétés industrielles. Car pour lui l'eau, contrairement aux autres formes d'énergie employée dans les fabriques, peut être exploitée jour et nuit : « l'eau ne se fatigue pas comme un agent, et ne risque guère la mort » ; ce qui explicitement indique l'avantage économique de la machine hydraulique (*ibid.*). Cette notion de continuité de la production, absente dans une société pré-industrielle, là où la notion du temps de travail n'existe pas, est un acquis de la société moderne. C'est exactement la même philosophie de production que l'on trouve chez un ingénieur français du 18e siècle, lorsqu'il constate l'avantage de son moulin à huile, mû par l'eau[12].

Mais Ḥâfeẓ-e Eṣfahâni est un perfectionniste et a une idée encore plus précise de la continuité de la production : l'huile se vend moins en été – sans doute parce qu'elle est rance – et l'huilerie travaille donc moins. Il en profite pour utiliser la même source d'eau et la même roue hydraulique pour faire tourner, parallèlement à son moulin à l'huile, un moulin à farine. Ainsi, sa fabrique, munie de deux différents types d'activités, ne connaît pas de répit, et la continuité de la production, dans tous ses aspects et pendant toutes les saisons, est assurée (*ibid.*, pp. 96-7). De plus le moulin à farine peut être utilisé pour décortiquer les grains de coton, et devient ainsi encore plus rentable (*ibid.*, p. 96).

Il n'y a donc aucun détail que Ḥâfeẓ-e Eṣfahâni ne néglige, et il est conscient de chaque possibilité de son ensemble technique ou de sa machine mécanique, quel que soit son ordre de grandeur. Lorsque, par exemple, se pose la question du choix du matériau pour la fabrication du vase conique de son huilerie mécanique, il conseille un vase en bois plutôt qu'un en pierre, et pour nous convaincre il énumère les

---

12. « Il va toute la semaine sans interruption : les eaux qui le mettent en mouvement sont abondantes. Le travail y est pressé, avec une activité égale, pendant le jour et la nuit » (Casanove, p. 23). Pour l'Abbé Rozier aussi, le moulin à huile hydraulique est « bien plus économique que tous les autres, heureux celui qui aura de l'eau à sa disposition » (Rozier, p. 10), car « de cette manière, on économiserait la nourriture et l'entretien du cheval, toujours chers dans les pays à olives, à cause du manque de fourrage » (*ibid.*, p. 9).

avantages du vase en bois sur l'autre[13]. Parallèlement aux observations scientifiques de Ḥâfeẓ-e Eṣfahâni, les raisons économiques de son choix se déploient, et ainsi nous trouvons en lui un homme qui est à la mesure de l'époque moderne, un homme qui est doué d'une mentalité technico-économique.

Enfin, Ḥâfeẓ-e Eṣfahâni ne se limite pas à la réalisation de ses inventions. Il veut communiquer ses acquis techniques, et de ce fait, il nous laisse la description écrite de ses machines, accompagnée de dessins. C'est cette volonté de communication qui nous permet de connaître son œuvre et le paysage technique de l'Iran médiéval. Quant à ses inventions, elles furent toutes oubliées. La non-intégration de l'œuvre de Ḥâfeẓ-e Eṣfahâni dans le milieu technique iranien s'accompagne du refus de sa mentalité par le même milieu. Désormais, le manque de curiosité l'emporte sur le désir de nouveauté. Lorsque R. du Mans présente au roi safavide un télescope, fabriqué par ses soins, le roi lui demande d'expliquer à son astrologue le mode d'emploi de cet appareil. Mais l'instant d'après, tout le monde sort dans la cour et oublie le télescope.

Le télescope ou l'horloge mécanique sont parmi les premières découvertes occidentales qui aient été connues des Iraniens. L'une fut conçue et ensuite abandonnée, l'autre n'attira aucune attention. C'est que les fonctions de ces deux instruments, de façon incomplète et imprécise, se réalisaient dans l'astrolabe, instrument indispensable de l'astrologue qui contrôlait le ciel pour que le roi prenne ses décisions sur la terre. Traverser la cloison étanche qui séparait le monde astrologique de celui de l'astronomie, n'était pas encore possible.

Mais le refus des nouveautés techniques, comme nous l'avons vu, se faisait dans tous les domaines de l'activité industrielle ou artisanale. Une structure technique gouvernait ce qui existait déjà et rendait caduque l'intégration de toutes ces nouvelles techniques qui pouvaient mettre en danger son intégrité technologique. Cet état technique alimentait la mentalité technique dominante et à son tour était nourri par cette même mentalité. Ainsi, séparer le système technique de sa mentalité ou, en d'autres termes, de sa superstructure, n'est guère possible.

* *
*

En conclusion, la mentalité technique iranienne durant le Moyen Age reste artisanale. Un maître, disposant de peu d'outils et ayant un ou deux apprentis sous ses ordres, respecte une division de travail peu développée. L'introduction des machines hydrauliques dans la métallurgie (soufflet mécanique et marteau-pilon), dans le textile, pour le foulage, dans l'industrie du cuir, pour le tannage, dans l'huilerie pour le triturage, etc... aurait pu amener un taux plus élevé de production et créer ainsi une division du travail plus élaborée. Cela ne fut pas le cas, et dans les rares

13. Premierement, le résidu des graines colle mieux sur une paroi en bois et l'huile en sera extraite plus facilement ; deuxièmement, comme le bois se chauffe plus rapidement, l'extraction est plus rapide et la qualité de l'huile sera supérieure ; troisièmement, la pierre est plus chère et plus difficile à obtenir (*ibid.*, pp. 121-2).

occasions où le moulin hydraulique s'adapta à ce genre de fabriques, comme dans la papeterie, il pouvait bel et bien être remplacé par un système non-hydraulique. Ce dernier, connu dans le circuit maître-apprenti, sans aucun souci d'une meilleure qualité et d'une augmentation du taux de production, était mieux adaptable.

Et d'ailleurs qui aurait voulu investir dans ces industries ? Ḥâfeẓ-e Eṣfahâni, comme nous l'avons signalé, invitait les investisseurs à investir dans ses fabriques, dont le fonctionnement était dû à l'énergie hydraulique. Personne ne s'y intéressa[14], de peur d'une confiscation par l'État. Sa seule chance aurait pu être l'État lui-même, qui à ce moment-là avait d'autres préoccupations. En outre, l'État ne s'intéressait pas au machinisme et préférait les objets de luxe, œuvre de l'artisanat étranger ou iranien. Ni l'introduction de techniques nouvelles, de provenance interne ou externe, ni le contact avec d'autres types de culture technique, ne réussirent à remodeler l'état technique iranien, car l'État ne parvint pas à assurer la continuité du temps informatif dans le cadre du premier machinisme.

---

14. C'est seulement au 19e siècle que quelques hommes de commerce osèrent investir dans les industries importées d'Europe. Mais « presque toutes les entreprises industrielles que l'on a essayé d'introduire en Perse (filatures et tissage de coton, verreries, briqueteries, savonneries, huileries et la sucrerie), ont échoué soit que les organisateurs se soient découragés trop tôt ou aient manqué des concours nécessaires, soit que les conditions économiques du pays ne fussent pas encore prêtes pour une expansion industrielle » (Rabino et Lafont, 1914, p. 238).

ANNEXE

FRAGMENTS D'UN MANUSCRIT TECHNIQUE

À la Bibliothèque Nationale de Paris est conservé sous la référence "Persan 727" un manuscrit sans titre ni nom d'auteur. Copié au 16e siècle, il doit un titre tardif, "Fragments d'une Encyclopédie", à Blochet qui en fit le catalogue. Le texte détaille quelques techniques artisanales dont il nous a semblé qu'elles avaient leur place dans ce travail. Nous en avons donc traduit certains passages, et seulement certains, car d'autres sont tellement élémentaires qu'ils tombent sous le sens. Ceux que nous avons relevés seront utiles tantôt pour l'enrichissement du vocabulaire technique, tantôt pour nous apporter de nouvelles données sur quelques points.

À notre avis, la date de copie de ce manuscrit est assez proche de celle de la composition, car on y trouve la technique de fabrication des boulets, inconnue en Iran avant le 16e siècle. On y mentionne aussi la fabrication des bottes pour un *qezelbâš* safavide. Il ne faut toutefois pas négliger qu'il est tout aussi probable qu'on ait tenté d'enrichir un manuscrit plus ancien avec la description de nouvelles techniques, car le style de ce traité ne correspond pas à celui de l'époque safavide. Quoi qu'il en soit, l'auteur ou le scribe est chrétien et un autre scribe, musulman celui-là, eut cette copie à sa disposition.

Nous donnons ici la traduction des passages que nous avons sélectionnés.

GÂVČÂH : « On construit deux murs de 3 mètres de hauteur sur deux côtés d'un puits. On fixe sur chaque mur une planche transversalement creusée par le milieu. On construit une roue creuse en bois à travers laquelle passe un arbre. De chaque côté de cet arbre on fixe une barre en fer et on place ces barres dans les cavités des planches. En face du puits, on aménage un chemin en pente dont la longueur est égale à la profondeur du puits. On attache une corde assez résistante en cuir ou en coton à la poignée d'un seau d'une contenance de 90 kg d'eau. Cette corde passée sur la roue a son extrémité libre attachée à un bœuf qui descend la pente jusqu'à ce que le seau atteigne la bouche du puits. Une personne verse l'eau du seau là où elle veut, vide le seau et le remet dans le puits. Celui qui conduit le bœuf actionne plusieurs fois la corde pour remplir le seau et recommence ».

HUILE D'OLIVE : « ... On laisse les olives sur l'arbre tant qu'elles ne sont pas encore noires. Ensuite on les cueille et les met dans un fourneau. On ferme le fourneau pour que les olives soient brûlées. Ensuite on les retire. Sur un récipient une planche de bois est mise. On met les olives sur cette planche et sur celle-ci on fixe une deuxième planche. Les deux planches sont liées par une corde assez fortement pour que l'huile coule dans le récipient[1] ».

HUILE À BRÛLER : « ... On cueille l'épi de ricin (*bidanjir*) et on l'expose au soleil. En quelques jours, les graines sortent de leur cosse. On les met dans un moulin à eau comme pour la farine afin d'en extraire l'huile[2] ».

PAPIER : « Avant il n'y avait point de papier. Les anciens continuaient à écrire sur de la peau, lorsque l'intelligence humaine fabriqua le papier de cette façon : on réunit des vêtements usés que l'on met dans un moulin à eau (*âsiyâb*), afin de les broyer. Une fois broyés, on les apporte à la rivière pour les laver. Puis on les verse avec de l'eau d'asphodèle dans un bassin, et on attend quelques jours pour que les chiffons et l'eau d'asphodèle se transforment en pâte. À l'aide de moules de l'épaisseur d'une feuille, on prend de cette pâte et on colle les feuilles contre un mur lisse pour les sécher. Si c'est pour un étranger on ne polit pas ce papier, sinon on le donne au polisseur pour le polissage et le gommage à l'amidon. L'amidon qui est bien blanc est fait à partir du blé. Le polisseur le fait bouillir pour le rendre encore plus concentré, et en oint le papier qu'il expose au soleil pour qu'il sèche. À la fin, il le polit sur une planche de bois et le racle avec un morceau de verre (*mohre*) pour que le papier devienne lisse et propre ».

ENCRE : « Sache que d'abord on brûle le pétrole[3] sous un couvercle pour que toute la suie de pétrole soit captée. On pile la suie dans un mortier pour la rendre bien moulue. Ensuite on y ajoute du suc [4], du vinaigre, de l'amidon, de la gomme arabique, de l'eau de rose et de la noix de galle. On pile le mélange pendant encore 40 jours. À ce moment l'encre est prête ».

---

1. Selon ce traité, la même technique était employée pour l'extraction de l'huile de noix.
2. Cette procédure est incomplète et on n'obtient certainement pas de l'huile. Il faut aussi des pressoirs. *Cf.* chapitre VIII.
3. Nous sommes ici devant un autre usage du pétrole en Iran médiéval. C'est seulement à ce titre que nous traduisons ce passage.
4. *šire*, mais quel genre ?

MENUISERIE : « Une maison sans porte ni fenêtre ne sert à rien. Quand la maison est construite, on appelle le maître menuisier (*drudgar*) pour mesurer les portes et les fenêtres. Si on les veut de bonne qualité, il faut utiliser le platane, sinon le noyer ou le genévrier. Il faut que le bois soit bien sec sinon il devient tordu. Ensuite, avec une scie longue (*arre-ye do sar*), on fait des planches. Si on veut construire des fenêtres on dessine d'abord les pièces (composantes de la fenêtre) et on les coupe avec une petite scie. On utilise le ciseau (*eskane*) pour forer ces pièces et on les polit avec un rabot (*rande*). On les assemble et on les fixe dans un cadre. Ainsi, on peut construire des fenêtres rondes, carrées, longues ou triangulaires. ... Si on veut forer le bois il faut utiliser le perçoir (*matte* ou *meṣqab*) en y fixant l'archet de menuiserie[5],(*kamân-e drudgari*)... »

FORGERON : « Sache que la mine de fer est comme une montagne. Lorsqu'on veut en obtenir du fer, on amène les tailleurs de pierres pour creuser la mine. Ensuite, on installe un grand fourneau. On y met le minerai et le feu brûle jusqu'à ce que le fer coule. La boue et la terre vont d'un côté, le fer coule d'un autre dans un bassin ou il se refroidit sous forme de disque (*qorṣ*). Ce fer appartient au roi. Si on veut faire des lingots (*šemš*) on construit un fourneau plus petit que le premier, et on y introduit un disque à la fois. On y ajoute du charbon de bois et on y souffle pour que le disque soit incandescent. Le maître ressort le disque avec des pinces (*anbor*) et le met sur une enclume (*sendân*). Trois ou quatre personnes commencent à marteler le disque pour en faire un lingot. Celui-ci, on le submerge pour le refroidir. Ensuite on apporte les lingots dans les villes et on les vend aux forgerons.

Le forgeron fait un fourneau avec de l'argile mêlée de poils d'animaux qui la consolident. Le fourneau a deux entrées. Par l'une l'apprenti met le charbon et à l'autre, le maître travaille. On y fixe un soufflet en cuir (*dam*), en forme d'accordéon (*tanure-tanure*). Un tuyau, d'une longueur d'un demi mètre, relie le soufflet au fourneau. Le soufflet est muni de deux planchettes. L'apprenti le manœuvre... ».

5. Ainsi on obtient le perçoir à archet.

Planche I – *Arrâbe*, décrit par Moser, (*L'irrigation de l'Asie Centrale*, 1894), ressemblant à celui peint par Behzâd.

Planche II – *Zamburak*, *Voyage en Perse*, 1811-1813, Gaspard Drouville.

Planche III – Construction d'une mosquée. Noter l'absence de brouette, 15e siècle. (Kühnel).

Planche IV – *Gâvčâh* dans une scène de la vie rurale au 17e siècle. (Kämpfer).

Planche V – Les deux étages d'un moulin de type *nâvi*.
Dessin fait par Gmelin au 18e siècle.

Planche VI – Moulin à vent au Sistân. (Sidney Hay, “By order of the Shah”).

Planche VII – Roi Jamšid enseignant les arts et les métiers à son peuple. *Manuscrit Bâysonqori du Šâhnâme de Ferdowsi*, 833/1430.

BIBLIOGRAPHIE

ABBRÉVIATIONS

ANNALES = Annales d'Histoire Économique et Sociale.

AG = Annales de Géographie.

BSOAS = Bulletin of the School of Oriental and African Studies.

CMP = 2ème Congrès Mondial du Pétrole, Paris, 1937.

DAFI = Cahiers de la Délégation Archéologique Française en Iran.

DBI = *Dâ'erat al-ma'âref-e bozorg-e eslâmi* (Grande encyclopédie de l'Islam), éd. K. Musavi Bojnurdi, Téhéran, 1988.

EI = *Encyclopédie de l'Islam*, R. J. Brill, Leiden, Maisonneuve et Larose, Paris, 1960.

EHR = The Economy History Review.

EIR = *Encyclopaedia Iranica*, éd. E. Yârshâter, London, New York, 1987.

HOURANI = *Papers on Islamic History : I, The Islamic City*, éd. A. H. Hourani, S. M. Stern, First Colloquium on Islamic History (1965), Southern Illinois University Press.

JRAS = Journal of the Royal Asiatic Society.

MMAB = Metropolitan Museum of Art Bulletin of New York.

POPE = Pope, A. U., et Ackerman, P., éds, *A Survey of Persian Art*, 6 vols, Londres, 1938.

RMM = Revue du Monde Musulman.

SINGER = Singer, C., *A History of Technology*, 4 vols, Oxford, 1954-58.

TC = Technique et Civilisations.

TPM = The Practical Mechanic.

ZDMG = Zeitschrift der Deutschen Morgenländischen Gesellschaft.

SOURCES EN PERSAN

'Abd-Allâh ŠUŠTARI, Seyyed, *Tazkere-ye Šuštar* (Histoire de Šuštar, 12e/18e s.), 1924, Calcutta.

'Abd al-Laṭif ŠUŠTARI, *Tohfat al-âlam* (Les dons du monde, 12e/18e s.), Supplément Persan 1379 de la Bibliothèque Nationale de Paris.

ABU NAṢR-e HERAVI, A., *Resâle-ye taqsim-e âb-e qolb* (Manuel de la distribution de l'eau par rigole, rédigé en 921/1515), éd. R. Mâyel Heravi, 1968, Téhéran.

ABU SA'ID ABI al-XEYR, *Asrâr al-towḥid*, rédigé par Abi Sa'id Mihani, (Les secrets du Dieu unique, 5e/11e s.), éd. Šafi'i Kadkani, 1987, Téhéran.

AFŻAL KERMÂNI, Abu Ḥâmed, *'Eqd al-'ulâ li-l-moqif al-a'lâ* (Le collier céleste du meilleur endroit, 7e/13e s.), éd. M. E. Bâstâni Pârizi, 1977, Téhéran.

ASADI ṬUSI, *Loqat-e Fors* (dictionnaire persan, 5e/11e s.), éd. P. Horn, 1897, Berlin.

BAL'AMI, Abu 'Ali, M., *Târix-e Bal'ami* (Histoire de Bal'ami, rédigé en 352/963), éd. M. Bahâr, 2 vols, 1974, Téhéran.

Borhân-e Qâṭe', (dictionnaire de la langue persane, rédigé en 1062/1651 par Xalef Tabrizi, M. Hosseyn), annoté par M. Mo'in, 5 vols, 1983, Téhéran.

DONBOLI, 'Abd al-Razzâq, 1825, *Ma'ather-e Soltâni* (Les faits mémorables des rois, 13e/19e s.), Calcutta.

Deraxt-e Asurik, (L'arbre Asourik, époque parthe), éd. M. Navâbbi, 1967, Téhéran.

ESFEZARI, Moḥammad, *Rowzat al-djannât fi awsâf-e madinat Herât* (Les jardins du paradis, description de Herât, 9e/15e s.), 1960, Téhéran.

FASÂ'I, Mirza Ḥasan, *Fârsnâme-ye nâṣeri* (Le livre du Fârs pour Nâṣer al-Din Šâh, 1304/1886), 1895, lithographie, Téhéran.

FERDOWSI, Abolqâsem, *Šâhnâme* (Le livre des rois, 4e/10e s.), éd. J. Mohl, 8 vols, 1983, Téhéran.

GARDIZI, ebn Moḥammed, *Zayn al-axbâr*, (histoire rédigée en 442 ou 443/1094), éd. 'A. Ḥabibi, 1967, Téhéran.

ḤÂFEẒABRU, Šahâb al-Din, *Joqrâfiyâ-ye Ḥâfeẓabru* (La géographie de Ḥâfeẓabru, 9e/15e s.), éd. R. Mâyel Heravi, 1971, Téhéran.

ḤÂFEẒ-e EṢFAHÂNI, M., *Natijat al-dowle, se exterâ'* (Natijat al-dowle, trois inventions, 10e/fin du 15e s.), éd. T. Bineš, 1971, Téhéran.

Haft Kešvar, (Les sept pays, rédigé en 748/1347), anonyme, éd. M. Sotude, 1974, Téhéran.

Ḥodud al-'âlam, (Les régions du monde, rédigé en 372/982), anonyme, éd. et tr. en anglais V. Minorsky, 1937, Oxford.

IBN BALXI, *Fârsnâme* (Le livre du Fârs, 5e/11e s.), éd. R.A. Nicholson et G. Le Strange, Gibb Memorial Series, New Series n° 1, Cambridge University Press, 1921, Londres.

IBN ESFANDIYÂR, M., *Târix-e Ṭabarestân* (Histoire du Mâzandarân, 7e/13e s.), éd. 'A. Eqbâl, 1941, Téhéran.

JA'FARI, M. Ḥasan, *Târix-e Yazd* (Histoire de Yazd, 9e/15e s.), éd. I. Afšâr, 1960, Téhéran.

Jahân Nâme, Manuscrit Persan 384 de la Bibliothèque Nationale de Paris. (Rédigé en 665/1266.)

JAYḤÂNI, Abolqâsem, *Aškâl-e 'âlam* (La configuration du monde), tr. en persan par Kâteb 'Ali au 14e s., éd. F. Manṣuri, 1990, Téhéran.

KÂTEB, Aḥmad ebn-e 'Ali, *Târix-e Jadid-e Yazd* (Nouvelle histoire de Yazd, 9e/15e s.), éd. I. Afchâr, 1966, Téhéran.

MAFRUXI AL-'ALAVI, 1901, *Maḥâsen-e Eṣfahân*; Account of a rare manuscript history of Isfahan (8e/14e s.), tr. E. G. Browne, *JRAS*, pp. 441-446 et 661-704.

al-MAJDI, Moḥammad al-Ḥoseyni, *Zinat al-Majâles* (L'ornement des assemblées, rédigé avant 1195/1780), 1845, lithographie, Téhéran.

Manuscrit 727 supplément persan de la Bibliothèque Nationale de Paris (10e/16e).

Matikan-e Hazar Datastan, (The digest of a thousand points of law, époque sassanide), tr. Sohrab Jamshejee Bulsara, 2 vols, 1937, Bombay.

MOHANDES, Moḥammad Ḥoseyn, "Nâme-i az Saraxs" (Une lettre de Saraxs, 13e/19e s.), *in* Safarnâme-ye Rokn al-Dowleh (récit de voyage), éd. M. Golbon, pp. 19-43, 1976, Téhéran.

MONŠI, Eskandar Beg Torkemân, *Târix-e 'âlam Ârâ-ye 'Abbâsi* (Histoire d'Abbâs Ier, 11e/17e s.), éd. I. Afšâr, 2 vols, 1972, Téhéran.

MOSTOWFI, Ḥamd-Allâh, *Nozhat al-Qolub* (La pureté des cœurs, géographie rédigée en 740/1340), éd. M. Dabir Siyâqi, 1957, Téhéran.

NARŠAXI, Moḥammed, *Târix-e Boxârâ* (Histoire de Boxârâ, écrit au 4e/10e s. en arabe, tr. en persan par Abu Naṣr-e Qobâdi en 522/1128), éd. M. T. Modares Rażavi, 1972, Téhéran.

NÂṢER XOSROW QOBÂDIYÂNI, *Safarnâme* (Récit de voyage, rédigé en 444/1052), publié, tr. en français et ann. par Ch. Schefer, 1881, Paris.

NAṢIR al-DIN ṬUSI, *Tansuxnâme-ye ilxânı* (Le livre du don de l'Ilxân, rédigé en 654-657/1256-1258), éd. M. T. Modares Razavi, 1971, Téhéran.

Q̄IYÂṮ al-DIN, 'Ali, *Ruznâme-ye q̄azavât-e Hendustân* (Journal des guerres saintes aux Indes), 1915, Petrograd.

QOMI, Ḥasan ebn-e Moḥammad, *Târix-e Qom* (Histoire de Qom, écrit en 378/988-9 en arabe, tr. en 805/1402 en persan par Abd al-Malek Qomi), éd. J. Tehrâni, 1934, Téhéran.

RAŠID al-DIN FAŻL-ALLÂH HAMADÂNI
- *Târix-e Mobârak-e Q̄âzâni* (L'histoire bénie de Q̄âzân, rédigé en 704/1304), éd. E. Blochet, 1940, Londres.
- *Âṣâr va eḥyâ* (Les vestiges et la rénovation, 7e-8e/14e s.), éd. I. Afšâr, 1989, Téhéran.

REŻÂ EṢFAHÂNI, Moḥammad, *Neṣf-e Jahân fi t'ârif-e Eṣfahân* (La moitié du monde, description d'Ispahan, rédigé en 1308/1890), éd. M. Sotude, 1988, Téhéran.

ŠAMS-e FAXRI, *M'ayâr-e Djamâli* (dictionnaire persan, 7e/13e s.), 1885, Berlin.

Šenâxt-i az kešâvarzi-e sonnati-e Irân, (L'agriculture traditionnelle persane, anonyme et sans titre, rédigé au 10e/16e s.), éd. A-R. Yâvari, 1980, Téhéran.

Tang-e Lowšâ, manuel d'astrologie, éd. R. Homâyun-Farrox, 1979, Téhéran.

Târix-e Qom, voir Qomi.

Târix-e Sistân, (Histoire du Sistân, rédigé en 445/1035, complété en 725/1324), anonyme, éd. M. Bahâr, 1935, Téhéran.

Tazkarat al-moluk, (La chronique des rois, rédigé entre 1137/1724 et 1142/1729), anonyme, tr. en anglais et ann. par V. Minorsky, 1943, Londres.

VAṢṢÂF, Šaraf al-Din, *Târix-e Vassâf* (Histoire de Vassâf, 8e/14e s.), éd. ʿA. Âyati, 1968, Téhéran.

VOŠMGIR, Eskandar b. Qâbus, *Qâbusnâme* (Le livre de Qâbus, rédigé en 475/1082), éd. R. Levy, 1951, Londres.

XONJI EṢFAHÂNI, Ruzbehân, *Mehmânnâme-ye Boxârâ* (Le livre de l'hôte (description) de Boxârâ, rédigé en 915/1509), 1963, Téhéran.

Zinat al-Majâles, voir al-Majdi

ŻARRÂBI, ʿAbd al-Raḥim Kalântar, *Târix-e Kâšân* (Histoire de Kâšân, rédigé en 1289/1872), éd. I. Afchâr, 1963, Téhéran.

BIBLIOGRAPHIE GÉNÉRALE

ABU DULAF, al-Moḥalil, *Safarnâme* (Récit de voyage), tr. persane, 1975, Téhéran.

ABU YUSOF, *Le livre de l'impôt foncier*, tr. E. Fagnan, Geuthner, 1921, Paris.

ÂDAMIYAT, F., 1982, *Amir Kabir va Iran* (Amir Kabir et l'Iran), Xvârazmi, Téhéran.

AFŠÂR, I., 1969, *Yâdegârhâ-ye Yazd* (Souvenirs de Yazd), 2 vols, Anjoman-e âṯâr-e melli n° 68, Téhéran.

ALLAN, J. W., 1979, *Persian Metal Technology, 700-1300 AD*, Ithaca Press, Oxford.

ALLEMAGNE, H.-R., d', 1911, *Du Khorâsân au pays des Bakhtiâris, trois mois de voyage en Perse*, 4 vols, Hachette, Paris.

AMÂNAT, ʿA. (éd), 1983, *Cities and Trade : Consul Abbott on the Economy and Society of Iran, 1847-1866*, Oxford Oriental Monographs n° 5, Ithaca Press, Oxford.

AMIET, P., 1973, "Lampes élamides", *in* J. C. Margueron éd., *Le feu dans le Proche Orient antique. Actes du Colloque de Strasbourg*. 1973, Leiden, pp. 1-4.

AMURETTI, M. C. et COMET, G., 1992, *Le livre de l'olivier*, Edisud, Aix-en-Provence.

ARNOLD, W. T., "Book Painting", *in* POPE, III, pp. 1809-1819.

AVITSUR, A.,
- 1960, *Exploitation of Water Power in Israel*, Avshalom Institute for Homeland, Tel-Aviv.
- 1969, "Watermills in Eretz Israel, and their Contribution to Water Power Technology", *in Transactions of the Second Symposium on Molinology*, Brede, Danemark, 1969, pp. 389-407.

BAHRÂMI, T., 1951, *Joqrâfiyâ-ye kešâvarzi dar Iran* (Géographie de l'agriculture en Iran), Téhéran.

BARTHOLD, W., 1928, *Turkestan down to the Mongol Invasion*, J. W. Gibb Memorial Series, new series, n° 5, Oxford University Press, Londres.

BÂSTÂNI PÂRIZI, M. E.,
- 1979, *Siyâsat va eqteṣâd-e ʿaṣr Ṣafavi* (La politique et l'économie safavides), Entešârât-e Ṣafi ʿAlišâh, Téhéran.
- 1985, *Âsiyâ-ye haft sang* (Le moulin à 7 meules), Donyâ-ye ketâb, Téhéran.

BAUTIER, A.-M., 1960, "Les plus anciennes mentions de moulins hydrauliques industriels et de moulins à vent", *Bulletin philologique et historique des travaux historiques et scientifiques*, pp. 567-626.

BAYÂT, ʿOruj Beg, *Don Juan-e irâni*, tr. en persan par M. Rajabniyâ, Bongâh-e tarjome va našr-e ketâb, 1959, Téhéran.

BAZIN, M.,
- 1974, *La vie rurale dans la région de Qom* (Iran central), Association langues et civilisations, Paris.
- 1980a, *Le Tâlech : une région ethnique au nord de l'Iran*, 2 vols, Bibliothèque iranienne n°23, Éditions ADPF, Paris.
- 1980b, "Les paysages de parc dans le Tâlech (nord-ouest de l'Iran)", *in* P. Flatrès et X. de Planhol, *Paysages arborés et complantés*, Université de Paris-Sorbonne, département de géographie, Paris, pp. 13-23.

BAZIN, M. et BROMBERGER, Ch., 1982, *Gilân et Azerbayjân Oriental, cartes et documents ethnographiques*, Bibliothèque iranienne n°24, Éditions Recherche sur les Civilisations, Paris.

BEHNIYÂ, ʿA., 1988, *Qanâtdâri va qanâtsâzi* (entretien et construction des *qanâts*), Markaz-e našr-e dânešgâhi, Téhéran.

BEMONT, F., 1969 et 1977, *Les villes de l'Iran*, tome I et tome III, Rosny-sous-Bois.

BENJAMIN, S., 1887, *Persia and the Persians*, J. Murray, Londres.

BERTHIER, P., 1966, *Les anciennes sucreries du Maroc et leurs réseaux hydrauliques*, 2 vols, Imprimerie française et marocaine, Rabat.

BERTHOUD, F., 1976, *Histoire de la mesure du temps par les horloges*, d'après l'édition de 1802, Berger-Levrault, Paris.

BEVERIDGE, H., 1910, "The Paper-Mills of Samarkand", *Asiatic Quarterly Review*, pp. 160-164.

BIRAŠK, A., 1988, *Gâhnâme-ye taṭbiqi* (A 3000 year comparative chronological tables of Iranian, Muslim lunar and Christian calendars), Šerkat-e entešârât-e ʿelmi va farhangi, Téhéran.

BIRUNI, Abu Rayhân, *Al-Jamâhir fi ma'rifat at jawahir* (Compilation pour la connaissance des pierres précieuses), texte arabe, 1936-37, Heydarabad.

BLOCH, M., 1954, "Avènement et conquêtes du moulin à eau", *ANNALES*, 7, pp. 538-563.

BLOCHET, E., 1929, *Musulman Painting*, tr. anglaise, Methuen, Londres.

BOLUKBÂŠI, A., "*âsiyâ*" (moulin), *in* DBI, pp. 371-79.

BOSCH, G., CARSWELL, J., PETHERBRIDGE, G., 1981, *Islamic Bindings and Bookmaking*, University of Chicago Press.

BOUCHARLAT, R. et LABROUSSE, A., 1979 "Une sucrerie d'époque islamique sur la rive droite du Chaour à Suse", *in* DAFI , 10, pp. 155-237.

BOUCHARLAT, R. et LOMBARD, P., 1985, "The Oasis of Al Ain in the Iron Age. Excavations at Rumeilah 1981-1983. Survey at Hili 14", *Archaeology in the United Arab Emirates*, IV (Department of Antiquities and Tourism Al Ain), pp. 44-73.

BROWNE, E. G., 1906, *A Literary History of Persia*, vol I, T.F. Unwin, Cambridge.

BRUNSCHWIG, R., "'Abd" (esclave), *in* EI, pp. 25-41.

BRUYN, C. de, 1725, *Voyage par la Moscovie en Perse et aux Indes*, édition revue par l'abbé A. Banier, B.C. Bauche le Fils, Paris.

BULLIET, R. W.,
- 1969, "Le chameau et la roue", *ANNALES*, 24, pp. 1092-1103.
- 1972, *The Patricians of Nishapur*, Harvard University Press, Cambridge, Massachusets.
- 1975, *The Camel and the Wheel*, Harvard University Press, Cambridge, Massachusets.

BUTLER, M. A., 1933, "Irrigation in Persia by *Kanats*", *Civil Engineering*, vol 3, n° 2, fév., pp. 69-73.

CAHEN, C.,
- 1949-50, "Le service de l'irrigation en Iraq au début du 11e siècle", texte arabe et traduction en français, *in* Bulletin d'études Orientales de l'Institut Français de Damas, tome XIII, pp. 117-143.
- 1960, "Arrada", *in* EI, p. 679.
- 1970a, *L'Islam, des origines au début de l'empire ottoman*, Histoire universelle n° 14, Bordas, Paris.
- 1970b, "Y a-t-il des corporations professionnelles dans le monde musulman classique?", *in* HOURANI, pp. 51-63.

CALMARD, J., 1989, "Les réformes militaires sous les Qajar (1794-1925)", *in* Y. Richard éd.,*Entre l'Iran et l'Occident*, Maison des sciences de l'homme, Paris, pp. 17-42.

CANARD, M., 1959, "Le riz dans le Proche-Orient", *Arabica*, 6, pp. 113-131.

CARRA DE VAUX, Baron, 1902, *Le livre des appareils pneumatiques et des machines hydrauliques par Philon de Byzance*, Paris.

CARTER, T. F., 1955, *The Invention of Printing in China, and its Spread Westward*, revised by L. Carrington Goodrich, Ronald Press, New York.

CASANOVA, A., 1978, *Techniques, société rurale et idéologie en France à la fin du 18ème siècle*, (Annales littéraires de l'université de Besançon, n° 203).

CENTLIVRES-DEMONT, M., 1971, *Une communauté de potiers en Iran, le centre de Maybod (Yazd)*, Reichert et Harrassowitz, Wiesbaden.

CHARDIN, J., *Voyages de M. Le chevalier Chardin en Perse et autres lieux de l'Orient*, 3 vols, 1711, J. L. de Lorme, Amsterdam.

CHÉLU, A., 1891, *De l'équateur à la Méditerranée : Le Nil, le Soudan, l'Egypte*, Chaix, Paris.

CLAPPERTON, R. H., 1934, *Paper : an Historical Account of its Making by Hand from the Earliest Times down to the Present Day*, The Shakespeare Head Press, Oxford.

CLAVIJO, *Safarnâmeh* (Embassy to Tamerlane, 1403-1406), tr. en persan par M. Radjab-Zâdeh, Bongâh-e tardjomeh va nachr-e ketâb, 1965, Téhéran.

COLIN, G. S., 1932, "La noria marocaine et les machines hydrauliques dans le monde arabe", *Hespéris*, 14, pp. 22-61 (3 photos).

COOMARASWAMY, A. K., 1931, "The Persian Wheel", *Journal of the American Society of Orientalists*, 51, p. 283.

CRESSWELL, R., 1965, "Un pressoir à olive au Liban : Essai de technologie comparée", *L'Homme*, V, n°1, pp. 33-63.

DAUMAS, M. (éd.), 1962-1965, *Histoire générale des techniques*, vols I et II, PUF, Paris.

DEHXODÂ, 'A., 1960, *Loqat nâme-ye Dehxodâ* (dictionnaire de Dehxodâ), Téhéran.

DIEULAFOY, J.,
- 1989, *Une amazone en Orient, du Caucase à Persépolis (1881-82)*, Phébus, Paris.
- 1990a, *L'Orient sous le voile, de Chiraz à Bagdad (1881-82)*, Phébus, Paris.
- 1990b, *En mission chez les Immortels, Journal des fouilles de Suse (1884-86)*, Phébus, Paris.

DIGARD, J.-P., 1981, *Techniques des nomades baxtyâri d'Iran*, Maison des sciences de l'homme, Paris.

DIMAŠQI, 'Ali Talib, 1874, *Manuel de la cosmographie du Moyen Age*, (13ème siècle), éd. Mehren, Paris.

DROUVILLE, G., 1825, *Voyage en Perse, 1811-1813*, 2 vols, Librairie nationale et étrangère, Paris.

DUPRÉ, A., 1819, *Voyage en Perse en 1807-9*, 2 vols, J. G. Dentu, Paris.

EWBANK, Th., 1842, *Accounts of Hydraulic Machines,* Tilt and Bogue, Londres.

FARŠÂD, M., 1985, *Târix-e 'elm dar Iran* (Histoire des sciences en Iran), 2 vols, Amirkabir, Téhéran.

FERDINAND, K., 1963, "The Horizontal Windmills of Western Afghanistan", *Folk*, 5, pp. 71-89.

FISCHER, 1978, *Cambridge history of Iran*, vol. I, Cambridge University Press.

FLANDIN, M. et COSTE, P., *Voyage en Perse 1840-41*, 5 vols, Gide et Baudry, Paris.

FLOOR, W. M.,
- 1975, "The Guilds in Iran, an Overview from the Earliest Beginnings till 1972", *ZDMG*, 125, pp. 99-103.
- 1984, "Guilds and *futuvvat* in Iran", *ZDMG*, 134, pp. 106-114.
- 1987, "Asnaf", *in* EIR, vol. II, fas. 7, pp. 772-778.

FORBES, R. J.,
- 1954, "Power", *in* SINGER, 2, pp. 589-622.
- 1955-58, *Studies in Ancient Technology*, Tome IV, R. J. Brill, Leiden.
- 1958, *Studies in Early Petroleum History*, R. J. Brill, Leiden.

FRASER, J. B., 1826, *Travels and Adventures in the Persian Provinces of the Southern Banks of the Caspian Sea,* Longman, Londres.

FRYE, R. N., 1979, *Islamic Iran and Central Asia. 7th-12th centuries*, Variorum reprints, Londres.

GALDIERI, E., 1977, "A Newly Discovered Wall-painting from the *Gâv-Tchâh* in the Jami Mosque at Isfahan", *Art and Archaeology Research Papers*, tome 11, pp. 56-60.

GILLE, B.,
- 1951, "La naissance du système bielle-manivelle", *TC*, II, pp. 42-46.
- 1954, "Le moulin à eau, une révolution technique médiévale", *TC*, III, pp. 1-15.
- 1978, *Histoire des techniques*, Gallimard (Pléiade), Paris.

GMELIN, S. G., 1779, *Histoire des découvertes faites par divers savants voyageurs, dans plusieurs contrées de la Russie et de la Perse, relativement à l'histoire civile et naturelle, à l'économie rurale, au commerce, etc.* 3 vols, Société typographique, Berne.

GHIRSHMAN, R., 1951, *L'Iran, des origines à l'Islam*, Albin Michel, Paris.

GOBLOT, H.,
- 1967, "Sur quelques barrages anciens et la genèse des barrages-voûtes", *Revue d'histoire des sciences*, 20, pp. 109-140.
- 1976, "Les hydrauliques méconnus des Iraniens de l'Antiquité jusqu'à la Renaissance", *Sciences et Techniques*, n° 31, Avril, pp. 3-8.
- 1979, *Les Qanâts, Une technique d'acquisition de l'eau*, Mouton, Paris.

GODARD, A., 1962, *L'art de l'Iran,* Arthaud, Paris.

GOUDIE, G., 1886, "Horizontal water mill of Shetland", *Proceedings of the Society of Antiquaries of Scotland,* 10 mai, pp. 257-298.

GRAAT VAN ROGGEN, D. L., 1905, "Notice sur les anciens travaux hydrauliques en Susiane", *in Mémoires de la Délégation en Perse*, Paris, tome VII, pp. 166-207.

GRIERSON, G. A., 1926, *Bihar Peasant Life*, 2nd revised edition, Government printing, Bihar and Orissa.

GUNTHER, R. T., 1932, *The Astrolabes of the World*, 2 vols, Oxford University Press, Londres.

HANWAY, J., 1753, *An Historical Account of the British Trade over the Caspian Sea*, 2 vols, Dodsley, Londres.

ḤÂ'ERI, A.-H., 1988, *Naxostin ruyâruy-ye-hâ-ye andišegarân-e Iran, bâ do ruye-ye tamaddon-e q̄arb* (Les premières entrevues des intellectuels iraniens avec les deux faces de la civilisation d'Occident), Amirkabir, Téhéran.

HARA'RI, R., "Metalwork after the early Islamic Period", *in* POPE, III, pp. 2466-2529.

HARVERSON, M., "Asiâ (or âsiâb) 'mill", *in* EIR, pp. 751-757.

al-ḤASAN, A. et HILL, D. R.,
- 1986, "Ma'din, technique minière", *in* EI, pp. 971-975.
- 1988, *Islamic Technology*, Cambridge University Press, Unesco, Paris.

HAUDRICOURT, A. G. et JEAN-BRUNHES DELAMARRE, M., 1986, *L'homme et la charrue à travers le monde*, 2ème édition, La Manufacture, Paris.

HAUSER, W. et WILKINSON C. K., 1942, "The Museum's Excavations at Nishapur", *MMAB*, pp. 83-119.

HEDÂYATI, M., 1965, *Âstâneh-ye Rey* (Le mausolée de Rey), Téhéran.

HEDIN, S. G., 1910, *Zu Land nach Indien durch Persien, Seistan, Beluchistan*, F. A. Brockhaus, Leipzig.

HELLYER, B., 1974, *Man the Timekeeper*, Londres.

HÉRODOTE, *Histoires*, tr. Ph. E. Legrand, 1948, Paris.

HERZFELD, E., "The Aryan Myth of Naphta", *in* CMP, pp. 21-23.

HILL, D. R., 1981, *Arabic Water Clocks*, University of Aleppo, Institute for the History of Arabic Science, Alep.

HIUEN TSIANG, *Buddhist Records of the Western World (A.D. 629)*, tr. par S. Beal, 2 tomes, 1884, Londres.

HOERNELE, A. F. R., 1903, "Who was the Inventor of Rag-Paper", *JRAS*, pp. 663-684.

HOURANI, A. H., "The Islamic City in the Light of Recent Research", *in* HOURANI, pp. 9-24.

HOUTOUM-SCHNIDLER, A., 1896, *Eastern Persian Irak*, J. Murray, Londres.

HUNTER, D., 1947, *Papermaking : The History and Technics of an Ancient Craft*, 2nd edition, A. A. Knopf, New York.

HUTCHINSON, J., 1974, "Crop Plant Evolution in the Indian Subcontinent", *in* J. Hutchinson éd, *Evolutionary Studies in World Crop. Diversity and Change in Indian Subcontinent*, Cambridge University Press, Londres, pp. 151-160.

IBN BAṬṬUṬA, *Voyages*, tr. par C. Defremery et B. R. Sanguinetti (1858), La Découverte, 1982, Paris.

IBN ḤAWQAL, *Configuration de la terre*, tr. G. Wiet, 2 vols, Maisonneuve et Larose, 1964, Paris.

IBN XORDÂDBEH, *Le livre des routes et des provinces*, tr. et annoté par C. Barbier de Meynard, extrait n° 9 de l'année 1865 du *Journal Asiatique*, Paris.

IBN MESKAWEIH, *The Eclipse of the 'Abbâsid Caliphate. Original Chronicles of the 4th Islamic Century*; éd. et tr. by H. F. Amedroz et D.S. Mergoliouth, 7 vols, 1920-21, Oxford.

IBN RUSTEH, *Les atours précieux*, tr. G. Wiet, Publication de la Société de Géographie d'Egypte, 1955, Le Caire.

IDRISI, Moḥammed, *Géographie d'Idrisi*, tr. par A. Jaubert, 2 vols, Recueil de voyages et mémoires publiés par la Société de Géographie, Imprimerie Royale, 1836, Paris.

Irânchahr, 1963-64, 2 vols, publié avec l'assistance de l'UNESCO, Téhéran.

'ISAVI, Ch.,
– 1971, *Economic History of Iran*, 1800-1914, University of Chicago Press.

– 1977, "Population and Resources in the Ottoman Empire and Iran", *in* Naff, Th. et R. Owen, *Studies in 18th Century Islamic History*, Southern Illinois University Press, pp. 152-164.

ISTAXRI, Isḥâq-e Fârsi, *Das Buch der Länder*, tr. A.D. Mordtmann, Druck der Rauhen Hauses, 1845, Hamburg.

JACKSON, A. V. W., 1911, *From Constantinople to the Home of Omar Khayam*, Macmillan, New York.

JACOMY, B., 1990, *Une histoire des techniques*, Seuil (Points), Paris.

JAGGI, O. P., 1977, *Science and Technology in Medieval India*, vol XII, A. Ram and Sons, Dehli.

JAMÂLZÂDE, M. A., 1983, *Ganj-e šâyegân* (Le digne trésor, économie de l'Iran au 19ème siècle), Ketâb-e Tehrân, Téhéran.

JAUBERT DE PASSA, F. J., 1846-47, *Recherches sur les arrosages chez les peuples anciens*, 4 vols, Bouchard-Huzard, Paris.

al-JAZZARI, ibn al-Razzaz, *The Book of the Knowledge of Ingenious Mechanical Devices*, tr. D.R. Hill, O. Reidel, 1974, Dordrecht, Boston, Lancaster.

JENKINSON, A., 1886, *Early Voyages and Travels to Russia and Persia*, Hakluyt Society, LXXII-LXXIII, Londres.

JORET, Ch., 1976, *Les plantes dans l'Antiquité et au Moyen Age*, tome 2, Slatkine, Paris.

KABIR, M., 1959, "Librairies and Academies during the Buwayhid Period, 946-1055 A. D.", *Islamic Culture*, vol. 39, pp. 31-33.

KÄMPFER, E., *Safarnâmeh*, (Am Hofe des persischen Grosskönigs, 1684-85), tr. en persan par K. Jahândâri, Xᵛârazmi, 1983, Téhéran.

KAGITCI, M. A., 1976, *Historique de l'industrie papetière en Turquie*, Istanbul.

al-KARAJI, Moḥammad, *La civilisation des eaux cachées*, traité de l'exploitation des eaux souterraines (composé en 408/1017), tr. A. Maẓâheri, I.D.E.R.I.C., études préliminaires n° 6, 1973, Nice.

KASRAVI, A., 1983, *Târix-e pânṣad sâle-ye Xuzestân* (500 ans de l'histoire du Xuzestân), Xᵛâju, Téhéran.

KÂTEB XᵛÂRAZMI, Aḥmad ibn Yusef, *Mafâtiḥ al-ʿolum* (Les clés des sciences), tr. en persan par H. Xadivjam, Bongâh-e tarjome va našr-e ketâb, 1968, Téhéran.

Ketâb al-Ḥâvi, cf. C. Cahen (1949-50).

KINNEIR, J. M., 1813, *A Geographical Memoir of the Persian Empire*, J. Murray, Londres.

KÜHNEL, E., 1923, *Islamische Miniaturmalerei*, Berlin.

LAMBTON, A. K. S.,
– 1938, "The Regulation of the Waters of the Zâyandeh Roud", *BSOAS*, vol. 9, Part 3.
– 1953, *Landlord and Peasant in Persia*, Oxford University Press, Londres.

– 1989, *Continuity and Change in Medieval Persia*, L.B. Tauris, Londres.

LAMM, C. J., "Glass and Hard Stone Vessels", *in* POPE, III, pp. 2592-2606.

LANDES, D. S., 1987, *L'heure qu'il est*, tr. française, Gallimard, Paris.

LAUFER, B.,
– 1919, *Sino-Iranica*, Field museum of natural history, publication n° 96, Chicago.
– 1933, "The Noria or Persian Wheel", *in* A. V. W. Jackson éd. *Art in Oriental Studies in Honour of Cursetji Erachji Pavry*, Oxford, pp. 238-250.

LEFEBVRE DES NOËTTES (Commandant), 1933, *L'attelage et le cheval de selle à travers les âges*, 2 vols, Imprimerie des presses modernes, Paris.

LEROI-GOURHAN, A.,
– 1971, *L'homme et la matière*, Albin Michel, Paris.
– 1973, *Milieu et techniques*, Albin Michel, Paris.

Les moulins, technique, histoire, folklore, 1975, Musée régional de l'Hospice Comtesse, Lille.

LE STRANGE, G., *The Lands of Eastern Califate*, 1905, Oxford University Press, Londres.

LEWIS, B., 1937-38, "The Islamic Guilds", *EHR*, 8, pp. 20-37.

LINDET, L., 1900, "Les origines du moulin à grains", *Revue archéologique*, vol 36, pp. 17-44.

LIPPMANN, E. O., 1890, *Von Geschichte des Zuckers*, M. Hesse, Leipzig.

LOCKHART, L.,
– 1937, "Persian Petroleum in Ancient and Medieval Times", *in* CPM, pp. 71-80.
– 1938, *Nadir Shah*, Luzac and Co., Londres.
– 1960, *Persian Cities*, Luzac and Co., Londres.

LOMBARD, M.,
– 1974, *Les métaux dans l'ancien monde du Vème au XIème siècles*, Mouton, Paris.
– 1959, "Le bois dans la Méditerranée musulmane, (7e-11e s.)", *ANNALES*, 14, pp. 234-254.

LOTI, P., *Vers Ispahan*, éd. P. Loti-Viaud et M. Desbruères d'après l'édition de 1927, C. Pirot, 1988, Paris.

MALCOLM, J., Sir, 1821, *Histoire de la Perse*, 4 tomes, tr. française, Pillet aîné, Paris.

MANS, Raphaël, du, *Estat de la Perse en 1660*, éd. Ch. Schefer, Publication de l'École des Langues Orientales vivantes, 2ème série, n° 20, 1890, Paris.

MARCO POLO, *Le devisement du monde*, éd. A.-C. Moule et P. Pelliot, 2 vols, La Découverte, 1989, Paris.

MARKWART, J., 1990, *Wehrod va Arang*, tr. D. Monšizâde, Téhéran.

MAẒÂHERI, A.,
– 1951, *La vie quotidienne des musulmans au Moyen Age, X-XIIe siècles*, Hachette, Paris.
– 1973, voir al-Karaji.
– 1983, *La route de la soie*, Papyrus, Paris.

MAZUEL, J., 1937, *Le sucre en Egypte*, Publication de la Société royale de Géographie d'Egypte, Le Caire.

Mémoire sur la culture de l'olivier et la manière d'extraire l'huile des olives, 1783, Marseille.

MEYER, J., 1989, *Histoire du sucre*, Desjonquères, Paris.

MIGNAN, R., 1829, *Travels in Chaldaea*, Colbrun and Bentley, Londres.

MIQUEL, A., 1980, *La géographie humaine du monde musulman, jusqu'au milieu du 11ème siècle. Le milieu naturel*, Mouton, Paris.

MO'IN, M., 1985, *Farhang-e Mo'in* (An Intermediate Persian Dictionary), Amirkabir, Téhéran.

MONTAẒAMI, B., 1979, "L'irrigation en Iran : éléments pour une approche matérialiste", *Zaman*, n° 1, pp. 21-44.

MORGAN, J., de,
- 1886, "Rapport sur les mines de cuivre, de plomb et d'argent d'Achtala (Caucase)", Chaix, Paris.
- 1900, "Travaux de l'hiver 1897-1898. Recherches sur le tell de la Ville Royale", *in Mémoires de la Délégation en Perse*, vol. I, Paris, pp. 57-68.

MORIER, J.,
- 1812, *A Journey through Persia, Armenia and Asia Minor to Constantinople, in the years 1808 and 1809*, Longman, Londres.
- 1818, *A Second Journey through Persia, Armenia, and Asia Minor to Constantinople, between the years 1810 and 1816*, Longman, Londres.

MORITZ, L. A., 1958, *Grain-mills and Flour in Classical Antiquity*, Clarendon Press, Oxford.

MOSER, H., 1894, *L'irrigation de l'Asie Centrale*, Société d'éditions scientifiques, Paris.

MUKRIJI, N. G., 1915, *Hand-book of Indian Agriculture*, Thacker, Spink and Co., Calcutta.

MUMFORD, L., 1950, *Technique et civilisation*, tr. française, Seuil, Paris.

MOQADDASI, Aḥmad, 1870-94, *Bibliotheca geographorum arabicorum*, (texte arabe), vol. III, éd. par J. de Goeje, Leiden.

NEEDHAM, J.,
- 1954-74, *The History of Science and Civilisation in China*, Cambridge University Press, Londres.
- 1991, *Dialogue des civilisations, Chine-Occident*, (recueil d'articles), La Découverte, Paris.

NEELY, J. A., 1974, "Sassanian and Early Islamic Water-Control and Irrigation Systems on the Deh Luran Plain, Iran", *in* T. E Dowing et M. Gibson éds., *Irrigation's Impact on Society*, Arizona, pp. 21-42.

NURBAXŠ, M., 1987, "Sâ'at-e mekâniki dar Irân" (L'horloge mécanique en Iran), *Âyande*, vol. 13, n° 6-7, pp. 395-408.

O'DONOVAN, E., 1882, *The Marv Oasis*, 2 vols, Smith elder and Co., Londres.

OLÉARIUS, A., 1727, *Voyages très curieux et très renommez faits en Moscovie, en Tartarie et en Perse*, Amsterdam.

OLESON, J. P., 1984, *Greek and Roman Mechanical Water-Lifting Devices*, O. Reidel, Dordrecht, Boston, Lancaster.

OLMER, J. J., 1908, "Rapport sur une mission scientifique en Perse", Extrait des nouvelles archives des missions scientifiques, tome XVI, Imprimerie nationale, Paris.

PÂPOLI YAZDI, M. H., 1992, "Une technique méconnue : les *qânat* à moulins du désert iranien", *in* D. Balland éd., *Les eaux cachées : études géographiques sur les galeries drainantes souterraines*, Publication du Département de Géographie de l'Université de Paris-Sorbonne, n° 19, Paris, pp. 87-97.

PATRIS, R., 1948, *La guirlande de l'Iran*, Flammarion, Paris.

PELLIOT, P., 1928, "Des artisans chinois à la capitale 'Abbâsside en 751-762", *T'oung Pao*, vol. 26, pp. 110-112.

PERRIN, M. N., 1823, *La Perse, ou histoire, moeurs et coutumes des habitants de ce royaume; ouvrage traduit ou extrait des relations des plus récentes*, 7 vols, Nepveu, Paris.

PETRUCHEVSKY, I. P., 1978, *Monâsebât-e arzi dar Iran-é 'ahd-e moqol*, tr.du russe en persan par K. Kešâvarz, vol. I, Nil, Téhéran.

PIGULEVSKAJA, N., 1963, *Les villes de l'Etat iranien, aux époques parthe et sassanide*, Mouton, Paris.

PLANHOL, X., de,
- 1968, *Les fondements géographiques de l'histoire de l'Islam*, Flammarion, Paris.
- 1969a, "Le déboisement de l'Iran", *AG*, 78.
- 1969b, "Le bœuf porteur dans le Proche-Orient et l'Afrique du Nord", *Journal of the Economic and Social History of the Orient*, 12, pp. 298-321.
- 1992, "Les galeries drainantes souterraines : quelques problèmes généraux", *in* D. Balland éd., *Les eaux cachées : études géographiques sur les galeries drainantes souterraines*, Publication du Département de Géographie de l'Université de Paris-Sorbonne, n° 19, Paris, pp. 129-142.

POPOVIC, A., 1976, *La révolte des esclaves en Iraq, au 3ème/9ème siècle*, P. Geuthner, Paris.

POTTINGER, H., Sir, 1818, *Voyages dans le Bélouchistan*, Gide fils, Paris.

PRINSEN-GEELINGS, H. C., 1912, *The World's Cane Sugar Industry, Past and Present*, N. Rodger, Manchester.

PURDÂVUD, E., 1952, *Hormazdnâme*, Anjoman-e irânšenâsi, Téhéran.

QAIṢAR, A. J., 1988, *Building Construction in Mughol India. The Evidence from Painting*, Oxford.

QÂ'EM MAQÂMI, J., 1969, *Yekṣad-o panjâh sanad-e târixi* (150 documents historiques), Téhéran.

RABINO, H. L.,
- 1916, "Les provinces caspiennes de la Perse : Le Guilân", *RMM*, 32, pp. 1-499.
- 1928, *Mâzandarân et Astarâbâd*, Londres.

RABINO, H. L. et LAFONT, F. D.,
– 1911, "La culture du riz en Guilân", *Annales de l'École Nationale d'Agriculture de Montpellier*, nouv. série, tome 11, pp. 1-51.
– 1914, "Culture de la canne à sucre en Mâzandarân (Perse)", *RMM*, 28, pp. 237-243.

RAMIN, J., 1974, "Les hydrocarbures dans l'antiquité", *Archéologia*, 69, avril, pp. 10-13.

RÂZI, Moḥammad Zakariyâ, *Ketâb al-asrâr* (Le livre des secrets (d'alchimie)), 1971, Téhéran.

REULEAUX, F., 1877, *Principes fondamentaux d'une théorie générale des machines*, tr. de l'allemand, Paris.

REUTHER, O., "Sasanian Architecture. A history", *in* POPE, I, pp. 493-578.

REŻÂ, E., KUROS, Q., ŠUŠTARI, M., 1972, *Âb va fann-e âbyâri dar Irân-e bâstân* (L'irrigation dans l'Iran antique), Vezârat-e barq va niru, Téhéran.

RINGELMANN, M., 1910, *Essai sur l'histoire du génie rural, tome III, les temps anciens. La Phénicie et les colonies phéniciennes*, Librairie agricole de la maison rustique, Paris.

ROBERSTON, J.,
– 1842, "On the Mechanical Arts of Persia", *TPM*, Nov.
– 1843, "An Account of the Iron Mines of Caradagh, near Tabreez in Persia", *TPM*, Déc.

RODINSON, M.,
– 1960a, "Adjala", *in* EI, pp. 211-12.
– 1960b, "Araba", *in* EI, pp. 574-76.

RONAN, C., 1988, *Histoire mondiale des sciences*, tr. française, Seuil, Paris.

ROZIER, F., Abbé, *Vues économiques sur les moulins et pressoirs à huile d'olives, connus en France et en Italie*, Extrait du *Journal de Physique*, déc. 1776, Ruault, Paris.

ṢÂBETI, H., 1947, *Deraxtân-e jangali-e Iran,* (Terminology of the Iranian Forest Trees), Téhéran.

ṢAFINEŽÂD, J.,
– 1988, "*Âbsanji*" (La distribution des eaux), *in* DBI, pp. 52-60.
– 1989, *Neẓâm-hâ-ye âbyâri-ye sonnati dar Irân* (L'irrigation traditionnelle en Iran), Vol. II, Âstân-e qods-e razavi, Téhéran.

SA'IDI, 'A., "Âbyâri" (L'irrigation), *in* DBI, pp. 71-84.

SANSON, P., 1694, *Voyage ou relation de l'Etat présent du royaume de Perse*, J. Langlois, Paris.

SCHIOLER, T., 1973, *Roman and Islamic Water Lifting Wheels*, Odense University Press.

SCHLIMMER, J.-L., 1874, *Terminologie medico-pharmaceutique et anthropologique Française-Persane,* Publication n° 330 de l'Université de Téhéran, nouvelle édition, 1951, Téhéran.

SEGUIN, A., "Études sur le pétrole dans l'Asie occidentale ancienne, Elam", *in* CMP, pp. 3-8.

SEGUIN, A. et MERCIER, M., 1938, *Le culte du feu dans ses rapports avec les feux éternels et le naphte*, Paris.

SILVA Y FIGUEROA, G., de, 1667, *L'ambassade de Silva y Figueroa en Perse*, J. du Puis, Paris.

SINCLAIR, R., 1955, *Oil-milling*, limited publication, Unilever, Londres.

SOBOUL, A., 1970, *La civilisation et la révolution française*, tome I, Arthaud, Paris.

SOTUDEH, M., 1986, *Farhang-e Nâ'ini* (Dictionnaire de Nâ'ini), Mo'asese-ye moṭâleʿât va tahqiqât-e farhangi, Téhéran.

STACK, E., 1882, *Six Months in Persia*, S. Low, Londres.

STORK, J. et TEAQUE, W. D., 1952, *Flour for Man's Bread, a history of mealing*, University of Minnesota Press, Oxford.

TÂBEŠ, Y., 1983, "Garmâbe-ye ʿAqili Âqâ dar Eṣfahân" (Le bain d'Aqili Aqâ à Ispahan), *Âyandeh*, vol. 9, pp. 659-664.

ṬÂHERIYÂ, M., 1968, *Dâmqân-e šeš hezâr sâle* (Dâmqân, une ville de 6000 ans), Dâmqân.

TAVERNIER, J.-B., *Les six voyages en Turquie et en Perse*, tome I-III, Le Petit, 1817, Paris.

TREZEL, M., Colonel, 1821, "Notice sur le Guilân et le Mâzandarân", *in* A. Jaubert, *Voyage en Arménie et en Perse fait en 1805 et 1806*, Pélicier et Neveu, Paris.

USHER, A. P., 1954, *A History of Mechanical Inventions*, Cambridge University Press.

VITRUVE, *Les 10 livres d'architecture*, tr. C. Perraut, 1673, revue et corrigée par A. Balland, 1979, Paris.

WATSON, A. M., 1983, *Agricultural Innovation in the Early Islamic World, the Diffusion of Crops and Farming Techniques, 700-1100,* Cambridge University Press.

WATT, G., 1891-93, *A Dictionary of the Economic Products of India,* W. H. Allen, Calcutta.

WEISBURG, J., 1894, *L'abrégé de l'histoire du sucre de E. O. von Lippmann*, Paris.

WEISGERBER, G., 1981, "Mehr als Kupfer in Oman : Ergebnisse der Expedition 1981", *Der Anschnitt*, n° 5-6, pp. 174-263.

WERTIME, A. T., 1968, "A Metallurgical Expedition through the Persian Desert", *Science*, 159, pp. 927-935.

WHITE, L., 1962, *Medieval technology and social charges*, Oxford University Press.

WIEDEMANN, E., 1906, "Zur Mechanik und Technik bei den Arabern", *Sitzungsberichte der Physikalisch Medizinnischen Soziet*, vol. 38, n° 1.

WILKINSON, C. K., 1943-44, "Heating and cooking in Nishapur", *MMAB*, pp. 282-291.

WINTER, H. J. J.,
- 1951, "La tradition islamique en astronomie", *Endeavor*, 10, pp. 126-30.
- 1986 "Science in Safavid times", *in* The Cambridge History of Iran, vol. 6, pp. 581-609, Cambridge.

WOLFF, F., 1935, *Glossar zu Firdosis Schahname*, Reichsdrückerei, Berlin.

WULFF, H. E., 1966, *The Traditional Crafts of Persia*, MIT Press, Massachusetts.

YAḤYÂ'I, P., 1989, "Âsiyâbhâ-ye bâdi-e Singân" (Les moulins à vents de Singân), *in* Č. Pahlavân, *Dar zamine-ye irânšenâsi* (Études iraniennes), Téhéran, pp. 221-248.

YAQMÂ'I, 'A. H., 1990, *Bar sâḥel-e kavir-e namak* (Au bord du désert du sel), Tus, Téhéran.

YÂQUT, 'Obeyd-Allâh, *Dictionnaire géographique, historique et littéraire de la Perse et des contrées adjacentes*, tr. Barbier de Meynard, Imprimerie impériale, 1861, Paris.

YATE, C. E., 1900, *Khurasan and Sistan*, Londres.

ZALONKEMENY, E. K., de, *Iter Persicum ou description du voyage en Perse, en 1602*, tr. par Ch. Schefer, E. Leroux, 1877, Paris.

Z̲OKÂ', Y., 1971, *The Imperial Iranian Army from Cyrus to Pahlavi*, Vezârat-e farhang va honar, Téhéran.

INDEX

C, Č

I

T, Ṭ

U

V

W

LISTE DES FIGURES

LISTE DES PLANCHES PHOTO HORS-TEXTE

LISTE DES CARTES GÉOGRAPHIQUES

TABLE DES MATIÈRES

BIBLIOTHÈQUE IRANIENNE

Institut Français de Recherche en Iran
B.P. 15815-3495 Téhéran, Iran

Vol. 1.– Abû Ya'qub SEJESTÂNI. *Kashf al-Mahjûb* : Le Dévoilement des choses cachées. Traité ismaélien du IVe siècle de l'hégire : texte persan publié avec une introduction par Henry CORBIN, 25+115 pages, 1949. (3e éd. 1988).

Vol. 2.– Henry CORBIN. *Œuvres philosophiques et mystiques de Shihâboddîn Yahyâ Sohravardi* (Opera metaphysica et mystica II) : 1. La théosophie de l'Orient des Lumières (arabe).- 2. Le Symbole de Foi des philosophes (arabe).- 3. Le Récit de l'Exil occidental (arabe et persan). Prolégomènes en français et édition critique. 104+350 pages, 1952. (2e éd. 1977).

Vol. 3.– Nâsir-e Khosraw. *Kitâb-e Jâmi' al-Hikmatayn* : le "Livre réunissant les deux sagesses" ou Harmonie de la philosophie grecque et de la théosophie ismaélienne. Texte persan édité avec une double étude préliminaire en français et en persan, par Henry CORBIN et Moh. MO'IN. 147+346+20 pages, 1953. (2e éd. 1984).

Vol. 4 et 5.– Henry CORBIN, *Avicenne et le Récit visionnaire.* Tome I : *Etude sur le Cycle des Récits avicenniens.* Gr. in – 8°, VI+344 pages.- Tome II : *Commentaire en persan du Récit de Hayy ibn Yaqzân*, attribué à Jûrjâni; traduction française. Notes et Gloses, 90+116 pages, 1954. (2e éd. 1987)

Vol. 6.– *Commentaire de la Qasida ismaélienne d'Abû'l-Haitham Jorjâni*, attribué à Mohamad ibn Sorkh de Nishapour (IVe/Xe-Ve-XIe siècles). Texte persan édité avec introduction et esquisse comparative en français par Henry CORBIN et Moh. MO'IN. 116+128 pages, 1955. (Traduction en persan par J. Tabatabai, *à paraître*).

Vol. 7.– *Matériaux pour la biographie de Shâh Ni'matollah Walî Kermânî.* Textes persans publiés avec une introduction par Jean AUBIN, 22+346 pages, 1956. (3e éd. 1987).

Vol. 8.– Rûzbehân Baqlî Shîrâzî (522/1128-606/1209). *Le Jasmin des Fidèles d'amour (Kitâb-e 'Abhar al'âshiqîn).* Traité de soufisme en persan, publié avec une double introduction et la traduction du chapitre premier, par Henry CORBIN et Moh. MO'IN. 124 + 244 + 113 pages, six planches hors texte, 1958. (3e éd. 1987).

Vol. 9.– Henry CORBIN, *Trilogie ismaélienne.* 1. Abû Ya'qûb Sejestânî : Le livre des Sources (IVe/Xe siècle).– 2. Sayyidnâ al-Hosayn ibn 'Alî : Cosmogonie et Eschatologie (VIIe-XIIIe siècle).– 3. Symboles choisis de la Roseraie du Mystère, de Mahmûd Shabestarî (VIIIe/XIVe siècle).– Textes édités avec traduction et commentaires. 400+196 pages, 1961.

Vol. 10.– Mollâ Sadrâ Shîrâzî (ob.1050/1640). *Le Livre des Pénétrations métaphysiques (Kitâb al-Mashâ'ir).* Texte arabe, version persane de Badî' ol-Molk Mîrzâ 'Emâdoddawleh, publiés avec une traduction française et des notes par Henry CORBIN (Ouvrage publié à l'occasion du IVe centenaire de la naissance de Mollâ Sadrâ). 520 page, 1964. (2e éd. 1982).

Vol. 11.– 'Azîzoddîn Nasafî (VIIe / XIIIe siècle). *Le Livre de l'Homme Parfait (Kitâb al-Insân al-Kâmil).* Recueil de traités de soufisme en persan, publiés avec une introduction par Marijan MOLE. 59+608 pages, 1962. (5e éd. 1991).

Vol. 12.– Rûzbehân Baqli Shîrâzî (522/1128-606/1209). *Commentaire sur les Paradoxes des Soufis* (Sharh-e Shathîyât). Texte persan publié avec une introduction en français et un index par Henry CORBIN. 46-740 pages, 1966. (2e éd. 1981).

Vol. 13.– *Les Premiers poètes persans.* Tome I : Introduction et traduction française. Tome II : Textes persans, par Gilbert LAZARD, 2 vol. 1964. (2e éd. 1983).

Vol. 14.– Hajj Ne'matollah Mojrem Mokri. *Shâh-Nâma-ye Haqîqat (Le Livre des Rois de vérité).* Histoire traditionnelle des Ahl-e Haqq. Texte publié avec commentaires par Mohammad MOKRI. Tome I : Texte du Shâh-Nâma. 20+584 pages.- 1966. (2e éd. vol. 14 et 15, 1982).

Vol. 15.– *Shâh-Nâma-ye Haqîqat*...Texte publié par Mohammad MOKRI. Tome II, fascicule Ier Quadruple Index., 206 pages, 1971.

Vol. 16.– Sayyed Haydar Amolî. *La philosophie shî'ite* : 1. Somme des doctrines ésotériques (*Jâmi' al-asrâr*). 2. Traité de la connaissance de l'être (*Fî ma'rifat al-wojûd*). éd. par Henry CORBIN et Osmân YAHYÂ. 76+832+68 pages, 1969. (2e éd. 1989).

Vol. 17.– Shihâboddîn Yahyâ Sohrawardî. *Œuvres philosophiques et mystiques*, Vol. II : *Œuvres en persan (Opera metaphysica et mystica III)*, éd. par S. H. NASR. Prolégomènes. par Henry CORBIN. , 155 + 494 + 80 pages, quatre planches hors texte, 1970. (2e éd. 1977).

Vol. 18.– *Anthologie des philosophes iraniens depuis le XVII*[e] *siècle jusqu'à nos jours :* Tome Ier. Textes choisis et présentés par Sayyed Jalâloddîn ÂSHTIYÂNÎ. Introduction analytique par Henry CORBIN. 216+522 pages, 1971.

Vol. 19.– *Anthologie des philosophes iraniens depuis le XVII*[e] *siècle jusqu'à nos jours* : Tome II. Textes choisis et présentés par Sayyed Jalâloddin ÂSHTIYÂNÎ. Introduction analytique par Henry CORBIN. 166+560 pages, 1975.

Vol. 20.– *Traités des compagnons-chevaliers (Resâ'il-e Javânmardân).* Recueil de sept "Fotowwat-Nâmeh" publié par Morteza SARRÂF. Introduction analytique par Henry CORBIN. 110 + 328 pages, 1973. (2e éd. 1991).

Vol. 21.– *Correspondance spirituelle* échangée entre Nûroddîn Esfarâyanî (ob. 717/1317) et son disciple 'Alâoddawleh Semnânî (ob. 736/1336). Publié par Hermann LANDOLT. 55+135 p., 1972.

Vol. 22 (1).– Sayyed Haydar Amolî. *Le texte des Textes (Nass al-Nos*, 1 vol. 21x29,7,*ûs).* Commentaire sur les "Fosûs al-hikam" d'Ibn 'Arabi. Les Prolégomènes. Texte publié avec une double introduction par Henry CORBIN et Osmân YAHYÂ : Tome Ier. Texte et introductions. 48+547 pages, 28 diagrammes h.t., 1975. (2e éd. 1988).

Vol. 23.– *Le Tâlech - une région ethnique au Nord de l'Iran.* Marcel BAZIN – 2 vols. : 220p., 34pl.+ 314p., 48pl. 1980. A.D.P.F., *Éditions Recherche sur les Civilisations, Synthèse n° 1.* (Traduction en persan par M. Amin Farchtchiân, 1988).

Vol. 24.– *Gilân et Âzarbâyjân oriental, cartes et documents ethnographiques.* Marcel BAZINet Christian BROMBERGER, avec la coll. de Asghar ASKARI et Asghar KARIMI1, 1981. A.D.P.F., *Éditions Recherche sur les Civilisations, Mémoire n° 12.* (Traduction en persan par M. Amin Farchtchiân; 1987).

Vol. 25.– *Pensées politiques de l'Ayatollah Khomeyni, présentation thématique au travers de ses écrits et discours depuis 1941.* Yseult A. HENRY, Paris, 1980, A.D.P.F., *Éditions Recherche sur les Civilisations, Mémoire n° 3.*

Vol. 26.– *Art et société dans le monde Iranien,* volume préparé par Chahryâr ADLE, 1982, A.D.P.F., *Éditions Recherche sur les Civilisations, Synthèse n° 9.* (Traduction en persan par Ehsân Eshrâghi, *à paraître*).

Vol. 27.– *Les Gorbat d'Afghanistan, aspects économiques d'un groupe itinérant "Jat".* Aparna RAO, 1982, A.D.P.F., *Éditions Recherche sur les Civilisations, Mémoire n° 9.*

Vol. 28.– *Aux sources de la nouvelle persane*; Christophe BALAŸ, Michel CUYPERS, 216p., 4 pl. photos, Paris, 1983, *Éditions Recherche sur les Ci-vilisations, Mémoire n° 23.* (Traduction en persan par A. Karimi Hakkak, 1987).

Vol. 29.– *La musique iranienne, tradition et évolution.* Jean DURING, 1984, 243 p., 4 pl. photos. Paris 1984, *Éditions Recherche sur les Civilisations, Mémoire n° 38.* (Traduction en persan par Soudabeh Fazaeli, *en cours*).

Vol. 30.– *Le Livre d'Ardâ Virâz : translittération, transcription et traduction du texte pehlevi.* Philippe GIGNOUX, 282 p., Paris, 1984, *Éditions Recherche sur les Civilisations, Cahier n° 14.* (Traduction en persan par Jâleh Amouzegâr, 1993).

Vol. 31.– *Les encyclopédies persanes : essai de typologie et de classification des sciences.* Ziva VESEL. 70 p., Paris, 1985, *Éditions Recherche sur les Civilisations, Mémoire n° 57.* (Traduction en persan par M.-A. Amir-Moezzi, 1990).

Vol. 32.– *Moralia, les notions morales dans la littérature persane du 3e/9e au 7e/13e siècle.* Charles-Henri De FOUCHÉCOUR, 519 p., Paris, 1986, *Éditions Recherche sur les Civilisations, Synthèse n° 23.* (Traduction en persan par M.-A. Amir-Moezzi et A. Rouhbakhshân, *à paraître*).

Vol. 33.– *Le Tapis persan ou le jardin de l'éternel printemps.* Patrice FONTAINE, 179p., XXIV pl. h.t. dont 16 en couleurs, Paris, 1990, *Éditions Recherche sur les Civilisations, Hors Coll.* (Traduction en persan par A. Karimi, *à paraître*).

Vol. 34.– *Le nomadisme dans le nord du Khorassân.* Mohammad-Hossein PAPOLI YAZDI, 434 p., 23 fig. 43 photos, Paris, 1991. (Traduction en persan par A. Karimi, 1992).

Vol. 35.– *Peinture et arts du livre, essai sur la littérature technique indo-persane.* Yves PORTER. 250 p., 13 Pl. photos, 1992.

Vol. 36.– *Musique et mystique dans les traditions de l'Iran.* Jean DURING. 688 p., Paris, 1990. (Traduction en persan par Soudabeh Fazaeli, *en cours*).

Vol. 37.– *Téhéran, capitale bicentenaire.* Chahryâr ADLE et Bernard HOURCADE, éds. 386 p.+ ill., 5 cartes h.t., Paris 1993. (Traduction en persan sous la direction de M.-H. Papoli-Yazdi, *à paraître*).

Vol. 38.– *Itinéraire d'un enseignement.* Henry CORBIN. Introduction par Christian JAMBET. 197 p. Téhéran, 1993.

Vol. 39.– *Études Safavides* Jean CALMARD, éd. 420 p.+ 29 pl. photos, 4 cartes h.t., Téhéran, 1993.

Vol. 40.– *La végétation altitudinale de l'Alborz Central (Iran).* Jean-Claude KLEIN. 281 p.+ 32 fig., 6 tabl. h.t., 17 pl. photos coul., Téhéran, 1993.

Vol. 41.– *L'économie de l'Iran islamique. Entre l'état et le marché.* Textes réunis par Thierry COVILLE. 305 p., Téhéran, 1994.

Vol. 42.– *Les Iraniens d'Istanbul.* Thierry ZARCONE et Fariba ZARINEBAF-SHAHR, éds. 286 p.+ 18 fig. (=Varia Turcica XXIV), Téhéran-Istanbul, 1993.

Vol. 43.– *La beauté menacée (Anthropologie des maladies de la peau en Iran).* Niloufar JOZANI. 328 p., 15 photos NB et coul., Téhéran, 1994.

Vol. 44.– *Pand-o Sokhan (Mélanges offerts à Charles-Henri de Fouchécour).* Christophe BALAŸ, Claire KAPPLER, Ziva VESEL, éds. 349 p., 25 pl. photos NB, 1995.

Vol. 46.– *Techniques et ressources en Iran du 7e au 19e siècle.* Parviz MOHEBBI,

285 p., 27 fig., 11 cartes, 6 schémas, 7 pl. photos NB et coul. h.t., 1996.

À paraître:

Vol. 45.– *L'Iran face à la domination mongole,* Denise AIGLE, éd.

Vol. 47.– *Le carrosse et la caravane (Représentations de l'Islam dans la France du XVIIe siècle),* Dominique CARNOY-TORABI. 20 pl. photos NB, env. 320 p.

Vol. 48.– *La genèse du roman persan,* Christophe BALAŸ.

Vol. 49.– *Discours sur l'œil de Esmâ'il Gorgâni.* Texte traduit et annoté par B. Thierry de CRUSSOL des EPESSES.

Vol. 50.– *Le combat du colombophile.* Alâéddin GOUCHEGIR.

Vol. 51.– *Mélanges de Planhol.* Daniel BALLAND éd.

فهرست مطالب

نام اثر:
تکنیک و منابع در ایران
از قرن اول تا سیزدهم هجری
نویسنده:
پرویز محبی
ناشر: نشر مینا
تیراژ: ۱۰۰۰ نسخه
تاریخ انتشار: ۱۳۷۵
نوبت چاپ: اول
لیتوگرافی: پیچاز
چاپ: محرر
صحافی: ایران هنر

تصویر روی جلد:
«آموختن جمشید هنرها و پیشه‌ها را به مردم»، شاهنامه بایسنغر بهادرخان ۸۳۳ ه‌ق، لوحه ۱۶، چاپ ۱۳۵۰، تهران.

تکنیک و منابع در ایران

از قرن اول تا سیزدهم هجری

پرویز محبی

انجمن ایرانشناسی فرانسه در ایران

تهران ۱۳۷۴

گنجینهٔ نوشته‌های ایرانی

شماره ۴۶

گنجینهٔ نوشته‌های ایرانی در سال ۱۹۴۹

به همت پروفسور هانری کُربَن بنیان گداشته شد

انجمن ایرانشناسی فرانسه درایران

تهران - صندوق پستی ۳۴۹۵-۱۵۸۱۵

تکنیک و منابع در ایران